W0053488

UTB **3248**

Eine Arbeitsgemeinschaft der Verlage

Böhlau Verlag · Wien · Köln · Weimar
Verlag Barbara Budrich · Opladen · Toronto
facultas.wuv · Wien
Wilhelm Fink · München
A. Francke Verlag · Tübingen und Basel
Haupt Verlag · Bern
Verlag Julius Klinkhardt · Bad Heilbrunn
Mohr Siebeck · Tübingen
Nomos Verlagsgesellschaft · Baden-Baden
Ernst Reinhardt Verlag · München · Basel
Ferdinand Schöningh · Paderborn · München · Wien · Zürich
Eugen Ulmer Verlag · Stuttgart
UVK Verlagsgesellschaft · Konstanz, mit UVK / Lucius · München
Vandenhoeck & Ruprecht · Göttingen · Bristol
vdf Hochschulverlag AG an der ETH Zürich

Peter Labudde
(Hg.)

Fachdidaktik
Naturwissenschaft
1.–9. Schuljahr

2., korrigierte Auflage

Haupt Verlag

2. Auflage 2013
1. Auflage 2010

Die Deutsche Bibliothek – CIP Einheitsaufnahme
Bibliografische Informationen der Deutschen Nationalbibliothek:
Die Deutsche Nationalbibliothek verzeichnet diese Publikation in der Deutschen Nationalbibliografie;
detaillierte bibliografische Angaben sind im Internet unter http://dnb.dnb.de abrufbar.

Einbandgestaltung: Atelier Reichert, Stuttgart
Satz / Gestaltung Inhalt: René Tschirren, Bern
Printed in Germany

www.haupt.ch

UTB-Band-Nr.: 3248
ISBN: 978-3-8252-4047-9

Inhaltsverzeichnis

Vorwort zur 2. Auflage

Naturwissenschaftsdidaktik konkret: innovativ unterrichten

Liebe Studierende
Liebe Kolleginnen und Kollegen

«Ich hätte gerne ein Fachdidaktikbuch, welches möglichst viele konkrete Ideen und Tipps enthält – aber nicht nur, sondern ich will auch wissen, was dahintersteckt.» Eine angehende Lehrerin äußerte mir gegenüber diesen Wunsch. Aber nicht nur sie allein, sondern auch zahlreiche andere Lehrpersonen deuteten Ähnliches an. Der Wunsch wurde aufgenommen. Wir, d. h. der Herausgeber, die Autorinnen und Autoren des vorliegenden Buches, orientierten uns an folgenden sieben Prinzipien:

1. *Anhand vieler praktischer Beispiele veranschaulichen und Mut machen*
   Wie viele interessante, lehrreiche und motivierende Unterrichtseinheiten werden tagtäglich umgesetzt! Mit wie viel fachdidaktischer Expertise wird – bewusst oder unbewusst – unterrichtet! Wir haben einige der besten Beispiele aufgenommen; sie füllen fast die Hälfte des Buches. Mögen sie veranschaulichen, anregen, Mut machen: «Was andere können, kann ich auch!»

2. *Die theoretische Basis kurz und prägnant beschreiben*
   «Praxis ohne Theorie ist blind, Theorie ohne Praxis ist hohl.» Es bleibt nicht nur bei praxiserprobten Beispielen, sondern auch die dahinterstehende Theorie wird kurz und prägnant erklärt. Theorie und Praxis stehen dabei genau im Verhältnis 1:1. Auf der linken Buchseite befindet sich jeweils die Theorie, auf der rechten Seite ein illustratives Beispiel. Wir hoffen, auf diese Art und Weise Theorie und Praxis in der Balance zu halten.

3. *Den naturwissenschaftlichen Unterricht innovativ weiterentwickeln*
   Welch großes Potenzial weisen der Sachkunde- und naturwissenschaftliche Unterricht auf! Ein Potenzial u. a. hinsichtlich der methodischen Gestaltung, der Aktivitäten für Schülerinnen und Schüler, der Unterrichtsmaterialien, der Beurteilungsformen, des Miteinander- und Voneinanderlernens! Wir möchten mit dem Buch nicht nur bewährte Wege, sondern gerade auch neue Wege öffnen. Sie sind eingeladen, uns auf diesen neuen Wegen zu folgen!

4. *Die Naturwissenschaften vernetzen, interdisziplinäre Bezüge stärken*
   Das Wissen vernetzen, ein naturwissenschaftliches Phänomen von verschiedenen Perspektiven ausleuchten, komplexe Probleme multiperspektivisch angehen: Das vorliegende Buch ist fächerübergreifend konzipiert. Es geht nicht um die Fachdidaktik einer einzelnen Disziplin, sondern um jene der Naturwissenschaften als Ganzes.

5. *Der Entwicklung der Kinder von der 1. bis zur 9. Klasse Rechnung tragen*
Die meisten Leserinnen und Leser werden entweder in der Primarschule unterrichten oder in der Sekundarstufe I. Wir möchten die obligatorische Schule als Ganzes im Auge behalten, den Blick für die Entwicklung der Kinder von der 1. bis zur 9. Klasse schärfen. Deshalb wechseln wir bei den Beispielen immer wieder zwischen der Primarstufe und der Sekundarstufe I.

6. *Sich auf Schwerpunkte beschränken, ein Weiterstudium ermöglichen*
Mit insgesamt 15 Kapiteln haben wir bewusst Schwerpunkte gesetzt und zentrale Bedürfnisse von angehenden und amtierenden Lehrpersonen aufgenommen. Statt in die Breite versuchen wir in die Tiefe zu gehen. Mit sogenannten «Anstößen zum Weiterdenken» und «Anregungen für die Schulpraxis und zum Weiterstudium» versuchen wir Türen aufzustoßen.

7. *Kompetenzorientiert unterrichten, Bildungsstandards umsetzen*
Wie ließe sich ein kompetenzorientierter Unterricht gestalten? Wie könnten wir Lehrkräfte die Schülerinnen und Schüler so fördern, dass sie die Basis- bzw. Regelstandards erreichen? In diesem Buch wird die Diskussion zu Kompetenzen und Standards aufgenommen und für die Schulpraxis aufgearbeitet.

Alle Buchkapitel sind zur einfacheren Orientierung einheitlich aufgebaut:
- Einführung in das jeweilige Thema (eine Seite),
- Theorie und Praxis im Verhältnis 1:1; aufgeteilt in 4 bis 6 Unterkapitel (10–12 Seiten),
- Tests zur Selbstkontrolle (inkl. Lösungen) und Anstöße zum Weiterdenken (2 Seiten),
- Anregungen für die Schulpraxis und zum Weiterstudium (eine Seite).

Die 1. Auflage des Buches wurde in nur drei Jahren verkauft. Zum Erfolg des Buches haben vermutlich der einheitliche Aufbau und die sieben oben erwähnten Prinzipien beigetragen. In der vorliegenden 2. Auflage kam es nur zu wenigen kleineren Korrekturen. Insbesondere wurden die Literaturangaben und die Links aktualisiert.

Reichhaltige Lernerlebnisse wünschend, grüßt freundlich

Peter Labudde (Herausgeber)
Zentrum Naturwissenschafts- und Technikdidaktik
Pädagogische Hochschule, Fachhochschule Nordwestschweiz

1 Ziele bewusst machen – Kompetenzen fördern

Peter Labudde

Ziele des naturwissenschaftlichen Unterrichts bzw. des Sachunterrichts zu diskutieren, bedeutet

- den Bildungswert des Faches zu erschließen,
- sich seiner vielfältigen Facetten bewusst zu werden,
- exemplarische Inhalte orten zu können,
- mögliche Lernwege und Lehrangebote zu bedenken.

Messen

Informationen erschließen

Modellieren

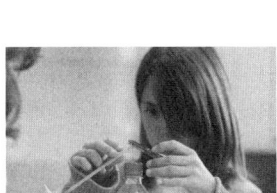

Beobachten

Kooperieren

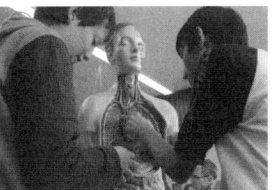

ICT nutzen

Entdecken   Tüfteln

1.1 Zum Für-wen, Warum und Wann von Zielen

Für wen lassen sich Ziele formulieren? In erster Linie werden Ziele formuliert, die die Schülerinnen und Schüler erreichen sollen, geht es hierbei doch um das Hauptgeschäft von Schule und Unterricht. Das ist denn auch der Schwerpunkt dieses Kapitels. Dabei darf jedoch nicht vergessen gehen, dass Ziele auch für eine Klasse als Ganzes bzw. für eine Schule oder ein Bildungssystem definiert werden können. Und auch wir Lehrkräfte setzen uns selbst immer wieder Ziele, z. B. wollen wir ein neues Thema für uns und dann für die Klasse inhaltlich aufarbeiten oder wir möchten eine neue Unterrichtsmethode vermehrt einsetzen. Im Weiteren lassen sich ebenfalls für die Fachschaft bzw. das Kollegium Ziele formulieren.

Warum Ziele setzen und sich bzw. anderen bewusst machen? Wenn wir als Lehrpersonen Ziele aufschreiben, setzen und mitteilen, hilft dies in dreierlei Hinsicht:

1. Schülerinnen und Schüler wissen, woran sie sind. Sie können sich im Unterricht und bei den Hausaufgaben auf das Wesentliche konzentrieren. Bei Prüfungsvorbereitungen geraten sie weniger ins Schwimmen.

2. Es hilft mir als Lehrkraft: Ich kann besser inhaltliche oder methodische Schwerpunkte setzen, werde mir persönlicher Präferenzen oder Auslassungen bewusst. Zudem erreichen Klassen, denen die Ziele einer Unterrichtseinheit bekannt sind, nachweislich bessere Schulleistungen.

3. Diskussionen zwischen Lehrpersonen, Kindern bzw. Jugendlichen, Eltern, Kollegium, Schulleitung und -behörde über Inhalte und Methoden, über Sinn und Unsinn des naturwissenschaftlichen Unterrichts werden sachlicher und differenzierter.

Wann Lernziele notieren bzw. mitteilen? Zunächst bei der Unterrichtsvorbereitung (Meyer, 2000, 2002): Welche Ziele sollen die Schülerinnen und Schüler am Ende einer Stunde oder Unterrichtseinheit erreicht haben – und damit auch: Was für Schwerpunkte setze ich? Dann am Anfang oder während der Stunde: Ich teile der Klasse die Ziele mit (aber nicht immer, um auch Freiräume zu lassen): Was sollen die Schülerinnen und Schüler am Stunden- bzw. Quartalsende können? Und schließlich überlege ich mir beim Ausarbeiten von Prüfungen, was ich prüfen will, und teile das der Klasse mit.

Für wen Ziele setzen?

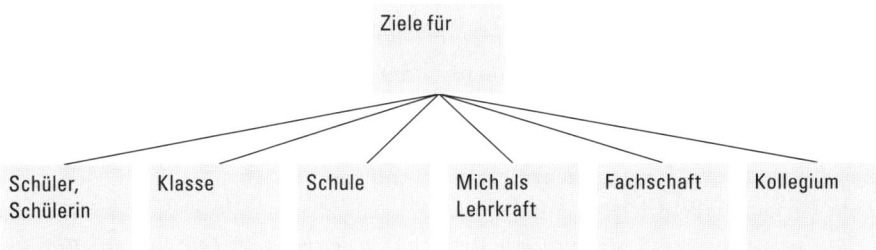

Aufgaben

- Nennen Sie drei allgemeine Ziele, die Ihnen im Sach- bzw. naturwissenschaftlichen Unterricht wichtig sind.
- Welches Ziel wollen Sie – für sich – in den nächsten Wochen bzw. im nächsten Schulpraktikum erreichen? Zum Beispiel: «Das Vorwissen der Kinder besser einbeziehen» (Kap. 4) oder «Vermehrt Schülerexperimente durchführen» (Kap. 9).

Beispiel «Einen Baum im Jahresverlauf beobachten» (1.–4. Klasse)

Die Klasse geht während eines Jahres regelmäßig in den Wald, immer an die gleiche, schon bald vertraute Stelle. Sie baut sich dort, quasi als Klassenzimmer, ein Wald-Sofa. Zahlreiche Aktivitäten ermöglichen es den Kindern, den Wald, seine Pflanzen und Tiere zu entdecken und zu erfahren (Labudde-Dimmler, 2010). So beobachtet jedes Kind einen Baum – genauer, seinen Baum – über das ganze Jahr hinweg. Mit dieser Aktivität verfolgt die Lehrperson Ziele, wie sie in Lehrplänen und Bildungsstandards (Kap. 1.4) für Sieben- bis Achtjährige formuliert werden:

Am Ende des 2. Schuljahres können Schülerinnen und Schüler:
1. Freude bei der Beschäftigung mit Themen zu Natur und Technik zeigen;
2. zu vertrauten Lebewesen, alltäglichen Gegenständen, Situationen und Prozessen einfache Fragen aufwerfen;
3. eigenständig situativ auf spielerisch-intuitive Art einfache Erkundungen und Untersuchungen initiieren;
4. einzelne Merkmale und Funktionen von Objekten und Materialien benennen.

1.2 Zielebenen und -bereiche

Ziele wie «Freude an der Natur entwickeln» oder «den pH-Wert einer Flüssigkeit mittels Indikatorpapier bestimmen können» liegen einerseits auf verschiedenen Ebenen und andererseits in unterschiedlichen Bereichen.

Zielebenen: In den meisten Fachlehrplänen werden drei Ebenen unterschieden: Leitziele, Grobziele, Feinziele. 1) Auf der obersten, allgemeinen Ebene befinden sich die Leitziele, oft auch als Leitideen oder Richtziele bezeichnet. Es geht hier um Grundperspektiven und Intentionen eines Fachs. Dazu gehören z. b. «Achtung vor der Würde des Menschen entwickeln» oder «eine kritisch-konstruktive Haltung zu Natur und Technik entwickeln». 2) Die Leitziele befinden sich fast immer in den Präambeln eines Lehrplans. Bei den Grobzielen handelt es sich um eine mittlere Ebene. Das Endverhalten, welches die Lernenden erreichen sollen, wird grob umschrieben ohne Angabe von genauen Beurteilungskriterien. Bildungsstandards liegen meist auf dieser mittleren Ebene (Kap. 1.4 und 1.5), z. b. «Technische Lösungen planen, entwerfen, fertigen, optimieren, prüfen und testen». 3) Mit Feinzielen, auch operationalisierte Lernziele genannt, werden das angestrebte Endverhalten und der Bewertungsmaßstab präzis angegeben. Feinziele beziehen sich auf einzelne Stunden oder Unterrichtseinheiten. Ein Feinziel enthält folgende Elemente: a) Gegenstand, auf den es sich bezieht, b) Endverhalten, welches direkt beobachtbar ist, c) Beurteilungsmaßstab.

Zielbereiche: In der Literatur lassen sich verschiedene Varianten finden, um die Zielbereiche zu gliedern. Drei weitverbreitete sind:

- Einteilung nach a) kognitiven Lernzielen (Kenntnissen, Erkenntnissen, intellektuellen Fähigkeiten), b) affektiven Zielen (Einstellungen, Werthaltungen), c) psychomotorischen bzw. instrumentellen Zielen (Handhabung von naturwissenschaftlich-technischen Instrumenten), d) sozial-kommunikativen Zielen.
- Einteilung nach Kompetenzbereichen, z. b. in Deutschland (Kap. 1.4) a) Fachwissen, b) Erkenntnisgewinnung, c) Kommunikation, d) Beurteilung.
- Einteilung nach Selbst-, Sozial- und Sachkompetenz, wobei sich vor allem die letztere direkt auf das jeweilige Fach bezieht.

Formulierung: Lernziele werden oft mit Verben in Infinitivform notiert.

Lernzielpyramide

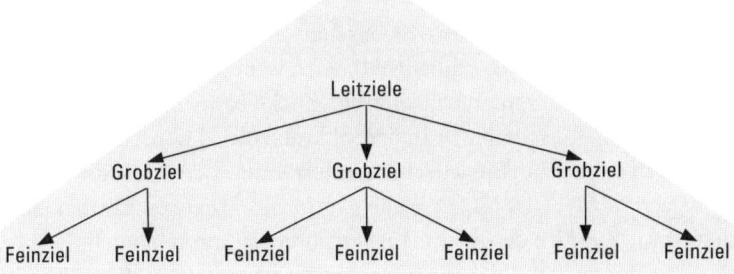

Eine Gliederung von Zielen nach Ebenen und Bereichen

Zielebene Zielbereich	Leitziele	Grobziele	Feinziele
Kognitiv			
Affektiv			
Instrumentell			
Sozial-kommunikativ			

Aufgabe

In welche Zelle der obigen Tabelle gehören die folgenden Lernziele? Beachte: Die Zuordnung von Lernzielen ist nicht immer eindeutig, und nicht alle Zellen sind für den naturwissenschaftlichen Unterricht gleich bedeutend.

1. *«Freude an der Natur entwickeln»:* affektives Leitziel;
2. *«den pH-Wert einer Flüssigkeit mittels Indikatorpapier bestimmen können»:* teils kognitives, teils instrumentelles Feinziel;
3. *«ein komplexes Problem in Teilprobleme zerlegen»:* kognitives Grobziel;
4. *«eigene Stärken in ein Team einbringen und in diesem in Absprache mit anderen Mitgliedern Teilarbeiten planen und erledigen»:* sozial-kommunikatives Grobziel;
5. *«Wirkungen von Magneten untersuchen und drei Eigenschaften von Magneten schriftlich beschreiben können»:* kognitives Feinziel.

1.3   Lernziele im interdisziplinären Naturwissenschaftsunterricht

In der Primarstufe werden die Naturwissenschaften in einem Fach zusammen unterrichtet. Dieses Integrationsfach schließt evtl. noch weitere Fächer ein, z. B. Geschichte und Religion, und trägt denn auch unterschiedliche Namen, z. B. «Sachunterricht» oder «Natur-Mensch-Gesellschaft». In der Sekundarstufe I werden Biologie, Chemie, Physik in einigen Ländern in Einzelfächern unterrichtet (D, A, F), in anderen in einem Integrationsfach (CAN, CH, NL). Welche Argumente sprechen für den fächerübergreifenden Ansatz? Einige der Argumente entsprechen indirekt auch Zielen, die mit dem interdisziplinären Ansatz verfolgt werden (Labudde, 2003, 2008; Labudde et al., 2005; Günther et al., 2012):

1. *Abholen der Lernenden:* Werden Vorwissen und Interessen der Lernenden in den Unterricht einbezogen, schafft man günstige Voraussetzungen für Lernprozesse (Kap. 4). Vorwissen und Interessen von Kindern sind aber noch kaum in Fachschubladen sortiert. Das Abholen der Lernenden führt damit wie von selbst zu interdisziplinärem Unterricht.

2. *Vernetzen:* Neues Wissen lässt sich besonders leicht aufbauen, wenn es mit bestehendem Wissen – sei es aus dem gleichen Fach, sei es aus anderen Fächern – verbunden werden kann (Kap. 2).

3. *Motivation:* Viele Schüler und insbesondere Schülerinnen lassen sich mit fächerübergreifendem Unterricht motivieren. Wenn sie erleben, wie ein Fach mit anderen Fächern vernetzt ist, zeigen sie oftmals ein größeres Interesse.

4. *Schlüsselprobleme der Menschheit und Problemlösekompetenz im Beruf:* Probleme wie Energieversorgung, Wandel der Geschlechterrollen, Umgang mit Rohstoffen etc., lassen sich nur interdisziplinär lösen. Schülerinnen und Schüler sollen bereits in der Schule die Bereitschaft entwickeln, Probleme aus verschiedenen Perspektiven zu betrachten und anzugehen. Diese Bereitschaft wird auch im späteren Berufsleben verlangt.

5. *Lernen in Projekten:* Schule soll einen Erfahrungsraum darstellen. Dafür scheint der Projektunterricht ausgezeichnet geeignet. Wenn Kinder oder Jugendliche in der Schule ein Projekt wählen und bearbeiten, wird dieses oftmals Fächergrenzen sprengen.

6. *Überfachliche Kompetenzen* (fächerübergreifende Kompetenzen, Schlüsselqualifikationen): Einige überfachliche Kompetenzen, wie differenziertes Denken oder Umweltkompetenz (Grob & Maag Merki, 2001), lassen sich eher im fächerübergreifenden als im gefächerten Unterricht erreichen.

Überfachliche Kompetenzen fördern

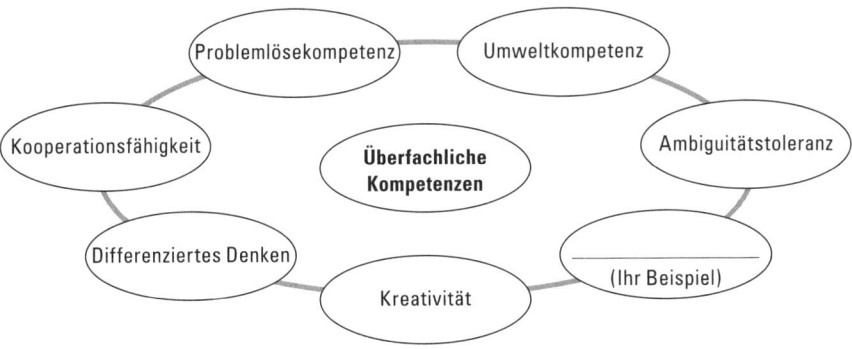

Begriffe und Formen des interdisziplinären Unterrichts

«Interdisziplinärer» und «fächerübergreifender Unterricht» werden meist synonym verwendet. Es handelt sich dabei um Oberbegriffe, welche verschiedene Formen des interdisziplinären Unterrichts umfassen (Labudde, 2008, S. 9):

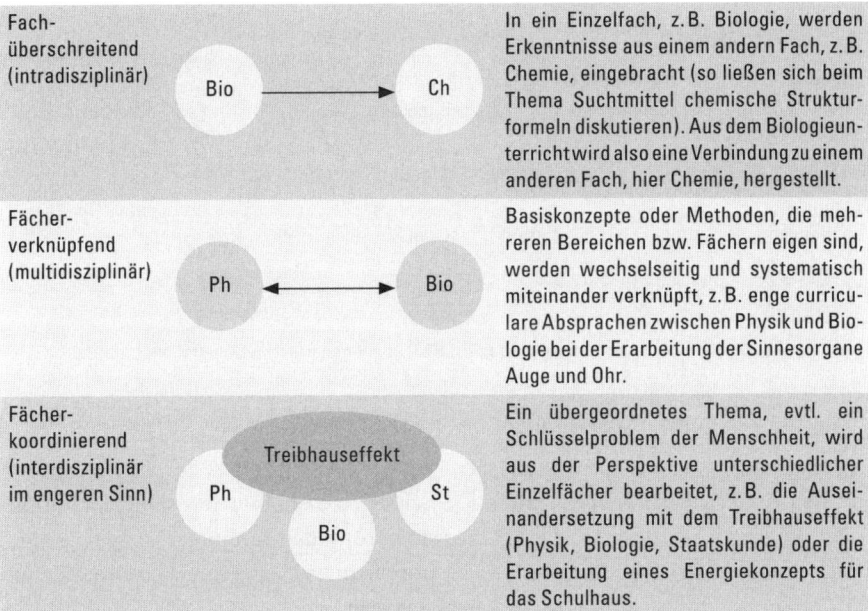

		In ein Einzelfach, z. B. Biologie, werden Erkenntnisse aus einem andern Fach, z. B. Chemie, eingebracht (so ließen sich beim Thema Suchtmittel chemische Strukturformeln diskutieren). Aus dem Biologieunterricht wird also eine Verbindung zu einem anderen Fach, hier Chemie, hergestellt.
Fach-überschreitend (intradisziplinär)	Bio → Ch	
Fächer-verknüpfend (multidisziplinär)	Ph ↔ Bio	Basiskonzepte oder Methoden, die mehreren Bereichen bzw. Fächern eigen sind, werden wechselseitig und systematisch miteinander verknüpft, z. B. enge curriculare Absprachen zwischen Physik und Biologie bei der Erarbeitung der Sinnesorgane Auge und Ohr.
Fächer-koordinierend (interdisziplinär im engeren Sinn)	Treibhauseffekt Ph · St · Bio	Ein übergeordnetes Thema, evtl. ein Schlüsselproblem der Menschheit, wird aus der Perspektive unterschiedlicher Einzelfächer bearbeitet, z. B. die Auseinandersetzung mit dem Treibhauseffekt (Physik, Biologie, Staatskunde) oder die Erarbeitung eines Energiekonzepts für das Schulhaus.

«Sachunterricht» oder «Natur und Technik» gelten als Integrationsfächer, sie schließen verschiedene Disziplinen ein. Innerhalb eines Integrationsfaches werden primär die verschiedenen Formen des fächerübergreifenden Unterrichts umgesetzt, sekundär gibt es durchaus Phasen reinen Fachunterrichts.

1.4 Kompetenzen und Bildungsstandards: Deutschland

Kompetenz und Standard: Es gibt kaum andere Worte, die die bildungspolitische, pädagogische und fachdidaktische Diskussion in den letzten Jahren so stark geprägt haben wie die Begriffe «Kompetenz» und «Bildungsstandard». Eine Kompetenz entspricht in etwa einem Grobziel (Kap. 1.2). Für eine Definition von «Standard» sei verwiesen auf (Meyer, 2004): «Bildungsstandards sind bildungspolitisch gewollte, anhand von landesweit oder auch international geeichten Messinstrumenten kontrollierbare Kompetenzniveaus, die die Schülerinnen und Schüler auf der Grundlage eines differenzierten Bildungsangebots der Schule in einem bestimmten Alter erreicht haben sollen.» Die deutsche Kultusministerkonferenz (KMK, 2005) legte für die drei Fächer Biologie, Chemie und Physik je eigene Standards fest. Sie beziehen sich auf den Mittleren Schulabschluss, d. h. auf das Ende der 10. Klasse.

Kompetenzmodell: Für die drei Modelle in Biologie, Chemie und Physik wurde ein gemeinsamer Rahmen bestimmt; sie umfassen je vier Kompetenzbereiche: Fachwissen, Erkenntnisgewinnung, Kommunikation, Bewertung.

	Biologie	Chemie	Physik
Fachwissen	Lebewesen, biologische Phänomene, Begriffe, Prinzipien, Fakten	Chemische Phänomene, Begriffe, Gesetzmäßigkeiten	Physikalische Phänomene, Begriffe, Prinzipien, Fakten, Gesetzmäßigkeiten
	kennen und Basiskonzepten zuordnen		
Erkenntnisgewinnung	Beobachten, Vergleichen, Experimentieren, Modelle nutzen und Arbeitstechniken anwenden	Experimentelle und andere Untersuchungsmethoden sowie Modelle nutzen	
Kommunikation	Informationen sach- und fachbezogen erschließen und austauschen		
Bewertung	Biologische	Chemische	Physikalische
	Sachverhalte in verschiedenen Kontexten erkennen und bewerten		

In allen drei Fächern werden unter Fachwissen jeweils 3–4 Basiskonzepte aufgeführt. Weiterhin enthalten die KMK-Vorgaben für jeden Kompetenzbereich genaue Beschreibungen der Standards auf drei Anforderungsniveaus sowie zu deren Veranschaulichung zahllose konkrete Aufgabenbeispiele.

Beispiel «Blauer Dunst» (8.–10. Klasse)

Aufgabenstellung (vgl. KMK 2005, S. 28/29): Entwickle für die jüngsten Schülerinnen und Schüler deiner Schule ein Plakat, das überzeugen soll, nicht mit dem Rauchen anzufangen.

1. Informiere dich anhand des Lehrbuchs und des Internets über die Sachlage.
2. Entscheide selbstständig, welche Informationen du der angesprochenen Zielgruppe gibst, und verwende für die Zielgruppe eine altersgerechte Sprache.

Erwartungshorizont: Von den Jugendlichen werden Kompetenzen erwartet, die in die Bereiche Fachwissen (Beschaffen und Verarbeiten von Informationen zum Rauchen), Kommunikation (adressatengerechte Sprache und Bildauswahl) und Bewertung (Sachverhalte erkennen und bewerten) fallen.

Kriterien für die Plakatgestaltung

Das Gestalten von Plakaten kann im naturwissenschaftlichen Unterricht als Unterrichtstechnik häufig eingesetzt werden, lassen sich damit doch wichtige Lernziele verfolgen. Anhand des obigen Beispiels hier einige Kriterien zur Bewertung von Plakaten:

1. sachliche Richtigkeit der Aussagen
2. adressatengerechte Reduktion der Informationen
3. Fokussierung auf Kernaussagen statt Überfrachtung mit Details
4. ein erkennbares Vermitteln der Gefährdungen durch Rauchen
5. eine reflektierte Verwendung von Originaltexten
6. anschauliches Verarbeiten von Zahlenmaterial
7. eine der Sache und der Zielgruppe angepasste Bildauswahl inklusive Einsetzen von «eye-catchern»
8. eine der Plakatgröße angemessene Schriftgröße und -art
9. grafische Gesamtgestaltung
10. korrekte, adressatengerechte Sprache

Aufgabe

Skizzieren Sie eine Lernaufgabe (Kap. 8). Erläutern Sie, welche der vier Kompetenzbereiche, d. h. Fachwissen, Erkenntnisgewinnung, Kommunikation bzw. Bewertung, durch das Bearbeiten der Aufgabe gefördert werden.

1.5   Kompetenzen und Bildungsstandards: Schweiz

Kompetenzmodell: Während in Deutschland drei Modelle für Biologie, Chemie und Physik je separat vorliegen, wurde in der Schweiz ein Modell für den naturwissenschaftlichen Unterricht als Ganzes entwickelt (zum fächerübergreifenden Unterricht siehe Kapitel 2). Das dreidimensionale Modell umfasst die drei Achsen Handlungsaspekte (entspricht den deutschen Kompetenzbereichen), Themenbereiche sowie Kompetenzniveaus. Dabei werden acht Kompetenzaspekte, sieben Themenbereiche sowie für das Ende des 2., 6. und 9. Schuljahres je vier Niveaus (I bis IV) unterschieden (EDK, 2011; Konsortium HarmoS Naturwissenschaften+, 2008; Metzger & Labudde, 2007):

Handlungsaspekte:	Themenbereiche:
1. Interesse und Neugierde entwickeln	
2. Fragen und untersuchen	A) Bewegung, Kraft, Energie
3. Informationen erschließen	B) Wahrnehmung und Steuerung
4. Ordnen, strukturieren, modellieren	C) Stoffe und Stoffveränderungen
5. Einschätzen und beurteilen	D) Lebewesen
6. Entwickeln und umsetzen	E) Lebensräume, Lebensgemeinschaften
7. Mitteilen und austauschen	F) Mensch und Gesundheit
8. Eigenständig arbeiten	G) Natur, Gesellschaft, Technik – Perspektiven

Zur Bedeutung von Kompetenzmodellen und Standards: Kompetenzmodelle erlauben es, Ziele, Inhalte und Niveaus für den Fachunterricht, z. B. den naturwissenschaftlichen, präzis zu beschreiben. Die Definition von Standards, d. h. das Festlegen von Niveaus, welches Kinder oder Jugendliche erreichen sollen, kann einerseits uns Lehrkräften eine Orientierung bieten: So weit müssten wir mit den Schülerinnen und Schülern kommen. Andererseits sollen Standards auch den Rahmen für ein Bildungsmonitoring, für Vergleichsarbeiten oder für selektive Abschlussprüfungen bilden: bildungspolitisch und pädagogisch zum Teil sehr umstrittene Maßnahmen.

Kritik an Standards: Die Kritik bezieht sich nicht spezifisch auf die Naturwissenschaften, sondern gilt für Standards generell. Befürchtet werden u. a. ein Unterricht, der sich auf das in Vergleichsarbeiten und Abschlusstests Messbare beschränkt (womit z. B. Schülerexperimente oder Projektarbeiten verloren gehen würden), eine stärkere Kontrolle von Lehrpersonen und Schulen bzw. eine Einschränkung der Lehrfreiheit sowie öffentliche Schulrankings, wie sie in England gang und gäbe sind (Becker et al., 2005; Kühle et al., 2012; Labudde, 2007).

Dreidimensionales Kompetenzmodell

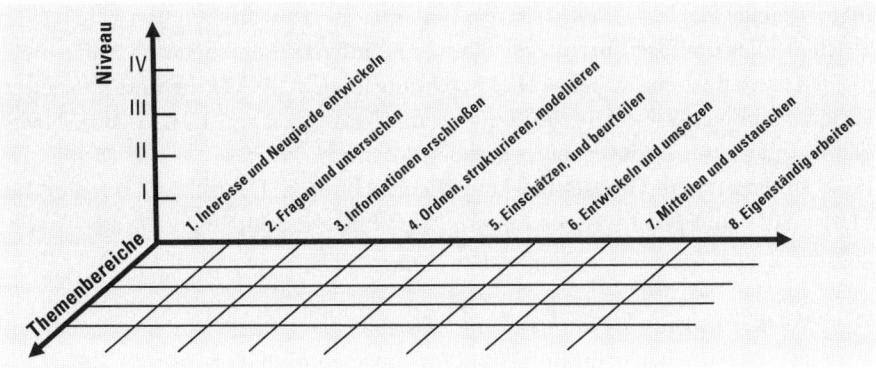

Die drei Teilaspekte von «Ordnen, strukturieren, modellieren»

1. *Sammeln und ordnen:* Objekte, Materialien und Merkmale zu Erscheinungen und Situationen in der Natur sowie Anwendungen in der Technik sammeln, vergleichen und ordnen.

2. *Analysieren und strukturieren:* Elemente, Merkmale, Erscheinungen und Situationen analysieren, gliedern, abgrenzen, strukturieren, in Beziehung setzen, vernetzen (systemisches Denken).

3. *Einordnen und modellieren:* Regelhaftigkeiten, Gesetzmässigkeiten, Modelle und Konzepte erkennen, entwickeln und zur Erklärung herbeiziehen; grafische Darstellungen und mathematische Hilfsmittel einsetzen.

Mögliche Basisstandards zum ersten Teilaspekt «Sammeln und ordnen»

Basisstandards zum ersten Teilaspekt «Sammeln und ordnen» (EDK, 2011):
Schülerinnen und Schüler können am Ende der

- *2. Klasse:* Merkmale bei Stoffen, Gegenständen, Lebewesen und alltagsnahen, direkt wahrnehmbaren Phänomenen benennen und nach selber gewählten Gesichtspunkten ordnen und vergleichen;

- *6. Klasse:* Merkmale und Funktionen von Stoffen, Gegenständen, Lebewesen sowie Phänomenen benennen und nach verschiedenen Kriterien ordnen und vergleichen;

- *9. Klasse:* Merkmale und Funktionen von Stoffen, Gegenständen, Lebewesen sowie Phänomenen benennen und nach vorgegebenen naturwissenschaftlichen Kriterien ordnen und vergleichen.

1.6 Globalisierung der Lernziele durch PISA

Internationale Vergleichsstudien: In den letzten 15 Jahren wurden internationale Vergleichsstudien durchgeführt, die nicht nur in Bildungskreisen, sondern zum Teil auch in einer breiten Öffentlichkeit größte Beachtung fanden: PISA (Programme for International Student Assessment; ab 2000 alle drei Jahre; Test von 15-Jährigen), TIMSS (Third International Mathematics and Science Study; 1995; 8-, 12- und 18-Jährige), IGLU (Internationale Grundschul-Lese-Untersuchung, in Deutschland erweitert um Mathematik und Naturwissenschaften; 2001; Ende 4. Schuljahr). An den Studien nahmen jeweils ca. 40 bis 60 Staaten teil.

Das PISA-Konzept von «Scientific Literacy» (naturwissenschaftliche Grundbildung): Ein Satz fasst die Leitziele zusammen (PISA-Konsortium, 2007, S. 39): «Die Fähigkeit, die charakteristischen Eigenschaften sowie die Bedeutung der Naturwissenschaften in unserer heutigen Welt zu verstehen, naturwissenschaftliches Wissen anzuwenden, um Fragestellungen zu erkennen, naturwissenschaftliche Phänomene zu beschreiben und aus Belegen Schlussfolgerungen zu ziehen, sowie die Bereitschaft, sich reflektierend mit naturwissenschaftlichen Ideen und Themen auseinanderzusetzen.»
Es werden drei Teilkompetenzen definiert:
1.   das Erkennen naturwissenschaftlicher Fragestellungen;
2.   das Beschreiben, Erklären und Vorhersagen naturwissenschaftlicher Phänomene;
3.   das Nutzen naturwissenschaftlicher Evidenz, um zu Entscheidungen zu gelangen.

Die Inhalte werden in vier Bereiche naturwissenschaftlichen Wissens unterteilt: Physikalische Systeme, Lebende Systeme, Erd- und Weltraumsysteme, Technologische Systeme.

Damit sind Leitziele, Teilkompetenzen und Inhalte so angelegt, dass die Naturwissenschaften fächerübergreifend betrachtet und getestet werden.

Zur Bedeutung der internationalen Studien: Die Resultate von TIMSS und PISA waren im deutschsprachigen Raum die Auslöser von groß angelegten, nationalen Schul- und Unterrichtsentwicklungsprojekten (D, A, CH), Forschungsprogrammen (D) sowie der Entwicklung von Standards (D, A, CH, L). Das Konzept der *Scientific Literacy* sowie Aufgabenkultur und Testverfahren von PISA beeinflussten stark die Konzeption der Kompetenzmodelle, das Festlegen von Standards sowie die Verfahren zur Unterrichtsevaluation.

Beispiel «Saurer Regen» (PISA-Aufgabe für 15-Jährige)

Das Foto zeigt Statuen, die sogenannten Karyatiden, die vor mehr als 2500 Jahren auf der Akropolis in Athen aufgestellt wurden. Die Statuen bestehen aus Marmor (einer Gesteinsart). Marmor besteht aus Kalziumkarbonat. 1980 wurden die Originalstatuen in das Innere des Museums der Akropolis gebracht und durch Kopien ersetzt. Die Originale waren vom sauren Regen zerfressen worden.

1) Normaler Regen ist leicht sauer, weil er etwas Kohlendioxid aus der Luft aufnimmt. Saurer Regen ist säurehaltiger als normaler Regen, weil er auch Gase wie Schwefeloxide oder Stickoxide aufnimmt. Woher kommen diese Schwefeloxide und Stickoxide in der Luft?

2) Die Wirkung von saurem Regen auf Marmor kann simuliert werden, indem man Marmorsplitter über Nacht in Essig legt. Essig und saurer Regen haben in etwa denselben Säuregehalt. Wenn man ein Stück Marmor in Essig legt, bilden sich Gasblasen. Das Gewicht der trockenen Marmorsplitter kann vor und nach dem Versuch bestimmt werden.

Ein Marmorsplitter wiegt 2.0 Gramm, bevor er über Nacht in Essig gelegt wird. Am anderen Tag wird der Splitter aus dem Essig genommen und getrocknet. Wie viel wiegt der trockene Marmorsplitter jetzt? Kreuze die richtige Antwort an:

A   Weniger als 2.0 Gramm
B   Genau 2.0 Gramm
C   Zwischen 2.0 und 2.4 Gramm
D   Mehr als 2.4 Gramm

3) Schülerinnen und Schüler, die diesen Versuch durchführten, legten außerdem Marmorsplitter über Nacht in reines (destilliertes) Wasser.

Erkläre, warum die Schülerinnen und Schüler diesen Versuch in ihr Experiment eingebaut haben.

Aufgabenkultur und Lernzielüberprüfung nach PISA

Die obige Aufgabe ist typisch für PISA (PISA-Konsortium Deutschland, 2007). Sie ist durch Eigenschaften gekennzeichnet, die zunehmend auch in anderen wissenschaftlichen Tests oder in ganz normalen Klassenarbeiten aller Altersstufen zu finden sind:

■   *Eine* Situation als Ausgangslage (hier die Statuen);
■   Pro Situation mehrere Teilfragen, mit welchen je verschiedene Teilkompetenzen getestet werden;
■   Lebensweltlicher Bezug, d. h. Anwendung von Wissen im Alltag;
■   Verschiedene Antwortformate: Kurz- oder Langantwort, Multiple Choice.

1.7 Tests zur Selbstkontrolle – Anstöße zum Weiterdenken

1. Welche Leitideen und Grobziele werden in dem für Ihren Unterricht geltenden Lehrplan genannt? Beschränken Sie sich auf diejenigen, die spezifisch die Naturwissenschaften betreffen.

2. Beschreiben Sie drei Leitideen oder Grobziele, die sie bereits als Schülerin bzw. Schüler im naturwissenschaftlichen Unterricht besonders angesprochen haben. Auf der anderen Seite: Gibt es jetzt Leitideen oder Grobziele, die Sie nicht ansprechen oder die Sie sogar ablehnen?

3. Welche Ziele würden Sie gerne innerhalb bzw. mit der Fachschaft Sachunterricht bzw. Naturwissenschaften verfolgen?

4. Welche überfachlichen Kompetenzen werden auf den ersten Seiten des für Ihren Unterricht geltenden Lehrplans aufgeführt?

5. Nennen Sie zwei Gründe, warum wir Lernziele setzen und uns bzw. anderen bewusst machen sollten.

6. Am Ende von Unterkapitel 1.1 werden im Beispiel «Einen Baum im Jahresverlauf beobachten» vier Ziele genannt. Ordnen Sie diese nach Zielebene und -bereich (siehe Tabelle «Eine Gliederung von Zielen…» in 1.2).

7. Formulieren Sie drei Feinziele für eine Stunde, die Sie demnächst halten.

8. In Unterkapitel 1.5 wird ein Kompetenzmodell mit sieben Handlungsaspekten vorgestellt. Ordnen Sie die folgenden Kompetenzbeschreibungen den acht Aspekten zu: «Schülerinnen und Schüler können a) einfache vorgegebene Werkzeuge und Instrumente nach Anleitung verwenden; b) darlegen, was sie zu einer Sache bzw. Situation denken und dabei mehr als eine Sichtweise einbringen; c) eigene Stärken in ein Team einbringen und in diesem in Absprache mit anderen Mitgliedern Teilarbeiten planen und erledigen; d) Informationen nach selbst gewählten, sachbezogenen Gesichtspunkten lesen und kennzeichnen.»

9. Welche Gemeinsamkeiten bestehen zwischen den in Unterkapitel 1.4 und 1.5 dargestellten Kompetenzmodellen?

10. Nennen Sie je drei Gründe, die für bzw. gegen Standards sprechen.

11. In welchen Zielbereichen (vgl. Kap. 1.2) liegen die Ziele, die mit der Aufgabe «Blauer Dunst» in 1.5 verfolgt werden?

12. Wie würden Sie Ihrer Schulleitung das in PISA verfolgte Konzept der *Scientific Literacy* erklären?

Lösungen

1. Typische Leitziele für den Sach- bzw. naturwissenschaftlichen Unterricht lauten (hier einige aus dem Lehrplan Sachunterricht in Nordrhein-Westfalen): «*Die [Kinder] entwickeln eigene Fragehaltungen und Zugänge zum Erkunden und Untersuchen; sie entwickeln Achtung und Verantwortungsbewusstsein im Umgang mit Lebewesen; sie setzen sich mit den Chancen und Risiken von Technisierung auseinander und wägen Vor- und Nachteile ab; sie entwickeln ein Bewusstsein für den Schutz von Lebensräumen.*»

2. Die Antworten werden individuell sehr unterschiedlich ausfallen. Tauschen Sie mit Kolleginnen und Kollegen Ihre Antworten gegenseitig aus.

3. Ein breites Spektrum von Antworten ist denkbar: die Sammlung besser ordnen, gegenseitig Unterrichtseinheiten austauschen (z. B. für das Lernen an Stationen), ein Schülerlabor aufbauen und einrichten, sich besser kennenlernen durch einen gemeinsamen Ausflug etc. Bei allem gilt: Unterrichtsentwicklung kann durch kollegiale Zusammenarbeit initiiert und gestärkt werden.

4. Typische überfachliche Leitziele lauten (hier aus dem Lehrplan des Kantons Bern): «*Die Schule a) unterstützt die Schülerinnen und Schüler auf dem Weg zu selbstständigen Persönlichkeiten, b) fördert ihre Ausdrucksfähigkeit und Leistungsbereitschaft, c) ihre Beziehungsfähigkeit…*»

5. Siehe 1.1, zweiter Abschnitt.

6. Ziel 1: affektives Leitziel; 2: kognitives Grobziel; 3: kognitives Grobziel; 4: kognitives Grobziel.

7. Jedes Feinziel sollte in Infinitivform verfasst sein und die folgenden drei Elemente enthalten: a) Gegenstand, auf den es sich bezieht, b) Endverhalten, welches direkt beobachtbar ist, c) Beurteilungsmaßstab.

8. a: Fragen und untersuchen; b: Einschätzen und beurteilen; c: Mitteilen und austauschen; d: Informationen erschließen.

9. Gemeinsamkeiten: Kommunikation ↔ Mitteilen und austauschen; Bewertung ↔ Einschätzen und beurteilen; Erkenntnisgewinnung ↔ Fragen und untersuchen.

10. Siehe Unterkapitel 1.4 und 1.5 (jeweils am Ende der ersten Seite).

11. Kognitive, sozial-kommunikative und z. T. instrumentelle Lernziele.

12. Siehe die erste Seite von Unterkapitel 1.6.

1.8 Anregungen für die Schulpraxis und zum Weiterstudium

Zur Bedeutung des naturwissenschaftlichen Unterrichts

■   *Gräber, W.* et al. (2002). *Scientific Literacy. Der Beitrag der Naturwissenschaften zur Allgemeinen Bildung.* Opladen: Leske + Budrich. Das Buch enthält ein breites Spektrum von Aufsätzen international anerkannter Fachleute zu Bildungswert und Zielen des naturwissenschaftlichen Unterrichts.

Zu konkreten, fachdidaktisch reflektierten Unterrichtsbeispielen

■   *Adamina, M., & Müller, H.* (2008). *Lernwelten: Natur – Mensch – Mitwelt* (NMM), 4. Auflage. Bern: Schulverlag blmv AG. Siehe auch: *www.nmm.ch:* Ein reicher Fundus von Lern- und Lehrmaterialien sowohl für den Unterricht in der Primar- und Sekundarstufe I wie zu den Lernzielen eines interdisziplinären, konstruktivistisch orientierten Naturwissenschaftsunterrichts.

Zu naturwissenschaftlichen Bildungsstandards

■   *Deutschland: Kultusministerkonferenz* (KMK, 2005). *Bildungsstandards im Fach Biologie für den Mittleren Schulabschluss.* Neuwied: Luchterhand. (Analog für Chemie und Physik). *www.kmk.org/schul/home.htm.* – Diverse Stellungnahmen zu naturwissenschaftlichen Standards: www.mnu.de

■   *Österreich: http://www.bifie.at/bildungsstandards*

■   *Schweiz: Konsortium HarmoS Naturwissenschaften+* (2008): *Wissenschaftlicher Schlussbericht.* Bern: Schweizerische Konferenz der kantonalen Erziehungsdirektoren. Siehe auch: *http://nawiplus.phbern.ch*

■   PISA: OECD (2007). *PISA 2006: Schulleistungen im internationalen Vergleich.* Paris: OECD *www.pisa.oecd.org.*

■   PISA-Konsortium Deutschland (2007). *PISA 2006: Die Ergebnisse der dritten internationalen Vergleichsstudie.* Münster: Waxmann.

Zur allgemeinen Diskussion über Bildungsstandards

■   *Labudde, P.* (2007). *Bildungsstandards am Gymnasium: Korsett oder Katalysator?* Bern: h.e.p. verlag. 30 Autoren und Autorinnen diskutieren Vor- und Nachteile von Bildungsstandards – nicht nur für das Gymnasium.

Zum fächerübergreifenden naturwissenschaftlichen Unterricht

■   *Labudde, P.* (2008). *Naturwissenschaften vernetzen – Horizonte erweitern: Fächerübergreifender Unterricht konkret.* Seelze: Kallmeyer. Das Buch enthält 15 konkrete Unterrichtseinheiten für das 7.–10. Schuljahr sowie fachdidaktische Anregungen zum fächerübergreifenden Unterricht.

2 Die Naturwissenschaften fächerübergreifend vernetzen

Susanne Metzger

Solche und ähnliche Aussagen, die immer wieder im Zusammenhang mit fächerübergreifendem Unterricht zu hören sind, zeigen, dass keineswegs Einigkeit im Bezug auf einen fächerübergreifenden Ansatz herrscht. In diesem Kapitel werden zum einen Begriffe geklärt, zum anderen Chancen – aber auch Klippen – eines fächerübergreifenden Ansatzes beleuchtet.

2.1 Fächerübergreifender Unterricht – ein Überblick

Fächerübergreifender naturwissenschaftlicher Unterricht wird in nahezu allen Lehrplänen gefordert. In vielen Stufen (in der Regel in den Klassen 1–6) und Schulformen (in der Regel in den Haupt- und Gesamtschulen in Deutschland sowie den Sekundarschulen der Schweiz) ist der Unterricht sogar integriert vorgesehen. Echte «Fächerverbindung» findet hingegen oft nur am Rande statt, wie etwa in Projektwochen oder zu wenigen Themen wie zum Beispiel «Luft» oder «Wasser» in der Primarstufe. Neben organisatorischen Schwierigkeiten wird als Begründung gegen fächerübergreifenden Unterricht immer wieder angeführt, dass dann das Fachliche viel zu kurz komme. Argumente für einen fachübergreifenden Unterricht sind im Schaubild auf der gegenüberliegenden Seite aufgeführt.

In den letzten 20 Jahren wurden zahlreiche fächerübergreifende Unterrichtseinheiten entwickelt und zum Teil auch publiziert. Systematisch wissenschaftlich evaluiert wurde fächerübergreifender Unterricht hingegen selten. Jedoch kristallisieren sich bei den Resultaten verschiedener Projekte, wie zum Beispiel PING[1] oder STS[2], die Umsetzungen wissenschaftlich begleiten, gemeinsame Tendenzen heraus.[3] Zu nennen wären hier zum Beispiel die Steigerung des Interesses, der Selbstständigkeit sowie des Repertoires an naturwissenschaftlichen Arbeitsweisen der Schülerinnen und Schüler sowie die Verbesserung des Selbstkonzeptes der Mädchen. Keine einheitlichen Ergebnisse liefern hingegen die Untersuchungen zum Einfluss des fächerübergreifenden Unterrichts auf die fachlichen Kenntnisse. Fest steht, dass die Ergebnisse internationaler Vergleichsstudien wie TIMSS oder PISA nicht damit in Zusammenhang zu bringen sind, ob fächerübergreifend unterrichtet wird oder nicht (Labudde, 2008). Erklärungsversuche für das vergleichsweise schlechte Abschneiden deutschsprachiger Schülerinnen und Schüler in diesen Studien könnten auf Probleme in der Zielsetzung des Unterrichts, der Curricula, der Unterrichtsmethodik sowie der rechtlichen und kulturellen Verankerung der Naturwissenschaften zurückzuführen sein (Fischer et al., 2003).

---

1   PING: Praxis integrierter naturwissenschaftlicher Grundbildung
2   STS: Science-Technology-Society
3   Vgl. Hansen & Klinger, 1998; Kremer & Stäudel, 1997; Labudde, 2003; Ramseier, 1998.

Argumente für fächerübergreifenden Unterricht

Abholen der Lernenden

Das Einbeziehen des Vorwissens und der Interessen der Lernenden ist eine der wichtigsten Voraussetzungen für Lernprozesse im konstruktivistischen Sinn. Da das Vorwissen der Lernenden noch kaum in Fachschubladen sortiert ist, bietet sich der interdisziplinäre Ansatz geradezu an.

Schlüssel-probleme der Menschheit

Viele Probleme unserer Gesellschaft wie die Energieversorgung oder der Umgang mit Rohstoffen lassen sich nur interdisziplinär lösen. Deshalb sollte schon in der Schule die Bereitschaft entwickelt werden, Probleme aus verschiedenen Perspektiven zu betrachten und zu bewerten.

Motivation und Interesse

Steht bei einem Thema zum Beispiel nicht der physikalische Aspekt im Vordergrund, sondern ein lebensweltlicher Bezug, so sind Lernende häufig besser motiviert und interessiert – dies gilt insbesondere für Schülerinnen.

Berufs- bzw. Wissenschaftspropädeutik

Auch im späteren Berufsleben müssen Fachgrenzen immer wieder überschritten werden. Im fächerübergreifenden Unterricht werden die Schülerinnen und Schüler nicht nur in die Denk- und Arbeitsweisen eines Faches eingeführt, sondern werden sich auch der Chancen und Grenzen dieses Faches bewusst.

Argumente für fächerübergreifenden Unterricht

Lernen in Projekten

Im Rahmen von Projekten werden Fächergrenzen ganz selbstverständlich gesprengt.

Informations-beschaffung im IKT-Zeitalter

Der fächerübergreifende Unterricht kann dazu beitragen, Schülerinnen und Schüler auf die nichtlineare, vernetzte Informtionsbeschaffung vorzubereiten.

Überfachliche Kompetenzen

Schlüsselqualifikationen wie zum Bespiel differenziertes Denken, Umweltkompetenz oder Ambiguitätstoleranz lassen sich im fächerübergreifenden Unterricht besser als im reinen Fachunterricht erreichen.

(nach Labudde, 2008)

2.2 Fächerübergreifend – eine Begriffsklärung

«Fächerübergreifend» ist ein Oberbegriff für die verschiedenen Arten von Unterricht, der über die Grenzen des eigenen Faches hinausgeht (vgl. Bünder & Harms, 1999; Labudde, 2008). Es wird unterschieden in

- **Fachüberschreitend** (auch fachübergreifend oder intradisziplinär genannt): In einem Fach werden Inhalte eines anderen Faches eingebunden. Diese Art von übergreifendem Unterricht ist relativ einfach zu bewerkstelligen, weil keine Absprachen mit anderen Fachlehrpersonen oder Änderungen im Stundenplan nötig sind.

- **Fächerverknüpfend** (auch fächerverbindend oder multidisziplinär genannt): Ein gemeinsames Thema zweier (oder mehrerer) Fächer wird zeitlich koordiniert und systematisch miteinander verknüpft unterrichtet. Das heißt: Jedes Fach zeigt das Thema aus seiner Perspektive mit seiner Herangehensweise, ohne dass es für die Lernenden zu Widersprüchen kommt. Dies bedarf einer guten Absprache zwischen den einzelnen Fachlehrpersonen und unter Umständen sogar Anpassungen im Stundenplan.

- **Fächerkoordinierend** (auch integriert genannt): Ein übergreifendes Thema wird aus den Perspektiven verschiedener Fachrichtungen in einem gemeinsamen Unterricht (z. B. einer Projektwoche oder an einem Thementag) bearbeitet. Dafür müssen die entsprechenden Gefäße entweder bereits gegeben sein oder speziell dafür geschaffen werden. Für den Erfolg ist es zudem essenziell, dass die verschiedenen Perspektiven inbegriffen sind, auch wenn das Thema unter Umständen nur von einer Fachlehrperson unterrichtet bzw. betreut wird.

- **Integriert** (Einteilung aus Sicht der Stundentafel): In einem integrativen Fach wie z. B. «Naturwissenschaften», «Natur und Technik», «Natur, Mensch, Mitwelt», «Mensch und Umwelt» oder «Sachunterricht» werden von einer Lehrperson mehrere Fachrichtungen innerhalb eines Gefäßes unterrichtet.

Ein Beispiel für...

...fachüberschreitenden Unterricht:

In der Physik wird im Bereich Wärmelehre auf das Fell und die Farbe der Haut eines Eisbären, das Gefieder von Vögeln oder die Allen'sche Regel eingegangen. Dies geschieht allein durch die Physiklehrerin – in der Regel, ohne sich mit dem Biologiekollegen abzusprechen.

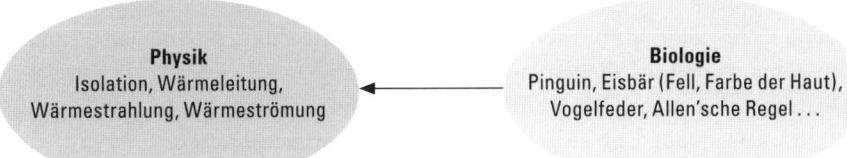

...fächerverknüpfenden Unterricht:

Das Thema Energieumwandlungen wird aus den verschiedenen Perspektiven der Biologie (Ernährung), Chemie (chemische Reaktionen) und Physik (mechanische und elektrische Energieformen) im jeweiligen Fachunterricht von der jeweiligen Fachlehrperson im gleichen Zeitraum thematisiert.

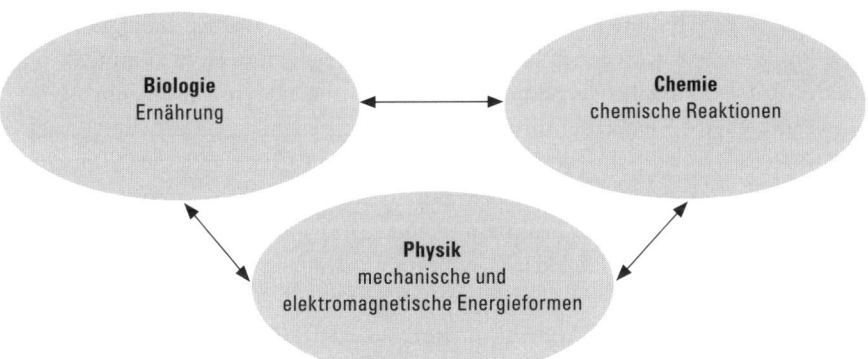

...fächerkoordinierenden Unterricht:

Das Energiekonzept der Schule wird in einer Projektwoche überarbeitet.

Projektwoche
Wofür benötigen wir an unserer Schule wie viel Energie? Wo könnten wir Energie sparen? Was könnten wir selbst beitragen? Was könnte durch Umbaumaßnahmen erreicht werden? Was würde das kosten?

2.3 Im Spannungsfeld zwischen fächerübergreifendem Unterricht und Fachsystematik

Einer der häufigsten Kritikpunkte am fächerübergreifenden Unterricht ist die Tatsache, dass die lebensweltliche Orientierung der fächerübergreifenden Themen nicht immer mit der Systematik des Faches vereinbar ist. Allerdings wird sowohl das Lernen entlang einer Fachsystematik als auch das Lernen in Kontexten für einen bildenden naturwissenschaftlichen Unterricht als notwendig erachtet (Bünder & Harms, 1999). Zudem wurde durch PISA deutlich, dass zu einer naturwissenschaftlichen Grundbildung mehr gehört als nur rein biologische, chemische und physikalische Inhalte. Hinzu kommt, dass sich die getrennte Etablierung der naturwissenschaftlichen Unterrichtsfächer eher auf historische Entwicklungen und auf Tradition von Schule zurück führen lassen als auf die heutige Struktur der Naturwissenschaften.

Die Einführung eines integrierten Faches «Naturwissenschaften», «Natur und Technik», «Mensch und Umwelt» oder «Sachunterricht» legt die Vermutung nahe, dass es gerade in den unteren Jahrgangsstufen möglich zu sein scheint, die systematisch fachlichen Entwicklungen durch Einbindung in lebensweltlich orientierte Themen eng mit diesen zu verknüpfen. Es werden naturwissenschaftliche Fragestellungen ohne formale Zuordnung zu einem speziellen Fach bearbeitet. In den oberen Jahrgangsstufen sollten sich Phasen des rein fachlichen Lernens im Rahmen der Fachsystematik mit fächerübergeifenden Phasen abwechseln – unabhängig davon, ob die Naturwissenschaften getrennt oder integriert unterrichtet werden. Werden Biologie, Chemie und Physik von verschiedenen Lehrpersonen unterrichtet, so ist es zumindest ohne großen Aufwand möglich, regelmäßig fachüberschreitende Anteile einzubringen.

Ein weiterer Aspekt, der für einen fächerübergreifenden Unterricht – gerade in den höheren Klassen – spricht ist, dass die einzelnen Fächer durch das Beantworten von ganz bestimmten Fragen in einer ganz bestimmten, fächerspezifischen Weise fächerbezogene Weltsichten vermitteln (Stäudel, 2007). Jedes Fach für sich zeigt also nur ganz spezifische Wirklichkeitsausschnitte; Phänomene und Gesetzmäßigkeiten werden auf eine jeweils spezielle Art gesehen und beschrieben. Der fächerübergreifende Unterricht bietet die Möglichkeit, die Grenzen der Einzelfachsicht aufzuzeigen.

Verknüpfen von Fachsystematik und fächerübergreifenden Anteilen beim Thema der Energieübertragung in Form von Wärme

Bereich Physik Sekundarstufe I

Energieübertragung in Form von Wärme		
Wärmeleitung	**Konvektion**	**Wärmestrahlung**
Gemeinsam-keiten	alle drei Arten der Wärmeübertragung haben stets eine Temperaturdifferenz als Voraussetzung	
Unterschiede	■ Wärmeübertragung durch Teilchenstöße, Moleküle wandern nicht ■ ruhende Materie	■ Wärmeübertragung durch freie oder erzwungene Strömung ■ sich bewegende Materie	■ Wärmeübertragung durch Strahlung ■ keine Materie zur Übertragung nötig
Beispiele	Tiere der kalten Zone (z. B. Eisbär oder Pinguin) mit Bezügen zur Biologie und zur Geografie		
	■ wenig Energieverlust durch gute Isolierung (z. B. Fell, Gefieder, Fett) →Körperbau, Schutz-mechanismen	■ Gegenstromprinzip bei Pinguinen → Bau des Körpers	■ Energieverlust durch Wärmestrahlung →Bergmann'sche und Allen'sche Regel
	Physik des Tauchens mit Bezügen zum Sport, zur Geografie sowie zur Materialkunde		
	■ Neopren eines Tauchanzugs (durch die eingeschlossenen Luftbläschen ist Neopren ein schlechter Wärmeleiter)	■ ein Tauchanzug verhindert, dass das sehr kalte Meerwasser direkt an der Haut des Tauchenden entlangströmt	■ ein schwarzer Tauchanzug wärmt sich in der Sonne durch die Wärmestrahlung meist sehr schnell auf

Note: The top of the table shows a diagram where "Energieübertragung in Form von Wärme" branches via arrows into "Wärmeleitung", "Konvektion", and "Wärmestrahlung".

2.4 Themenfelder

Im Bereich des fächerübergreifenden Naturwissenschaftsunterrichts kann in naturwissenschaftliche und lebensweltlich orientierte Ansätze unterschieden werden. Während Erstere auf zentrale naturwissenschaftliche Begriffe, Methoden oder Arbeitsweisen fokussiert sind, stellen Letztere lebensweltliche Probleme, praktische Anwendungen oder relevante Situationen ins Zentrum. Der lebensweltliche Bezug ist – neben der Problem- und Handlungsorientierung, der Betonung der Verantwortlichkeit und Mitbestimmung der Schülerinnen und Schüler sowie der Beachtung von Vernetzung, Einbezug verschiedener Perspektiven und außerschulischer Kommunikation – eines der Kriterien für «guten» fächerübergreifenden naturwissenschaftlichen Unterricht (Popp, 1997).

Insbesondere im Sachunterricht der Primarschule spricht man bei dieser Art der Verknüpfung von Themenfeldern. Diese sollten nicht nur die verschiedenen inhaltlichen Aspekte eines Themas verknüpfen (Sachkompetenz), sondern auch auf die Förderung der Sozial- und Selbstkompetenz der Schülerinnen und Schüler ausgerichtet sein. Während in der Primarstufe durch das integrierte Fach («Sachunterricht», «Mensch und Umwelt» oder Ähnliches) meist historische, geografische, lebens- und naturwissenschaftliche Aspekte verknüpft werden, beschränken sich Themenfelder in der Sekundarstufe meist auf die Naturwissenschaften oder sogar nur auf eines der Fächer. Als zentrale, übergeordnete und verbindende naturwissenschaftliche Konzepte können dabei das System (analytisches und systemisches Denken), die Bilanzierung (am Beispiel Energie) und das Kontinuum bzw. Diskontinuum angesehen werden (Berg et al., 2004). Die fächerübergreifende Behandlung dieser Themen ist nicht nur gut für die Förderung des vernetzten Denkens, sondern macht auch den Bildungswert der Naturwissenschaften über die eigenen Inhalte hinaus deutlich, womit wiederum der Bezug zur Lebenswelt hergestellt wird.

Unabhängig von der Stufe liegt die Gewichtung der einzelnen Aspekte in den Händen der Lehrperson. Gleiches gilt für die stufengerechte Auswahl und Einschränkung eines Themenfeldes, welches durch die Vernetzung vieler Inhalte schnell komplex werden kann. Einige weitere Qualitätskriterien von Themenfeldern sind in der Tabelle rechts zusammengetragen, wobei zu beachten ist, dass ein Themenfeld niemals alle Kriterien erfüllen kann und soll.

Qualitätskriterien von Themenfeldern

(nach Stöckli, 2008)

Kriterien	Themenfelder sollen ...
Lebensweltlicher Bezug	... sich aus möglichst mehreren Inhaltsaspekten zusammensetzen.
Handlungsräume Erfahrungsräume	... thematisch von den Erfahrungs- und Erlebnisräumen der Lernenden ausgehen und Bezüge zur näheren und weiteren Umwelt herstellen.
Wissen; Fähigkeiten, Fertigkeiten; Haltungen	... den gezielten Erwerb von Wissen, Fähigkeiten und Fertigkeiten sowie Haltungen ermöglichen.
Kompetenzbereiche	... einen Qualitätszuwachs in den drei Kompetenzbereichen Selbst-, Sozial- und Sachkompetenz ermöglichen.
Zusammenhänge schaffen	... Lernen in inhaltlichen Zusammenhängen ermöglichen und Zugänge zu umliegenden Themenbereichen eröffnen.
Ganzheitlichkeit	... fächerübergreifend und ganzheitlich bearbeitbar sein.
Kultureinbezug	... Zugänge zu Kulturen und Lebenswelten eröffnen und damit Toleranz und Verständnis fördern.
Identität und Sinn	... identitäts- und sinnstiftend sein.
Zukunftsbezug	... bildungsrelevant und für die Lebenszukunft der Lernenden bedeutsam sein.
Selbstverantwortung	... Autonomie und Eigenständigkeit in den Entscheidungs-, Planungs- und Beurteilungsprozessen fördern.
Zugänge	... Lernen über verschiedenste Zugänge ermöglichen (Sinne, Handlung, Material, ...).
Stufenübergreifbarkeit	... über mehrere Stufen hinweg in zunehmend differenzierter und erweiterter Form behandelt werden können.
Vielfalt an Unterrichtsformen	... in einer Vielfalt und im reflektierten Wechsel von Unterrichtsformen bearbeitet werden können.
Originalität	... möglichst viele originale Lernanlässe beinhalten.
Kombinierbarkeit	... miteinander kombinierbar sein.

2.5 BNE – ein Beispiel für fächerübergreifenden Unterricht über die Naturwissenschaften hinaus

Bildung für Nachhaltige Entwicklung (BNE) wird heute weltweit als eine wichtige Bildungsaufgabe angesehen. Ausdruck dafür ist zum Beispiel die UN–Weltdekade «Bildung für Nachhaltige Entwicklung (2005–2014)». Als «nachhaltig» wird eine Entwicklung bezeichnet, wenn sie weltweit die Bedürfnisse der heutigen Generation decken kann ohne die Möglichkeiten der Deckung eigener Bedürfnisse künftiger Generationen zu schmälern. Das heißt, dass die Bildung für Nachhaltige Entwicklung Menschen dazu befähigen soll, globale Probleme vorherzusehen, sich mit ihnen auseinanderzusetzen und sie zu lösen. Letztendlich bedeutet es auch, dass durch BNE die gegenseitige Abhängigkeit von Umwelt, Gesellschaft und Wirtschaft verdeutlicht werden soll. Damit knüpft das Thema «Nachhaltige Entwicklung» direkt an Aufgaben und Fragen aus der Lebenswelt und dem Unterrichtsalltag an – speziell an den naturwissenschaftlichen Unterricht zum Beispiel bei Fragen von Schülerinnen und Schülern nach der Klimaerwärmung und den Folgen für die Welt oder mit der Frage ob mit dem Einsatz von Biodiesel oder Bioethanol als Treibstoff alle Probleme mit dem Verkehr gelöst seien. Mögliche Inhalte in einem BNE–Unterricht mit naturwissenschaftlichem Anteil könnten zum Beispiel folgende sein (nach Kyburz/Graber et al., 2008):

- der schonende Umgang mit Ressourcen,
- die Erhaltung der Biodiversität,
- energiesparendes Produzieren und Konsumieren,
- Wiederverwertung und Schließen von Stoff-Kreisläufen,
- umwelt- und menschenfreundliche Formen der Mobilität,
- Basisgesundheitsdienste und -ressourcen (z. B. Zugang zu Trinkwasser).

Die Prinzipien der BNE stimmen weitgehend mit den pädagogischen und didaktischen Grundsätzen eines modernen naturwissenschaftlichen Unterrichts überein. Außerdem lassen sich insbesondere die naturwissenschaftlichen Themenbereiche der Sekundarstufe I sehr gut in gesellschafts- und zukunftsbezogener, aktueller Form erarbeiten. Stellt man den handelnden Jugendlichen ins Zentrum der Themenerschließung, so wird auch die Alltagsrelevanz offenkundig.

Nachhaltigkeitsdreieck

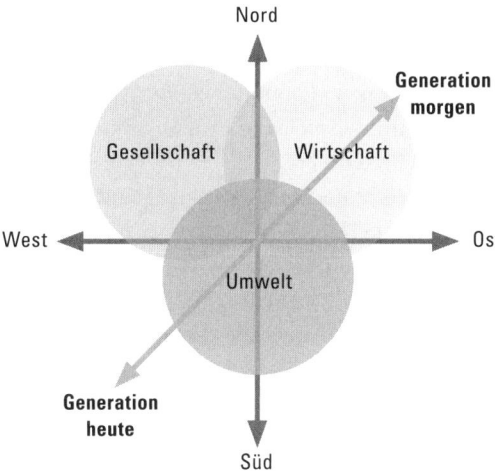

Für eine dauerhaft tragbare Entwicklung wird ein Ausgleich zwischen der ökologischen, ökonomischen und sozialen Nachhaltigkeit angestrebt. Dies gilt auch in der räumlichen Vernetzung und in der Zeitachse als Rücksicht auf kommende Generationen (Kyburz-Graber et al., 2008).

Möglicher Auftrag für die Sekundarstufe I:
- Sucht als Gruppe mithilfe des Materials «Auf der Suche nach den Energiefressern» in der Schule nach drei Beispielen für unnötigen Energie- und Wasserverbrauch und dessen Folgen für die Umwelt.
- Erarbeitet dazu Verbesserungsvorschläge und berechnet die Einsparmöglichkeiten.
- Fertigt einen Aufruf an die Schülerinnen und Schüler eurer Schule an, in dem ihr sie motiviert, eure Verbesserungsvorschläge anzunehmen.

(vgl. *www.transfer-21.de/daten/materialien/Lernangebote/30Energiesparen.pdf*; dort befindet sich auch das benötigte Material)

2.6   Weitere Beispiele für fächerübergreifenden Unterricht

Es gibt eine Vielzahl von Möglichkeiten, ausgehend von den Naturwissenschaften fächerübergreifend zu unterrichten. Eine aktuelle Zusammenstellung konkreter Einheiten ist erst kürzlich erschienen (Labudde, 2008). Außerdem gibt es im Internet Materialdatenbanken wie zum Beispiel vom Projekt SINUS-Transfer[4] oder dem Landesbildungsserver Baden-Württemberg.[5]

Eine spannende – vielleicht noch viel zu selten genutzte Chance – ist das fächerübergreifende Arbeiten über die Naturwissenschaften hinaus. In der Literatur bereits thematisiert wurden Verbindungen mit Sport, Kunst oder Geschichte. Zum Beispiel wurden die Unterrichtseinheiten «Jeder Schuss ein Treffer – Physik und Treffsicherheit beim Sport», «Alte Bilder zeigen Falten – Die chemische Uhr von Ölgemälden» oder «Dunkle Machenschaften um Himmelskörper – ein historischer Kriminalfall naturwissenschaftlich hinterfragt» veröffentlicht (Literaturhinweise siehe 2.8).

Konkret eignet sich zum Beispiel das Thema «Farben» sehr gut für die verschiedenen Arten von fächerübergreifendem Unterricht: sowohl fachüberschreitend – ausgehend von jedem der drei naturwissenschaftlichen Fächer – als auch fächerverknüpfend oder fächerkoordinierend kann das Thema «Farben» bzw. «Licht und Farben» behandelt werden. Mögliche Themen wären zum Beispiel:

- Farbwahrnehmung von Menschen und Tieren (Biologie, Physik)
- Aufbau verschiedener Augen und deren Funktion (Biologie, Physik)
- Farbmischungen: additiv und subtraktiv (Kunst, Physik)
- farbige Schatten (Physik)
- Farbordnungssysteme (Kunst, evtl. Geschichte)
- Farbchromatografie als «Farbentmischung» (Chemie)
- Lumineszenz, z. B. von Mineralien (Chemie)
- Bedeutung von Farben in der Tier- und Pflanzenwelt, z. B. Tarn- oder Warnfarben (Biologie)
- Aufbau von TFT-Bildschirmen (Physik, Technik)

Je nach Zugang sind die meisten dieser aufgeführten Themen sowohl in der Primar- als auch in der Sekundarstufe I durchführbar.

---

4   *http://sinus-transfer.uni-bayreuth.de/materialien/materialdatenbank.html* (bei Materialart «Unterrichtsmaterialien» und bei Modul «6 – Fächerübergreifendes Arbeiten» auswählen)

5   *http://www.schule-bw.de/unterricht/faecher/nwt/unterrichtseinheiten/einheiten*

Das Thema Farben fächerübergreifend – ein Ausschnitt

Kunst und Physik: Pointillismus und additive Farbmischung (Neumann, 2005)

George Seurat: Circus Sideshow (Ausschnitt)

Chemie: Fluoreszenz im Alltag (Weinhold & Pietzner, 2009).

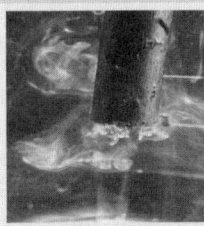

Das im Saft der Rosskastanie enthaltene Aesculin fluoresziert blau.

Biologie und Physik: Farbwahrnehmung (Metzger & Schlutt, 2009)

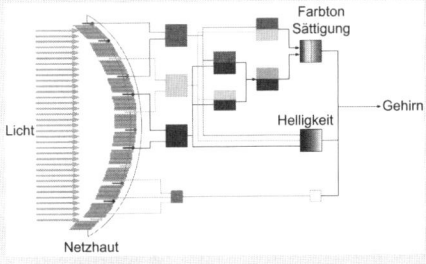

Technik: Aufbau eines TFT-Bildschirms (Neumann, 2005)

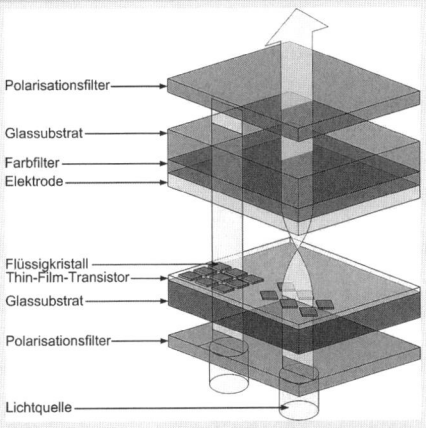

Physik und Technik: Bau eines Farbmischers aus LEDs und einem Tischtennisball. Links die Außenansicht, rechts die Schaltung (Mertl, Schorn & Wiesner, 2006)

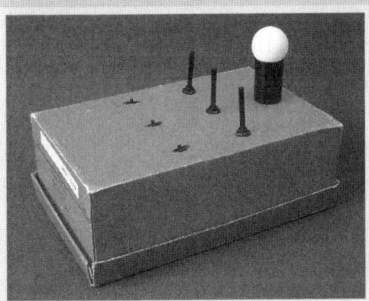

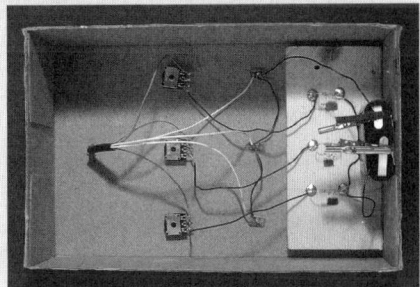

2.7 Tests zur Selbstkontrolle – Anstöße zum Weiterdenken

1. Welche Arten des fächerübergreifenden Unterrichts gibt es? Geben Sie je ein konkretes Beispiel an, bei dem mindestens eines Ihrer Fächer und mindestens ein anderes Fach beteiligt sind.

2. Denken Sie an Ihre eigene Schulzeit: Können Sie sich an naturwissenschaftliche Themen erinnern, die fächerübergreifend durchgeführt wurden? Listen Sie die Themen mit den Jahrgangsstufen auf und notieren Sie jeweils, ob der Unterricht fachübergreifend, fächerverknüpfend oder fächerkoordinierend war.

3. Beschreiben Sie ein mögliches Themenfeld speziell für Ihre Fächerkombination und Ihre Stufe unter Verwendung der Qualitätskriterien von Themenfeldern.

4. Suchen Sie sich aus dem für Ihre Stufe und eines Ihrer Fächer gültigen Lehrplans ein Thema aus, das dort nicht explizit fächerübergreifend beschrieben ist.

   ■ Schreiben Sie die für das gewählte Fach wesentlichen Inhalte und Aspekte des gewählten Themas auf.

   ■ Überlegen Sie, zu welchen anderen Fächern (egal, ob diese in Ihrem Fächerprofil enthalten sind oder nicht) Beziehungen zu diesem Thema bestehen, und schreiben Sie auch dort die relevanten Aspekte auf.

   ■ Planen Sie eine (umsetzbare) Unterrichtseinheit, die möglichst alle von Ihnen zuvor notierten Aspekte enthält.

   ■ Planen Sie die Umsetzung Ihrer Einheit für eine Ihnen bekannte Schule unter Berücksichtigung der lokalen Gegebenheiten (Schulhaus, Naturwissenschaftsräume, Stundenplan, Kollegium, Fachlehrpersonen …).

5. Suchen Sie für einen Teilbereich eines Ihrer Fächer je drei Argumente für und gegen die Entscheidung, diesen Bereich nach der Systematik des Faches oder fächerübergreifend zu unterrichten.

6. Befragen Sie Schülerinnen und Schüler Ihrer Klasse (oder Kinder bzw. Jugendliche im Alter der Stufe, die Sie unterrichten werden) nach Ihren Interessen. Entwickeln Sie ausgehend von den aufgenommenen Interessen ein Themenfeld, das auch fachliche Aspekte mindestens eines Ihrer Fächer beinhaltet.

Lösungen

1. Für ein Beispiel siehe Seite 5.

2. Mögliche Antworten wären:
   - Luft (3. Klasse): fächerkoordinierend
   - Sinnesorgane (7. Klasse): fächerverknüpfend
   - Die Geschichte der Technik (8. Klasse): fächerüberschreitend

3. Ein mögliches Beispiel wäre «Wasser» mit folgenden Unterthemen:
   - Wasser als Lebensraum → z. B. Handlungs-/Erfahrungsräume
   - Wasser und seine Aggregatzustände → z. B. Wissen
   - Vorkommen auf der Erde → z. B. Ganzheitlichkeit
   - Wasserkreislauf → z. B. Zusammenhänge schaffen
   - Ver- und Entsorgung → z. B. Zukunftsbezug, Selbstverantwortung
   - Bedeutung in Religion und Kultur → z. B. Kulturbezug
   - ...

4. Es gibt zum Beispiel die Möglichkeit, naturwissenschaftliche Inhalte mit historischen Bezügen zu verbinden.

5. Ein Beispiel zum Thema Optik in der Physik (5.–7. Klasse) für oder gegen das Unterrichten unter Einbezug des Sinnesleistung «Sehen» (Biologie):
   - das Sehen und die Wahrnehmung allgemein sowie die verschiedenen Augen (von Mensch oder Tier) sind gute Einstiege in eine Einheit zur Optik (pro)
   - die Wichtigkeit der physikalischen Inhalte wird direkt sichtbar (pro)
   - durch die Verbindung zum eigenen Körper sind insbesondere die Schüler-innen mehr interessiert und besser motiviert (pro)
   - der Einbezug der Sinne «verlängert» die Einheit unnötig (contra)
   - die physikalischen Inhalte treten in den Hintergrund (contra)
   - die Sinneswahrnehmung ist zu komplex im Vergleich mit den «einfachen» physikalischen Inhalten (contra)

6. Interessen werden häufig durch aktuelle Ereignisse wie zum Beispiel Überschwimmungen ausgelöst. Hier würde sich die Bearbeitung des Themenfeldes Wasser (mit diesen besonderen Aspekten) anbieten.

2.8   Anregungen für die Schulpraxis und zum Weiterstudium

Themenhefte zu fächerübergeifenden Themen

- *Praxis der Naturwissenschaften – Biologie in der Schule:*
  Biologieunterricht – fächerübergreifend, fächerverbindend (Heft 8/49 – Dezember/2000)
- *Praxis der Naturwissenschaften – Chemie in der Schule:*
  Chemie und Sport (Heft 2/55 – März/2006)
  Chemie und Kunst (Heft 5/54 – Juli/2005)
  Nachhaltige Entwicklung (Heft 8/52 – Dezember/2003)
- *Praxis der Naturwissenschaften – Physik in der Schule:*
  Physik und Geschichte (Heft 8/56 – Dezember/2007)
  Energie in Physik und Chemie (Heft 6/55 – September/2006)
  Physics meets Chemistry (Heft 2/55 – März/2006)
  Schnittstellen Physik/Chemie (Heft 3/54 – April/2005)
  Physik und Sport (Heft 2/52 – März/2003)
- *Unterricht Biologie Nr. 332* (2008): Bionik
- *Unterricht Chemie Nr. 40* (1997): Fächerübergreifender Unterricht
- *Unterricht Physik Nr. 110* (2009): Farben

Konkrete fächerübergreifende Praxisbeispiele

- *Labudde, P. (Hrsg.) (2008). Naturwissenschaften vernetzen – Horizonte erweitern:*
  Fächerübergreifender Unterricht konkret. Seelze-Velber: Kallmeyer & Klett.
- *Mathelitsch, L., & Thaller, S.* (2008). *Sport und Physik.* Köln: Aulis, Deubner.
- *http://www.schule-bw.de/unterricht/faecher/nwt/unterrichtseinheiten/einheiten*

Hinweise zur Umsetzung von fächerübergreifendem Unterricht (inkl. Materialpool)

- *http://ping.lernnetz.de*
- *http://www.standardsicherung.schulministerium.nrw.de/sinus*
- *http://sinus-transfer.uni-bayreuth.de/module/modul_6brfaechergrenzen*
  _ueberschreiten.html
- *für die Grundschule: http://www.sinus-transfer.uni-bayreuth.de/fileadmin/*
  MaterialienIPN/G6_gesetzt.pdf

Bildung für nachhaltige Entwicklung

- *http://www.bne-portal.de/*
- *http://www.transfer-21.de/*
- *http://www.education21.ch/*

3 Didaktische Rekonstruktion: Fachsystematik und Lernprozesse in der Balance halten

Susanne Metzger

Didaktische Strukturierung

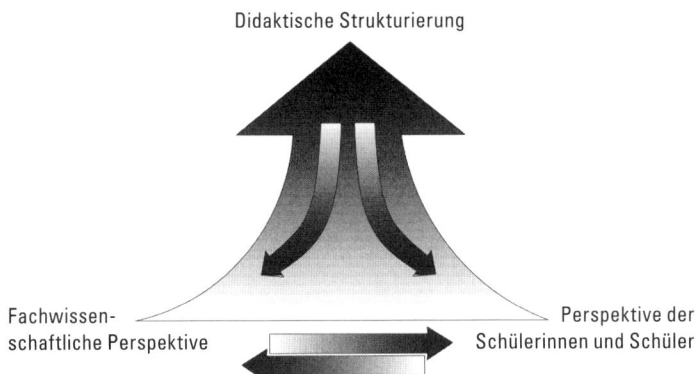

Fachwissen-
schaftliche Perspektive

Perspektive der
Schülerinnen und Schüler

Modell der Didaktischen Rekonstruktion (verändert nach Kattmann et al., 1997)

Die grundlegende Idee des Modells der Didaktischen Rekonstruktion ist es, die fachwissenschaftliche Perspektive mit der Perspektive der Schülerinnen und Schüler so in Beziehung zu setzen, dass daraus der Unterrichtsgegenstand entwickelt werden kann. Insbesondere in den Naturwissenschaften kann die Didaktische Rekonstruktion deshalb sehr gut für die Planung und Strukturierung des Unterrichts – sei es für eine Stunde, eine Einheit oder auch für einen längeren Zeitraum – verwendet werden.

3.1   Das Modell der Didaktischen Rekonstruktion – Grundlagen

Das Modell der Didaktischen Rekonstruktion greift zurück auf den Ansatz der Didaktischen Analyse nach Klafki (1969) und auf das Strukturmomentenmodell der Berliner Schule (Heimann et al., 1969).

Während die Didaktische Analyse nach Klafki einem bildungstheoretischen Ansatz folgt, basiert das Strukturmomentenmodell auf einer lerntheoretisch orientierten Didaktik. Für Klafki stellt nicht der fachliche Inhalt selbst, sondern die Bestimmung von dessen Bildungswert den ersten und wichtigsten Schritt bei der Unterrichtsvorbereitung dar. Das heißt insbesondere auch, dass die Entscheidungen über Methoden und Medien den Entscheidungen über inhaltliche Ziele vorausgehen. In der Didaktischen Analyse werden Fragen nach dem Sinn- und Sachzusammenhang, der Exemplarität (im Sinne Wagenscheins, 1965), der Gegenwarts- und Zukunftsbedeutung, der Struktur sowie der Anschaulichkeit gestellt. Beim Strukturmomentenmodell wird davon ausgegangen, dass die den Unterricht bestimmenden Variablen – also Ziele, Inhalte, Methoden und Medien – zusammenhängen und sich gegen seitig beeinflussen. Zusätzliche Einflussfaktoren stellen die Vorerfahrungen und Voraussetzungen der Schülerinnen und Schüler dar (Kapitel 4).

Das Modell der Didaktischen Rekonstruktion verbindet nun diese beiden Zugänge, indem es sowohl auf die Ideen der Sachanalyse unter didaktischem Aspekt und das Prinzip des Exemplarischen, als auch auf die Berücksichtigung der gegenseitigen Abhängigkeit der den Unterricht bestimmenden Variablen aufbaut. Frey (1975) sieht die Didaktische Rekonstruktion als in methodischer Hinsicht curricularen Prozess. Das von Kattmann et al. (1997) vorgeschlagene Modell bezieht zusätzlich Überlegungen mit ein, wie die Unterrichtsinhalte so aufbereitet werden, dass sie den Lernenden zugänglich werden. Es geht also klar über die reine Reduktion und Transformation von Wissen hinaus. Vielmehr definiert das Modell der Didaktischen Rekonstruktion drei stark miteinander wechselwirkende Teilaufgaben: die fachliche Klärung, das Erfassen der Perspektiven der Lernenden, also deren Vorstellungen und Interessen, sowie die didaktische Strukturierung, welche das sogenannte Fachdidaktische Triplett bilden (siehe Abbildung rechts). Dabei ist es essenziell, dass die Teilbereiche nicht unverbunden nebeneinanderstehen, sondern die gegenseitige Beeinflussung stets mitberücksichtigt wird.

Fachdidaktisches Triplett

(erweitert nach Kattmann et al., 1997)

themenspezifischer und an den Lernenden orienterter Planungsprozess;
Einbezug von fachlichen, zwischen- und überfachlichen Aspekten;
Einbettung der Sachverhalte in lebensweltliche, individuelle, gesellschaftliche,
wissenschaftshistorische, wissenschafts- und erkenntnistheoretische
sowie ethische Zusammenhänge

Didaktische Strukturierung

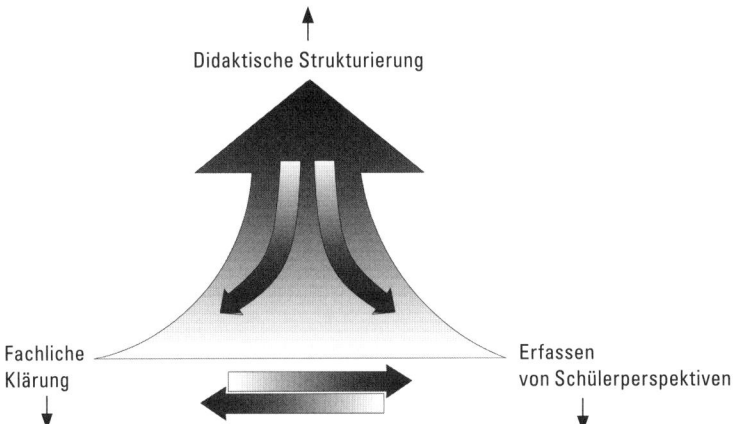

Fachliche   Erfassen
Klärung   von Schülerperspektiven

kritisch und methodisch kontrollierte
Analyse fachwissenschaftlicher
Aussagen, Theorien, Methoden und
Termini aus fachdidaktischer Sicht

Analyse der individuellen Lernbedingungen und -voraussetzungen der
Schülerinnen und Schüler (berücksichtigt
werden sowohl kognitive, affektive und
psychomotorische Komponenten als auch
die sich mit der Zeit ändernden Perspektiven der Lernenden)

3.2 Fachwissenschaftliche Perspektive

Jede (naturwissenschaftliche) Disziplin genügt einer gewissen Systematik, die sich entweder fachlich oder auch historisch begründen lässt. Eine 1:1-Übertragung der Systematik eines Faches auf die Systematik des Unterrichts ist in den seltensten Fällen möglich. Nachdem sich eine Lehrperson selbst mit den fachwissenschaftlichen Vorstellungen und Methoden eines Themas auseinandergesetzt hat, ist es deshalb eine ihrer zentralen Aufgaben, den Inhalt auf das geeignete Anforderungsniveau und die Lernfähigkeit der Klasse zu adaptieren. Dieser Prozess und sein Ergebnis werden Elementarisierung oder didaktische Reduktion genannt. Die Elementarisierung beinhaltet drei unterschiedliche Aspekte (nach Bleichroth, 1991):

1. *Aspekt der «Vereinfachung des Inhalts»:*
    Zum einen kann der Abstraktheitsgrad verringert werden, indem der Inhalt konkretisiert wird. Zum anderen lässt sich die Komplexität reduzieren, indem die Zahl der Einzelelemente verringert und die wichtigen verbliebenen Elemente stärker in den Vordergrund gerückt werden.

2. *Aspekt der «Bestimmung des Elementaren»:*
    Bei naturwissenschaftlichen Inhalten findet sich «das Elementare» – die grundlegende Idee eines Inhalts – meist in einer (allgemeinen) Gesetzmäßigkeit wieder, welche unterschiedliche Grade der Allgemeingültigkeit haben und auf unterschiedlichem Niveau formuliert sein kann. Im Zuge der Generalisierung muss also beachtet werden, dass damit auch ein Erhöhen des Niveaus verbunden sein kann, was mit dem Aspekt der Vereinfachung in Einklang gebracht werden muss. Zudem kann die Gefahr der Übergeneralisierung bestehen: zum Beispiel stimmt die Formulierung «Bei Erwärmung dehnen sich alle Körper aus» für Wasser und Gummi nur bedingt. Wichtig ist, dass für jede Lerngruppe das Elementare neu überdacht und gegebenenfalls neu formuliert werden muss.

3. *Aspekt der «Zerlegung des Inhalts in (methodische) Elemente»:*
    Den Ansatzpunkt zur Unterteilung des Inhalts in fassbare, geeignete Unterrichtselemente bilden die Elementaria aus dem 2. Aspekt. Die Zerlegung erfolgt in Teilschritte, die zum Erreichen der elementaren Inhalte notwendig sind. Für das Finden der methodischen Elemente spielen Faktoren wie Vorkenntnisse und Vorstellungen der Lernenden oder Machbarkeit eines Experiments eine Rolle.

Kriterien der didaktischen Reduktion

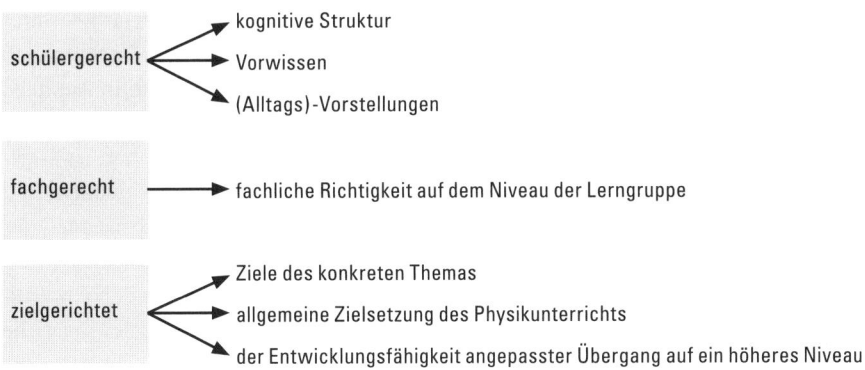

Aufgabe

Führen Sie eine didaktische Reduktion für ein Thema Ihres Faches und Ihrer Stufe durch. Beachten Sie dabei sowohl die drei Aspekte als auch die Kriterien der Elementarisierung.

Lösung

Zum Beispiel: Kirchhoff'sche Regeln in der Elektrizitätslehre (Knoten- und Maschenregel) für eine 8. oder 9. Klasse:

- *Vereinfachung des Inhalts:* Formulierung zunächst nur für spezielle, von den Schülerinnen und Schülern selbst zusammengesetzte einfache Gleichstrom-Schaltkreise mit zwei identischen Lämpchen; erst später ganz allgemein für beliebige Widerstände und Stromkreise.
- *Bestimmung des Elementaren:* «In einem Verzweigungspunkt ist die Summe der hinein fließenden Ströme gleich der Summe der hinaus fließenden Ströme». «In einem unverzweigten Stromkreis ist die Summe der Spannungen, die an den einzelnen Widerständen abfallen, gleich der angelegten Spannung.»
- *Zerlegung des Inhalts in (methodische) Elemente:* Stromstärken messen (in einem einfachen Stromkreis mit nur einem Lämpchen) → Spannungen messen (an der Spannungsquelle, über einem einzelnen Lämpchen) → Stromstärken und Spannungen in verzweigten Stromkreisen messen → Ergebnisse zusammenfügen.

3.3 Perspektive der Schülerinnen und Schüler

Zur Perspektive der Lernenden gehören vor allem ihre Voraussetzungen wie Interesse, Vorstellungen oder individuelle Lernvoraussetzungen. Auf die Vorstellungen und Anregungen zum Einleiten von Konzeptwechseln wird ausführlich in Kapitel 4 eingegangen.

Dass das Interesse einen positiven Einfluss auf den Lernprozess hat, ist allgemein unbestritten. Deci und Ryan (1993) unterscheiden zwischen individuellem und situativem Interesse. Sowohl das überdauernde Interesse an einem Fach als auch das spontan in gewissen Situationen auftretende Interesse haben einen Einfluss darauf, ob sich Lernende für ein Unterrichtsthema begeistern. Im Rahmen der IPN-Interessenstudie (Hoffmann et al., 1998) konnten für die Physik drei Interessensbereiche identifiziert werden: *Physik und Technik* («reine» Physik und Technik), *Mensch und Natur* (Anwendungen der Physik auf die Erklärung von Naturphänomenen und den menschlichen Körper) sowie *Gesellschaft* (Erörterung der gesellschaftlichen Bedeutung von Physik). Daraus wurden ebenfalls drei Interessenstypen konstruiert, wobei einer sich für alle drei Interessensbereiche etwa gleich stark, einer sich hauptsächlich für den Bereich Mensch und Natur, und der dritte sich vor allem für den Bereich Gesellschaft, eingeschränkt auch für den Bereich Mensch und Natur, interessiert. Die aus den Erkenntnissen abgeleiteten Punkte für einen interessanten naturwissenschaftlichen Unterricht «für alle» sind in der Abbildung rechts zusammengestellt.

In der internationalen ROSE-Studie wurde das Interesse an Naturwissenschaften erhoben. Für Deutschland und Österreich ergaben sich folgende Ergebnisse (Elster, 2007a): Jugendliche sind an humanbiologischen oder medizinischen Themen, vor allem in Kontexten von Problemen Jugendlicher, Gesundheit und Fitness sowie an gesellschaftsrelevanten Kontexten zu Gefahren und Bedrohungen für Mensch und Natur interessiert. Schülerinnen interessieren sich mehrheitlich für Phänomene, Schüler für Spektakuläres und Horror. Weniger interessiert zeigten sich Jugendliche an Fragen der Nachhaltigkeit und des Umweltschutzes.

Darüber hinaus sollte bei der Didaktischen Strukturierung eine möglichst optimale Begleitung der Lernprozesse der Schülerinnen und Schüler berücksichtigt werden. Neben der Unterstützung von Konzeptwechseln (Kapitel 4), ist der Einsatz formativer Formen der Beurteilung wichtig. Einige Anregungen dafür werden in Kapitel 12 aufgezeigt.

10 Gesichtspunkte für die Gestaltung eines interessanten naturwissenschaftlichen Unterrichts

(nach Häußler et al., 1998)

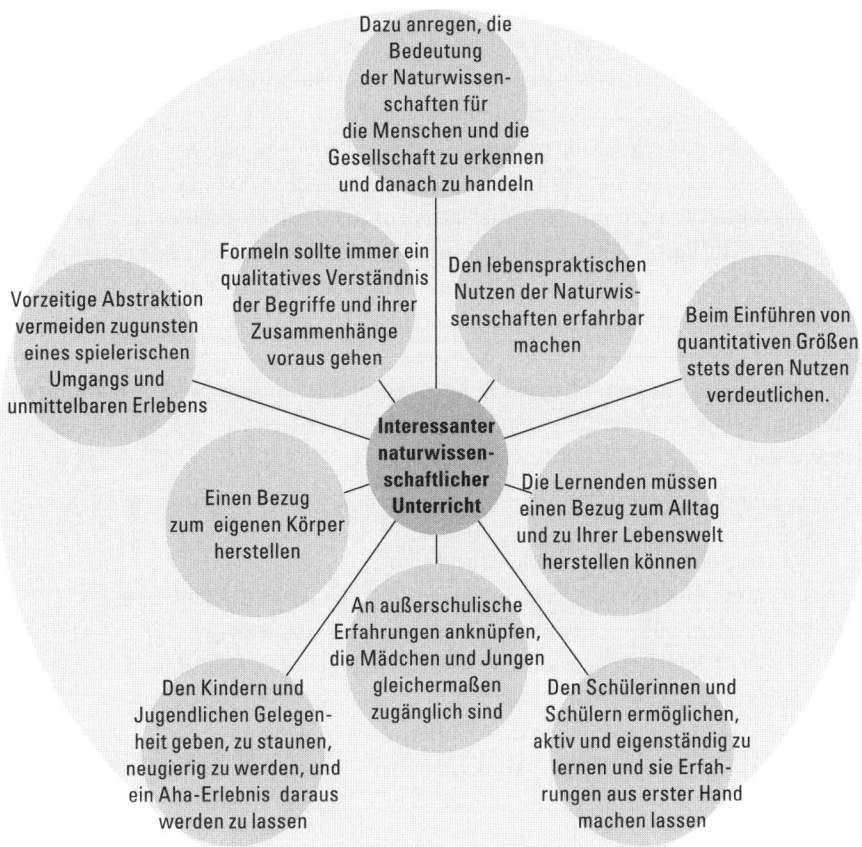

3.4 Didaktische Strukturierung

Methoden und Aussagen der Fachwissenschaften können nicht unverändert und unbesehen in die Schule übernommen werden, das gilt insbesondere für den naturwissenschaftlichen Unterricht der Primar- und Sekundarstufe I.

Die Sachstruktur der naturwissenschaftlichen Bezugswissenschaft ist nicht mit der Sachstruktur für den Unterricht zu verwechseln: Die Sachstruktur der Physik zum Beispiel schließt Begriffe und Prinzipien sowie Denk- und Arbeitsweisen der Physik ein. Die Sachstruktur des Unterrichts muss von der Lehrperson konstruiert werden; sie ist in der Regel «einfacher», aber auch vielfältiger, weil die elementaren Ideen in Kontexte eingebettet werden müssen. Die Sachstruktur des Unterrichts muss so geplant werden, dass die Lernwege der Schülerinnen und Schüler effektiv beschritten werden können. Das bedeutet zum Beispiel, dass es sehr hilfreich ist, sich in die Sichtweise der Lernenden einzudenken und die Naturwissenschaft aus deren Perspektive zu sehen (Kapitel 4).

Das Modell der Didaktischen Rekonstruktion kann sehr gut zur Planung von Unterricht verwendet werden. Der Ablauf ist dabei folgender (vgl. Schema auf der rechten Seite):

- Was ist die «Sache», das Thema?
  z. B.: Isolation
- Welche Ziele sollen im Vordergrund stehen?
  z. B.: Kennenlernen der verschiedenen Möglichkeiten der Isolation
- Welche elementaren Grundideen sind wichtig?
  z. B.: Je mehr Poren bzw. Lufteinschlüsse in einem Material sind, desto weniger gut leitet es die Wärme.
- Welche Präkonzepte haben die Schülerinnen und Schüler?
  z. B.: «Wolle macht warm, kann also einen Gegenstand aufheizen.»
- Was könnten Schülerinnen und Schüler an diesem Thema speziell interessant finden?
  z. B.: Temperaturregulation beim Sport: Welche Kleidung ist geeignet?

Diese Punkte können jeweils schon mit einer Unterrichtsskizze verbunden werden, welche Überlegungen zu Methoden und Medien mit einschließt. Der Prozess verläuft natürlich nicht so linear wie oben dargestellt, sondern durchläuft viele Schlaufen, bis die wechselseitigen Zusammenhänge stimmen. Auf jeden Fall sollte aber beachtet werden, dass die Sachstruktur für den Unterricht nicht als Erstes, sondern als Ergebnis der anderen Überlegungen gedacht wird.

Schema zur Planung von Unterricht mithilfe des Modells der Didaktischen Rekonstruktion mit Beispielen zum Thema Isolation

(vgl. Metzger et al., 2008)

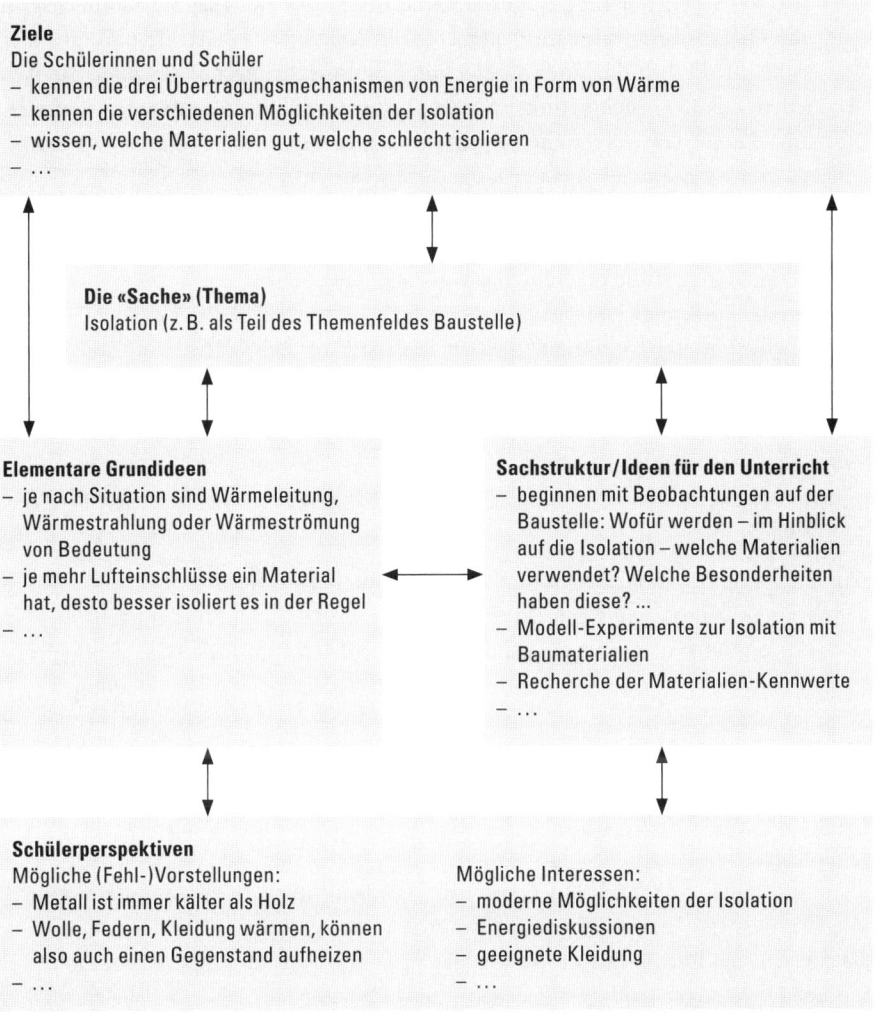

Ziele
Die Schülerinnen und Schüler
- kennen die drei Übertragungsmechanismen von Energie in Form von Wärme
- kennen die verschiedenen Möglichkeiten der Isolation
- wissen, welche Materialien gut, welche schlecht isolieren
- …

Die «Sache» (Thema)
Isolation (z. B. als Teil des Themenfeldes Baustelle)

Elementare Grundideen
- je nach Situation sind Wärmeleitung, Wärmestrahlung oder Wärmeströmung von Bedeutung
- je mehr Lufteinschlüsse ein Material hat, desto besser isoliert es in der Regel
- …

Sachstruktur/Ideen für den Unterricht
- beginnen mit Beobachtungen auf der Baustelle: Wofür werden – im Hinblick auf die Isolation – welche Materialien verwendet? Welche Besonderheiten haben diese? …
- Modell-Experimente zur Isolation mit Baumaterialien
- Recherche der Materialien-Kennwerte
- …

Schülerperspektiven
Mögliche (Fehl-)Vorstellungen:
- Metall ist immer kälter als Holz
- Wolle, Federn, Kleidung wärmen, können also auch einen Gegenstand aufheizen
- …

Mögliche Interessen:
- moderne Möglichkeiten der Isolation
- Energiediskussionen
- geeignete Kleidung
- …

3.5 Tests zur Selbstkontrolle – Anstöße zum Weiterdenken

1. Erstellen Sie zu einem Thema Ihres Faches und Ihrer Stufe ein Fachdidaktisches Triplett. Schreiben Sie zunächst die Aspekte der Teilaufgaben auf und im Anschluss die jeweiligen Wechselwirkungen zwischen den einzelnen Aspekten.
2. Wählen Sie ein Thema Ihres Faches und Ihrer Stufe, welches Sie demnächst mit einer Klasse durchführen möchten. Finden Sie konkrete Beispiele, die den Unterricht für die Schülerinnen und Schüler interessant machen. Ordnen Sie dazu jedem der 10 Gesichtspunkte für die Gestaltung eines interessanten naturwissenschaftlichen Unterrichts (Abschnitt 3.3, rechte Seite) ein konkretes Beispiel zu, mit welchem Sie in erster Linie diesen Gesichtspunkt beachten.
3. Füllen Sie das Schema der rechten Seite von Abschnitt 3.4 zum Thema Energie für Ihre Schulstufe aus.
4. Planen Sie mithilfe des Schemas von 3.4
    a) eine konkrete Unterrichtsstunde, die Sie demnächst halten werden.
    b) eine Unterrichtseinheit zu einem Thema Ihres Lehrplans.
5. Überlegen Sie sich zu Aufgabe 4 konkret, wie Sie die Lernprozesse der Schülerinnen und Schüler unterstützen können.

Lösungen

1.   Zum Beispiel «Spiegel» für eine 3. oder 4. Klasse:

Fachliche Klärung (eine Auswahl): Ein Spiegel vertauscht vorne und hinten (er vertauscht nicht rechts und links und auch nicht oben und unten); das Spiegelbild sehen wir immer hinter dem Spiegel und es ist immer genauso groß wie das Original; am Spiegel gilt: Einfalls- gleich Reflexionswinkel.

Erfassen der Schülerperspektiven (eine Auswahl): Mögliche Vorstellungen der Lernenden: «Ein Spiegel vertauscht rechts und links», «Wenn ich den Spiegel weiter weg halte, kann ich mehr von mir im Spiegel sehen», «Das Spiegelbild erscheint genau auf dem Spiegel», «Um etwas im Spiegel zu sehen, muss ich genau vor dem Spiegel stehen», «Jede/r sieht das Spiegelbild eines Gegenstandes an einer anderen Stelle».

Didaktische Strukturierung (ein Ausschnitt): Gegenstände und deren Spiegelbilder betrachten (Größe, Lage, Abstand, verschiedene Seiten), Reflexionsgesetz, Wahrnehmung des Spiegelbildes, Verknüpfung mehrerer Spiegel, eigenes Spiegelbild.

Wechselwirkungen (ein Beispiel): «Der Spiegel vertauscht rechts und links» ← Spiegelbild eines nicht symmetrischen Gegenstandes (die rechte Seite ist auch im Spiegelbild rechts) ← einen roten Punkt auf meine rechte Hand kleben und damit in den Spiegel winken (auch im Spiegel ist die winkende Hand auf der rechten Seite) → «Der Spiegel vertauscht vorne und hinten».

2. Sie sollten es schaffen, wirklich 10 Beispiele zu finden – auch wenn ein Beispiel vielleicht zu mehreren Punkten passt. Beachten Sie, dass die jeweiligen Beispiele wirklich in erster Linie dem zugeteilten Gesichtspunkt entsprechen.

3. Für eine 8. oder 9. Klasse (nach Duit, 2010):
   Die Sache ('Thema'): Energie; Energiebegriff; Energieprinzip; Erhaltung, Umwandlung, Entwertung.
   Ziele: Schülerinnen und Schüler mit dem Energiebegriff vertraut machen; Nachwuchs für naturwissenschaftlich-technische Berufe rekrutieren; Erklärung der Welt (Alltagsphänomene, technische Geräte); Teilnahme an gesellschaftlichen Entscheidungen.
   Elementare Grundideen: Energie: Umwandlung – Erhaltung – Transport – Entwertung
   Sachstruktur und Ideen für den Unterricht: Energie als universeller Treibstoff; Umwandlung als Ausgangspunkt; erste Schritte zu Erhaltungs- und Entwertungsideen; Serie von Experimenten zu Energieumwandlungen (z. B. in Bewegungsenergie, Bewegungs- in thermische Energie oder Spannungs- in Bewegungsenergie); Alltagsbeispiele für Energieumwandlungen.
   Schülerperspektiven: Vorstellungen zur Energie (Energie als Treibstoff, Energie und Kraft werden nicht klar unterschieden, eher Entwertungs- als Erhaltungsvorstellung, Idee der Umwandlung nicht ausgeprägt); Interessen am Thema Energie (z. B. eigener Energiehaushalt – Ernährung); Einstellungen zum Thema Energie (z. B. Probleme bei der Energieversorgung).

4. Bei der Planung darauf achten, nicht direkt an den konkreten Unterrichtsablauf zu denken, sondern zuerst das Thema, die Ziele, die elementaren Grundideen sowie die Perspektiven der Schülerinnen und Schüler herausarbeiten und diese miteinander in Beziehung zu setzen.

5. Beachten Sie dazu die Hinweise aus Kapitel 12.

3.6 Anregungen für die Schulpraxis und zum Weiterstudium

Perspektive der Schülerinnen und Schüler

Die internationale Studie ROSE (The Relevance of Science Education) beschäftigte sich in den letzten Jahren mit den Interessen von Jugendlichen im Bereich Naturwissenschaften. Eine Zusammenfassung der Ergebnisse der ROSE-Erhebung in Österreich und Deutschland wurde von Elster (2007a, abrufbar unter *http://pluslucis.univie.ac.at/PlusLucis/073/s2_8.pdf* ; 2007b) verfasst. Eine breit angelegte Studie zum Interesse von Jugendlichen, speziell zu physikbezogenem Interesse, wurde in den 1990er-Jahren vom IPN in Kiel durchgeführt. Die Ergebnisse wurden z. B. von *Hoffmann, Häußler & Lehrke* (1998) und *Sievers* (1999) zusammengestellt. Interesse im Physikunterricht mit besonderem Blick auf die Unterschiede zwischen Mädchen und Jungen (Kap. 13.4 und 13.5) wurden von *Hoffmann, Häußler & Haft-Peters* (1997) thematisiert. Für die Vorstellungen der Lernenden sei auf die Anregungen für die Schulpraxis in Kapitel 4 verwiesen.

Didaktische Rekonstruktion konkret

- *Jelemenská, P.* (2007). Wie kann man Kompetenzen im Bereich Ökologie erfassen? TIMSS-Aufgaben zur Ökologie in der Sicht von Ergebnissen der Didaktischen Rekonstruktion. *Zeitschrift für Didaktik der Naturwissenschaften, 13,* 53–70.

- *Kattmann, U.* (2005). Lernen mit anthropomorphen Vorstellungen? Ergebnisse von Untersuchungen zur Didaktischen Rekonstruktion in der Biologie. *Zeitschrift für Didaktik der Naturwissenschaften, 11,* 165–174.

- *Stavrou, D., Komorek, M., & Duit, R.* (2005). Didaktische Rekonstruktion des Zusammenspiels von Zufall und Gesetzmäßigkeit in der nichtlinearen Dynamik. *Zeitschrift für Didaktik der Naturwissenschaften, 11,* 147–164.

- *Theyssen, H.* (2005). Didaktische Rekonstruktion eines Physikpraktikums für Medizinstudierende. *Zeitschrift für Didaktik der Naturwissenschaften, 11,* 57–72.

- *Baalmann, W., Frerichs, V., & Kattmann, U.* (2005). Genetik im Kontext von Evolution. Oder: Warum die Gorillas schwarz wurden. *Der mathematische und naturwissenschaftliche Unterricht, 58* (7), 420–427.

- *Gropengießer, H.* (2007). *Didaktische Rekonstruktion des Sehens. Wissenschaftliche Theorien und die Sicht der Schüler in der Perspektive der Vermittlung.* 3. Auflage. Oldenburg: Univ. Oldenburg, Didaktisches Zentrum (DiZ).

4   Lernen von Naturwissenschaft heisst: Konzepte verändern

Kornelia Möller

Was schwimmt – was sinkt?

Luft ist nicht nichts!

Viele Lernende denken, dass etwas Schweres, was zudem keine Luft in sich hat, untergehen muss. Der Wachsklotz löst Erstaunen und die Frage aus: Können auch andere Dinge ohne Luft schwimmen, auch wenn sie schwer sind?

Fragt man jüngere Lernende, was sich in einer leeren Flasche befindet, antworten viele Kinder: Nichts. Ein Luftballon müsste sich also mühelos aufblasen lassen in einer Flasche. Die Erfahrung, dass das nicht möglich ist, veranlasst zum Nachdenken: Was könnte dem Ballon das Ausbreiten verwehren?

Lernende sind keine «unbeschriebenen Blätter», wenn sie in den naturwissenschaftlichen Unterricht eintreten. Zu vielen Themen und Fragen bringen sie Vorwissen mit, das durch alltägliche Erfahrungen oder Informationen erworben wurde. Unterricht kann an dieses vorhandene Vorwissen anknüpfen – das Vorwissen kann aber auch den Lernprozess erschweren.

Aus konstruktivistischer Perspektive wird Lernen als Veränderung von bereits vorhandenen Vorstellungen und Begriffen angesehen. Wie naturwissenschaftlicher Unterricht eine Veränderung von Konzepten unterstützen kann, ist Gegenstand dieses Kapitels.

4.1 Lernen als kognitives Konstruieren

Wir sprechen häufig von «Wissen vermitteln» als Ziel des Unterrichts. Eine solche Sprechweise suggeriert, dass die Lehrperson Wissen an die Lernenden übergibt und anschließend die Lernenden im Besitz des vermittelten Wissens sind. Diesem auch als «transmissiv» bezeichneten Ansatz steht die sogenannte konstruktivistische Sichtweise gegenüber, die an kognitionspsychologische Theorien von Piaget und Aebli anknüpft. Danach muss Wissen im Kopf jedes Lernenden aktiv konstruiert werden. Für Unterricht folgt daraus: Auf die im Lernprozess erzeugten individuellen Bedeutungen und Interpretationen hat die Lehrperson keinen *direkten* Zugriff. Ein (verbreiteter) Fehlschluss wäre allerdings, hieraus abzuleiten, dass die Lehrperson überflüssig sei, lediglich eine beratende Funktion habe und Lernende im Lernprozess sich selbst überlassen werden sollten. Aufgabe der Lehrkraft ist es vielmehr, Lerngelegenheiten zu schaffen, die das individuelle Konstruieren von Wissen stimulieren und unterstützen.

In jüngerer Zeit wurde diese auch als kognitiv-konstruktivistisch bezeichnete Sichtweise unter Bezugaufnahme auf den russischen Psychologen Vygotsky zu einer sozio-konstruktivistischen Sichtweise erweitert: Wissen wird nicht im Individuum allein, sondern im Austausch mit anderen Personen und der Kultur erzeugt. Das Miteinander-Denken und -Argumentieren stimulieren den Aufbau von Wissen – kooperatives Lernen ist deshalb eine Voraussetzung für dialogisches Konstruieren (Reusser, 2001; Kap. 15). Die Lehrkraft hat die Aufgabe, die Studierenden in diesem Prozess zu unterstützen.

Im naturwissenschaftlichen Unterricht kommen das eigenständige Nachdenken und Austauschen von Ideen und Argumentationen oft zu kurz. Videoanalysen zeigen, dass ein Unterricht, der die Lernenden eigene Lernwege gehen lässt, nur selten in der Praxis anzutreffen ist. Stattdessen überwiegt ein auf die Vermittlung von Erklärungen und Zusammenhängen ausgerichteter transmissiver Unterrichtsstil. Entsprechend bleibt ein großer Teil des in der Schule erworbenen naturwissenschaftlichen Wissens «träge» – dieses Wissen ist nicht verstanden, d. h. nicht nachkonstruierbar und nicht transferierbar. Belegt wurde diese Schwäche des naturwissenschaftlichen Unterrichts auch durch das nur mittelmäßige Abschneiden von Deutschland und der Schweiz in internationalen Leistungsvergleichsstudien.

Riesenschlange oder Hut

(aus: Saint-Exupérys «Der kleine Prinz»)

«Als ich sechs Jahre alt war, sah ich einmal in einem Buch über den Urwald, das ‹Erlebte Geschichten› hieß, ein prächtiges Bild. Es stellte eine Riesenschlange dar, wie sie ein Wildtier verschlang. In dem Buch hieß es: ‹Die Boas verschlingen ihre Beute als Ganzes, ohne sie zu zerbeißen. Daraufhin können sie sich nicht mehr rühren und schlafen sechs Monate, um zu verdauen.›
Ich habe damals viel über die Abenteuer des Dschungels nachgedacht, und ich vollendete mit einem Farbstift meine erste Zeichnung. Meine Zeichnung Nr. 1. ...

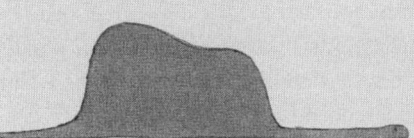

Zeichnung Nr. 1

Ich habe den großen Leuten mein Meisterwerk gezeigt und sie gefragt, ob ihnen meine Zeichnung nicht Angst mache. Sie haben mir geantwortet:

‹Warum sollen wir vor einem Hut Angst haben?› Meine Zeichnung stellte aber keinen Hut dar. Sie stellte eine Riesenschlange dar, die einen Elefanten verdaut. Ich habe dann das Innere der Boa gezeichnet, um es den großen Leuten deutlich zu machen. Sie brauchen ja immer Erklärungen. Hier meine Zeichnung Nr. 2:

Zeichnung Nr. 2

Die großen Leute haben mir geraten, mit den Zeichnungen von offenen und geschlossenen Riesenschlangen aufzuhören... Der Mißerfolg meiner Zeichnungen Nr. 1 und Nr. 2 hatte mir den Mut genommen. Die großen Leute verstehen nie etwas von selbst, und für die Kinder ist es zu anstrengend, ihnen immer und immer wieder erklären zu müssen.»

(Zeichnungen aus: Antoine de Saint Exupéry: Le Petit Prince, © Éditions Gallimard)

Eine Deutung aus konstruktivistischer Perspektive:

■ Bedeutungen werden aktiv vom Deutenden, auf der Basis vorhandener Erfahrungen, konstruiert. Riesenschlange oder Hut – beide Deutungen erscheinen auf dem Hintergrund des jeweiligen Erfahrungshorizontes als sinnvoll.

■ Lernende sehen die Welt mit ihren Augen, nicht mit unseren. Unser Wissen erschwert nicht selten das Verständnis für das, was in den Köpfen der Lernenden vor sich geht.

■ Wenn wir unterrichten wollen, müssen wir das Vorwissen und die Sichtweisen der Lernenden erforschen – eine wichtige Voraussetzung, um individuelle Denkwege und etwaige Lernschwierigkeiten zu verstehen.

■ Lehrende sollten Lernenden nicht den Mut nehmen, sondern Mut machen, die Welt mit eigenen Augen zu sehen, zu deuten und zu ergründen. Die Förderung der eigenen kognitiven Aktivität ist der Kerngedanke konstruktivistischer Sichtweisen zum Lernen.

4.2 Der Einfluss des Vorwissens

Wenn Schülerinnen und Schüler in den naturwissenschaftlichen Unterricht kommen, haben sie in der Regel bereits erste Vorstellungen und Begriffe zu den im Unterricht bearbeiteten Gegenständen erworben. Alltagserfahrungen, durch Sprechweisen übermittelte Deutungen oder durch Informationen bzw. Bilder etabliertes Wissen tragen zur Entwicklung solcher Präkonzepte bei. Diese Präkonzepte beeinflussen das schulische Lernen, da die Lernenden vorhandene Vorstellungen und Begriffe nutzen, um Phänomene zu deuten oder Fragen zu klären. Wenn die vorhandenen Vorstellungen nicht mit der naturwissenschaftlichen Sichtweise auf Phänomene übereinstimmen, vielleicht sogar eine nicht haltbare Sichtweise beinhalten, müssen Lernende ihre Vorstellungen erweitern, differenzieren oder korrigieren.

- Zu unterscheiden sind Präkonzepte in Form von *deep structures,* also tief verankerten stabilen Überzeugungen, und *current constructions,* die auch als Ad-hoc-Konstruktionen, spontane oder aktuelle Konstruktionen bezeichnet werden. Tief verwurzelte Konzepte haben für die Lernenden häufig eine hohe Glaubwürdigkeit – Veränderungen fallen entsprechend schwer.

- Der Überzeugungsgehalt von tief verwurzelten Konzepten kann so stark sein, dass er die Wahrnehmung bestimmt. Vorliegende Untersuchungen bestätigen, dass Schülerinnen und Schüler, z. B. bei Experimenten, das sehen, was sie sehen «wollen» (*«confirmation bias»*).

- Auch die Kontextabhängigkeit von Präkonzepten kann dazu führen, dass ein Experiment nicht in dem Zusammenhang gedeutet wird, wie die Lehrperson es vermutet oder beabsichtigt. So können von der Lehrperson eingesetzte Phänomene, Experimente oder Beispiele, die von den Kindern und Jugendlichen einem anderen Kontext zugeordnet werden, das Verstehen unter Umständen sogar behindern, statt es zu erleichtern.

Da Schülervorstellungen häufig sehr resistent gegen Veränderungen sind und von der physikalischen Sichtweise zudem häufig weit entfernt sind, können sie das (Um-) Lernen erschweren und Lernschwierigkeiten verursachen (Wodzinski, 2006).

Die Begriffe Konzept und Präkonzept

- Der Begriff «Konzept» beschreibt gedanklich Erfasstes im Sinne von Entwürfen oder (vorläufigen) Theorien. Konzepte können sich auf Vorstellungen oder Begriffe beziehen.

- Mit «Präkonzept» werden vor dem Unterricht vorhandene Konzepte bezeichnet – in Abgrenzung zu sogenannten Postkonzepten, die nach einem Lernprozess vorhanden sind.

- Zur Bezeichnung des Vorwissens werden alternativ auch Begriffe wie Alltagserfahrungen, naive Theorien, Schülervorstellungen, alternative frameworks oder Vorerfahrungen benutzt – jeder dieser Begriffe setzt eigene Akzente, die mit zugehörigen Theorien korrespondieren.

Wie entstehen Präkonzepte?

- Durch Interpretieren von Alltagserfahrungen: Licht beleuchtet Gegenstände – wir sehen diese, weil wir den Blick darauf richten. Oder: Ein Wollpullover wärmt.

- Durch alltagssprachliche Formulierungen: «der Strom wird verbraucht»; «die Sonne geht auf», wir «saugen» mit einem Strohhalm.

- Durch allgemeine Denkschemata wie z. B. Täter-Tat- oder Geben-Nehmen-Schema: Das Wasser ist verschwunden, weil es weggenommen wurde; es regnet, weil die Wolke platzt.

- Durch Interpretieren vermittelter Erklärungen und Darstellungen: Magnete sind magnetisch, weil sich darin kleine Magnete befinden, die sich drehen können; es regnet, wenn Wolken an einen Berg stoßen.

Wie erhalten wir Einblick in vorhandene Präkonzepte?

Präkonzepte lassen sich nicht nur aus verbalen Äußerungen (Interviews, Gesprächsrunden, offenen Fragen, Multiple-choice-Antworten), sondern ebenso aus Handlungen rekonstruieren. Auch Zeichnungen können Aufschluss über vorhandene Theorien liefern.

Schülerin beim Kneten einer Hohlkugel

Thema: Was schwimmt, was sinkt?
Ein Beispiel für ein sozial vermitteltes Präkonzept: Eine Schülerin versucht, ein Stück Knete zum Schwimmen zu bringen. Sie knetet allerdings kein Knetschiffchen, sondern eine Knetkugel, die innen Luft enthält. Auf Nachfrage erklärt sie: «Meine Mutter hat gesagt, dass ein Schiff schwimmt, weil Luft drin ist. Und meine Mutter ist nicht dumm.» Das sogenannte Luftkonzept ist so tief verwurzelt, dass sie im Gegensatz zu den übrigen Kindern gar nicht auf die Idee kommt, aus der Knetkugel ein Schiffchen zu formen.

4.3 Die Veränderung von Präkonzepten unterstützen

Wie können wir Lernende im Unterricht darin unterstützen, ihre häufig nicht oder nur teilweise der naturwissenschaftlichen Sichtweise entsprechenden Präkonzepte in Richtung angemessenerer, d. h. der aktuellen naturwissenschaftlichen Sichtweise entsprechender Konzepte zu verändern? Es lassen sich drei Strategien unterscheiden:

■   *Konfliktstrategien* werden angewendet, um die Lernenden davon zu überzeugen, dass ihre vorhandenen Vorstellungen Grenzen haben und verändert werden müssen. Dazu werden kognitive Konflikte provoziert, in denen die Unzulänglichkeit der vorhandenen Vorstellungen deutlich wird. Untersuchungen haben allerdings gezeigt, dass diese Strategie vor allem bei jüngeren Lernenden nicht unproblematisch ist. So ist der Erfolg einer Konfliktstrategie entscheidend davon abhängig, ob die Lernenden bereit und fähig sind, den Konflikt wahrzunehmen. Dazu sind einerseits metakognitive Fähigkeiten notwendig, über die jüngere Lernende noch nicht unbedingt verfügen; andererseits erfordert das sich Einlassen auf kognitive Konflikte auch die emotionale Bereitschaft, scheinbar sichere Präkonzepte aufzugeben und unsichere Wege zu begehen. Auch negative Folgen von Konfliktstrategien, wie z. B. der Verlust an Selbstvertrauen, sind möglich. Wichtig ist deshalb, dass die erzeugte Unsicherheit durch eine neu gewonnene, überzeugende Vorstellung kompensiert wird.

■   *Anknüpfungsstrategien* bieten sich dort an, wo die vorhandenen Präkonzepte Überschneidungsbereiche mit den wissenschaftlichen Vorstellungen aufweisen. Solche Schnittstellen können als Anker benutzt werden, um die vorhandenen Vorstellungen zu differenzieren, ggf. zu erweitern und angemessenere Vorstellungen darauf aufzubauen.

■   Neben diesen beiden Strategien wird auch die *Brücken- oder By-pass-Strategie* als mögliche Vorgehensweise diskutiert: Hier verzichtet man auf das Bewusstmachen und Reflektieren der vorhandenen Vorstellungen zu Beginn des Unterrichts, um ein hartnäckiges Festhalten an vorhandenen Vorstellungen zu verhindern. Erst nach der Erarbeitung angemessener Vorstellungen werden die Ausgangsvorstellungen reflektiert und mit der neu aufgebauten naturwissenschaftlichen Sichtweise verglichen.

Ein Unterricht zum «Thema Schwimmen und Sinken» in der 3.–6. Jahrgangsstufe

(Möller, 2006)

Beispiel für eine Konfliktstrategie: Vorhandene Präkonzepte verunsichern oder widerlegen

Viele Kinder denken, kleine und leichte Dinge schwimmen, große und schwere Dinge gehen unter. Diese Vorstellung entspringt vermutlich der Erfahrung, dass große und schwere Dinge einen stärkeren Effekt bewirken können – z.B. sich in Sand tiefer eindrücken.

Die Kinder sind dagegen häufig überrascht und verwundert, wenn sie beobachten, dass ein Modellschiff aus Eisen und auch große Schiffe trotz ihrer Ladung nicht untergehen, ein kleines Stück aus Eisen dagegen sinkt.

Das unerwartete Ergebnis löst einen kognitiven Konflikt aus: Auch etwas Leichtes kann sinken, etwas Schweres schwimmen...

Ein Schiff aus Eisen schwimmt, während ein winziges Stück Blech untergeht

Beispiel für eine Anknüpfungsstrategie: An Alltagserfahrungen anknüpfen und diese differenzieren und erweitern

Viele Kinder haben bereits die Erfahrung im Schwimmbad gemacht, dass schwere Dinge im Wasser leichter zu bewegen sind als an Land. Z.B. können sie ein anderes Kind im Wasser mühelos hochheben.

An solche Erfahrungen knüpft der Unterricht mit einfachen Versuchen an. Die Kinder erkennen: Das Wasser macht Dinge scheinbar leichter (eine Angel am Gummiband langsam in das Wasser tauchen und wieder herausziehen, einen Stein im Wasser und am Land hochheben) und es drückt leichte Dinge sogar nach oben (Bälle und Plastikbehälter ins Wasser drücken und dann loslassen).

Ein Gummiband wird kürzer beim Eintauchen

Knetschiffchen werden umso stärker nach oben gedrückt, je mehr Platz sie im Wasser brauchen.

Die Reflexion der Versuche führt zur Erkenntnis:

Das Wasser drückt Dinge nach oben und es drückt umso stärker, je mehr Platz die Dinge im Wasser brauchen.

Beispiel für eine By-pass-Strategie: Adäquate Vorstellungen aufbauen

Im Unterricht wird durch verschiedene Versuche die Einsicht aufgebaut, dass die Verdrängung vom Volumen des eingetauchten Gegenstandes abhängt. Mit dem verbreiteten Präkonzept «Die Verdrängung hängt vom Gewicht des eingetauchten Körpers ab» werden die Kinder erst anschließend konfrontiert. Auf der Basis des Gelernten gelingt es ihnen, die Unzulänglichkeit dieser Vorstellung zu begründen.

Eintauchen gleich großer und unterschiedlich schwerer Würfel

4.4   Conceptual-Change-Theorien als theoretische Basis

Aus konstruktivistischer Perspektive wird Lernen von Naturwissenschaft als ein Conceptual-Change-Prozess betrachtet. Die Übersetzung als Konzeptwechsel ist unglücklich, da Conceptual Change nicht nur bei einem Austausch unzureichender gegen wissenschaftliche Vorstellungen auftritt, sondern auch bei Erweiterungen und Differenzierungen des vorhandenen Wissens. Der Begriff «konzeptuelle Veränderung» oder «Wandel» scheint deshalb angemessener. Um zwischen eher geringfügigen und erheblicheren Konzeptveränderungen zu unterscheiden, sprechen einige Autoren auch von einem sogenannten «harten» bzw. «weichen» Conceptual Change (Carey 1985).

Die sogenannte klassische Conceptual-Change-Theorie

Seit Beginn der 80er-Jahre widmet sich die Forschung zu Conceptual Change der Frage, unter welchen Bedingungen Lerner bereit sind, vorhandene Konzepte zu verändern oder sogar aufzugeben, um angemessenere Konzepte zu entwickeln. Die Pioniere der Conceptual-Change-Forschung, Posner et al., unterscheiden in einer viel beachteten Veröffentlichung (1982) vier Bedingungen für konzeptuelle Veränderungen:

- Die Lernenden müssen mit den vorhandenen Vorstellungen unzufrieden sein, also bemerken, dass ihre vorhandenen Vorstellungen nicht ausreichen, um ein Phänomen zufriedenstellend zu deuten (*«dissatisfaction»*).

- Das neue Konzept, das erarbeitet wird, sollte für den Lerner bzw. die Lernerin nachvollziehbar und verständlich sein (*«intelligible»*).

- Das neue Konzept sollte darüber hinaus auch glaubwürdig sein – der Lernende bzw. die Lernerin muss von der Angemessenheit des Konzepts auch innerlich überzeugt sein (*«plausible»*).

- Das neue Konzept sollte das Erklären und Deuten vieler Zusammenhänge ermöglichen – es sollte sich also als fruchtbar in der Anwendung erweisen (*«fruitful»*).

In der Folgezeit wurde dieser Ansatz wegen seiner Beschränkung auf kognitive Prozesse kritisiert; daher stammt die Bezeichnung «cold conceptual change theory». Auch hatten viele Beispiele gezeigt, dass «Unzufriedenheit» nicht eine unbedingte Voraussetzung für konzeptuelle Veränderungen ist.

Ein Beispiel (2.–5. Klasse): Wie kommt es, dass ein Ball springt?

(in Anlehnung an ein Unterrichtsbeispiel von Siegfried Thiel)

Fragt man Kinder danach, wie es kommt, dass Bälle springen, andere Gegenstände – z. B. ein Klumpen Knete – dagegen nicht, so äußern sie verschiedene Ideen: Weil ein Ball rund ist, weil er leicht ist, weil er weich ist, weil er Luft in sich hat oder weil er aus Gummi ist (vgl. Kap. 15.3). Der Knetball dagegen springt nicht, weil er keine Luft hat, zu schwer ist oder am Boden festklebt.

Durch Untersuchen verschiedener zur Verfügung gestellter Gegenstände finden die Kinder heraus
- dass auch schwere Bälle, wie z. B. ein Medizinball, springen,
- dass auch harte Bälle, wie z. B. ein Golf- oder Holzball springen,
- dass auch Bälle, die nicht aus Gummi sind, springen,
- dass auch Dinge, die nicht rund sind (wie z. B. ein Radiergummi) springen,
- dass auch Bälle ohne Luft (z. B. ein Flummi) springen,
- und dass ein Knetball, auch wenn er nicht klebt (eingehüllt in Klarsichtfolie), unten am Boden liegen bleibt.

Anhand der untersuchten Gegenbeispiele sollten die Kinder nun entdecken, dass sie ihre bisherigen Vorstellungen verändern müssen, da diese das Phänomen nicht befriedigend erklären können *(dissatisfaction)*. Sind Vorstellungen tief verankert, fällt das Verändern besonders schwer. Zum Beispiel wissen die Kinder aus dem Spiel, dass luftgefüllte Bälle besonders gut springen. Viele Kinder glauben deshalb, dass die Luft für das Springen verantwortlich ist und dass sich auch in einem Flummi in kleinen Ritzen Luft befinden muss.

Andere Vorstellungen dagegen können ausdifferenziert werden und erfordern «weiche» Umstrukturierungen: Die Beobachtung, dass Bälle beim Aufprallen unten «platt» werden, kann als Ausgangspunkt für weitere Untersuchungen dienen. Das Eindellen beim Aufkommen des Balles und das Wiederausdehnen nach dem Aufprall, also das elastische Verhalten des Balles, wird zunächst an weichen Bällen, dann auch an harten Bällen (mithilfe eines Kohlepapiers) untersucht *(intelligible)*. Dennoch fällt es Kindern (und auch Erwachsenen) schwer zu glauben, dass auch harte Bälle beim Aufprall eine Delle bekommen und deswegen springen. Abbildungen eines eingedellten Golfballs beim Abschlag können die Glaubwürdigkeit der angemessenen Vorstellung erhöhen *(plausible)*. Mit der neu erworbenen Vorstellung von elastischen und plastischen Materialien können die Kinder nun auch weitere Alltagsphänomene, wie z. B. das Verhalten von Federn, verstehen *(fruitful)*.

Weiterentwicklungen der Conceptual-Change-Theorien

Pintrich et al. (1993) erweiterten die Bedingungsfaktoren um motivationale Bedingungen und Kontextfaktoren. Sie weisen darauf hin, dass Ziele, Wünsche und Bedürfnisse von Lernenden die Veränderung von Konzepten beeinflussen können. Schulische Lernprozesse werden auch durch situationale Faktoren, wie z. B. die Größe der Klasse, durch soziale Faktoren, wie die Möglichkeit zur Kooperation, sowie durch die zur Verfügung stehenden Lernmaterialien (Texte, Experimentiermaterialien) beeinflusst. In Abgrenzung zur Theorie von Posner et al. bezeichneten Pintrich et al. ihre Theorie daher als «hot conceptual change theory».

Auch Vosniadou und Brewer (1992) wenden sich gegen die sogenannten klassischen Conceptual-Change-Modelle und damit gegen die Vorstellung, dass konzeptuelle Veränderungen durch einen abrupten Wechsel von einer falschen zu einer richtigen Vorstellung zustande kommen. Sie betrachten Conceptual Change als einen graduellen *Prozess der Umstrukturierung*, der über Zwischenvorstellungen verläuft. Solche Zwischenvorstellungen können z. B. aus der Verknüpfung naiver Vorstellungen mit Elementen wissenschaftlicher Erklärungen bestehen.

Häufig kann man auch beobachten, dass im Unterrichtskontext erworbene angemessenere Konzepte parallel zu naiven Alltagsvorstellungen bestehen bleiben – Lernende greifen dann je nach Situation auf eine der beiden Wissensarten zurück. So kann z. B. ein erworbenes Konzept in einer Situation als glaubwürdig und passend erachtet werden, während in einer anderen Situation wieder auf alte Vorstellungen zurückgegriffen wird.

In Anknüpfung an *sozial-konstruktivistische Theorien und Theorien der situierten Kognition* wird verstärkt die Bedeutung sozialer Interaktionen für Conceptual Change betont. Kooperative Denkprozesse in problemhaltigen, möglichst authentischen Lernsituationen geben Anstöße für die individuelle konzeptuelle Entwicklung (Duit & Treagust 1998; Kap. 15). In jüngerer Zeit haben sich zwei konkurrierende Positionen zur Deutung des initialen, noch nicht vom Unterricht beeinflussten, naturwissenschaftlichen Wissens etabliert. Der Kohärenz-Ansatz betont in Analogie zu wissenschaftlichen Theorien die Integriertheit und Strukturiertheit des initialen naturwissenschaftlichen Wissens (Vosniadou 2008). Der Fragmentierungsansatz sieht dieses Wissen dagegen als stark fragmentiert und aus vielen unverbundenen Einzelelementen bestehend an (die Sessa 2008).

Fazit: Conceptual Change darf nicht als abrupter Wechsel von sogenannten naiven Vorstellungen zu wissenschaftlichen Vorstellungen verstanden werden. Zwischenvorstellungen stellen wichtige Weiterentwicklungen auf dem Weg zu angemesseneren Vorstellungen dar. Die vorhandenen Vorstellungen können dabei häufig als Basis genutzt werden und durch Anreicherung, Differenzierung oder auch Umstrukturierung weiterentwickelt werden.

Veränderungen von Vorstellungen diagnostizieren

Durch einen Vergleich von vor bzw. nach dem Unterricht erhobenen Prä- bzw. Post-konzepten lassen sich konzeptuelle Veränderungen diagnostizieren. Im Unterrichts-verlauf erhobene Zwischenvorstellungen geben zudem Aufschluss über individuelle Lernwege und etwaige Lernschwierigkeiten. Zur Erhebung eignen sich vor allem individuelle Erhebungsmethoden, wie Interviews oder Aufgaben. Aber auch aus gemeinsamen Unterrichtsgesprächen lässt sich ein Einblick in Veränderungen von Vorstellungen gewinnen.

Wir stellten 9- bis 10-jährigen Kindern vor und nach einem Unterricht zum Thema Schwimmen und Sinken die (schriftliche) Frage, wie es kommt, dass ein großes schweres Schiff nicht untergeht. Das Beispiel zeigt, dass Lernende sehr individuelle Wege in der Veränderung ihrer Vorstellungen gehen. Teilweise geben sie bestehende Konzepte auf, häufig jedoch kombinieren sie auch ihre Ausgangsvorstellungen mit neu erworbenen Vorstellungen. Alle Antworten zeigen jedoch, dass die Kinder nach dem Unterricht der Rolle des Wassers eine entscheidende Rolle zusprechen, während sie vor dem Unterricht die Form, die Luft im Schiff oder auch die Motoren als ursächliche Faktoren ansprechen (Möller 2006).

PRÄ-Konzepte	POST-Konzepte
Vär leich wegen den Luft	Das ligt Nicht an der luft das ligt auch Nicht an das glach(Gleich)gewicht, es ligt an den Wasser.
Weil das (Schiff) flach ist und aus Eisen gemacht ist!	Weil es so groß ist, wegen dem Wasser, weil das Wasser schwerer ist als das Schiff.
Weil Störopor in das Schiff gelegt wirt und viel Luft (im Schiff) ist.	Weil das Schiff leichter ist wie das Weckedengte (wegge-drängte) Wasser.
So ein Schiff hat einen Motor und der Motor treibt das Schiff.	Das Wasser drückt das Schiff hoch, weil das Schiff leichter als das weggedrängte Wasser ist.
Weil in dem Schiff ganz viel Luft ist, und Luft schwimmt.	Weil das Schiff leichter ist, als genauso viel Wasser. Der Wasserdruck ist wichtig. In dem Schiff ist viel Luft. Weil das Schiff viel Wasser wegdrängt, und das Wasser möchte seinen Platz wiederhaben, und drückt das Schiff nach oben.
Weil vielleicht im Schiff Luft drin ist oder weil es bestimmte Motoren hat.	Das Schiff drängt ja Wasser weg und dieses Wasser trägt das Schiff. Weil das Wasser schwerer und stärker ist, hat es mehr Kraft das Schiff zu tragen. Wenn das Wasser weni-ger wiegt als das Schiff dann würde das Schiff untergehen.

(Originale Schüleraussagen aus einem schriftliche Test vor und nach dem Unterricht.)

4.5   Conceptual-Change fördernden Unterricht gestalten

In der fachdidaktischen Diskussion kristallisiert sich in der Tradition Martin Wagenscheins ein auch als konstruktiv-genetisch bezeichneter, kognitiv aktivierender Unterricht als Conceptual Change fördernd heraus (Köhnlein 1999, Möller 2006).

Folgende Merkmale kennzeichnen einen solchen Unterricht:

■   Die Lernenden sind durch die Möglichkeit, eigenen Fragen und Denkwegen nachzugehen und zu experimentieren, aktiv am Lernprozess beteiligt (Kap. 9).

■   Der Unterricht thematisiert für Lernende interessante Fragestellungen und wendet das Erarbeitete in neuen Zusammenhängen an.

■   Die Lehrkraft aktiviert vorhandene Vorstellungen, greift diese auf und konfrontiert sie gegebenenfalls mit Evidenz.

■   Die Lernenden werden ermutigt, eigene Ideen zu formulieren und diesen nach zugehen. Eigenen Lernwegen wird Raum gegeben.

■   Der Unterricht stellt Materialien bereit, um Gelegenheit zu geben, die Angemessenheit von Vorstellungen zu überprüfen.

■   Im Klassen- wie auch im Gruppengespräch werden Vermutungen und mögliche Erklärungen diskutiert und geprüft (Kap. 15).

■   Arbeitsweisen und Lernprozesse werden reflektiert.

Ein Conceptual Change fördernder Unterricht stellt hohe Anforderungen an die Lernenden, da Wissen nicht transmissiv vermittelt, sondern von den Lernenden selbst aufzubauen ist. Für jüngere, leistungsschwächere Lernende und bei anspruchsvollen Inhalten besteht dabei leicht die Gefahr einer Überforderung. Es ist deshalb wichtig, Unterricht in der «Zone der nächsten Entwicklung» der Lernenden zu gestalten (Vygotsky 1978) und eine angemessene Unterstützung zur Verfügung zu stellen. In den 70er-Jahren benutzte man in der angelsächsischen Literatur den Begriff «guided discovery»; heute sprechen wir von notwendigen Strukturierungselementen in einem konstruktivistisch orientierten Unterricht bzw. von «scaffolding» (Mayer 2004; Möller 2006, 2007, Kap. 12). Im Einzelnen geht es dabei um eine sinnvolle Sequenzierung anwendungsbezogener und komplexer Inhalte, um eine strukturierende Gesprächsführung sowie um den Einsatz von Materialien und Lernhilfen, die das gezielte Überprüfen von vorhandenen Präkonzepten und den Aufbau angemessener Konzepte fördern (Kleickmann 2012).

Die Lehrperson hat in einem solchen Unterricht eine anspruchsvolle Rolle: Sie sollte ein optimales Level an Unterstützung bereitstellen – also so viel Hilfe wie notwendig und so wenig Hilfe wie möglich anbieten, um forschende Lernprozesse zu ermöglichen und die kognitive Aktivität der Lernenden zu fördern.

Ein Beispiel für die 8. Klasse zum Thema «Luftdruck»: Die «Angst vor der Leere» oder das «Drücken der Luft»?

(in Anlehnung an Martin Wagenschein und Ulrich Aeschlimann, 1999)

Ein erstaunliches Phänomen präsentieren:
Wie kommt es, dass das Wasser nicht aus einem Glas herausfließt, wenn man dieses gefüllt umgekehrt aus dem Wasser zieht? Die Lernenden staunen und beobachten: Erst wenn die Luft hineinkann, kann das Wasser hinaus.

Erste Vermutungen äußern und diskutieren lassen:
Als Erklärung erwägen die Lernenden zwei unterschiedliche Theorien: Es ist der Luftdruck, der so stark ist, dass er das Wasser in das Glas hochdrückt – das Wasser kann nicht heraus, weil sonst ein Vakuum, ein luftleerer Raum entstehen würde und das nicht sein kann.

Das Problem herausarbeiten:

Ist es «die Abscheu der Natur vor der Leere» («horror vacui») oder «die Schwere der Luft» (Pascal), welche das Wasser im Bierglas am Ausfließen hindert?

Vorschläge zur Prüfung, diese Theorie zu diskutieren:

«…man könnte aus dem Bierglas das Wasser mit einem Rohr heraussaugen und so prüfen, ob es ein Vakuum geben kann.» Mit einem Schlauch wird das Wasser herausgesaugt – aber das Glas bleibt gefüllt. «Susanne: ‹Wenn du Wasser heraussaugst, drückt der Druck wieder Wasser in das Glas.› ‹Ja, aber man könnte auch sagen, das Wasser fließt in das Glas, weil es kein Vakuum geben darf. Wir sind also nicht weitergekommen.›» (Aeschlimann 1999, S. 24)

Der weitere Verlauf des Unterrichts in Stichworten:

- Wie könnte man den Druck des Wassers erhöhen, damit dieser stärker ist als der vermutete Druck der Luft? Ein höheres Gefäß nehmen? Es werden ausprobiert: Ein 0,50 cm hoher Standzylinder, ein 1 m hohes Rohr. Auch hier die Frage: Kann das Wasser nicht ausfließen oder ist der Druck der Luft noch immer größer als der Druck der Wassersäule? Ein zimmerhoher Schlauch – derselbe Effekt!
- Ein 15 m langer, wassergefüllter, mit dem offenen Ende in einem Becken stehender Schlauch wird (in einem Treppenhaus) nach oben gezogen. Die Wassersäule im Schlauch bleibt bei ca. 10 m stehen.
- Über die Berechnung des Wasserdrucks der 10 m hohen Wassersäule zur Berechnung des Luftdrucks; Messen des Gewichts der Luft; Pascals Entdeckung des Luftdrucks; Luftdruck und Wetter (Aeschlimann, 1999, S. 29–36).

4.6   Tests zur Selbstkontrolle – Anstöße zum Weiterdenken

1. Diskutieren Sie in Anknüpfung an die Erzählung aus dem Kleinen Prinzen: Warum ist es für Lehrpersonen wichtig, etwas über Denkweisen und Präkonzepte von Lernenden in Erfahrung zu bringen?

2. Prä- und Postkonzepte erfassen: Bei der Erschließung von Präkonzepten sprechen wir von Re-Konstruktion – das heisst: Wir konstruieren in unseren Köpfen Vorstellungen über die Vorstellungen der Lernenden aufgrund von sprachlichen, bildlichen oder aktionalen Äußerungen der Lernenden. Diskutieren Sie: Welche Schwierigkeiten könnten in einem solchen Rekonstruktionsprozess auftauchen?

3. Prä- und Postkonzepte in verschiedenen Repräsentationsformen erheben: Erproben Sie an jeweils einem Beispiel das Rekonstruieren von Prä- bzw. Postkonzepten unter Nutzung der verschiedenen Repräsentationsformen (sprachlich – mündlich bzw. schriftlich, ikonisch, aktional).

4. Prä- und Postkonzepte unterscheiden sich nach dem Grad ihrer wissenschaftlichen Angemessenheit. Ordnen Sie die von Ihnen erfassten Vorstellungen verschiedenen Leveln der Angemessenheit zu. Begründen Sie Ihre Entscheidung.

5. Viele jüngere Lernende haben die Vorstellung, dass Luft nichts ist. Luft existiert für sie nur, wenn sie spürbar ist, z. B. wenn der Wind weht. Mit welchen Experimenten könnten Sie als Lehrperson die Veränderung dieses Konzeptes hin zu einem Erfassen der Eigenschaften der statischen Luft unterstützen?

6. Wenn sie eine konkrete Unterrichtseinheit planen: a) Analysieren Sie zunächst, welche Vorstellungen bei den Lernenden vor Beginn der Lernsituation vorhanden sind (eigene Befragungen, Literatur). b) Welche Konzeptveränderungen sind notwendig, damit Lernende eine angemessene Vorstellung erwerben? Handelt es sich um «weiche» oder «harte» Veränderungen? c) Welche Lernschwierigkeiten könnten beim Erwerb einer wissenschaftsnahen Vorstellung auftreten? d) Liegen die von Ihnen angestrebten Veränderungen in der «Reichweite» der Lernenden, also in der Zone der nächsten Entwicklung? Oder stellen die angestrebten Veränderungen eine Überforderung dar? Welche Hilfen und überzeugenden Instrumente können Sie arrangieren, um die Lernenden in der Veränderung ihrer Vorstellungen zu unterstützen?

Lösungen

1. Folgende Aspekte könnten in der Diskussion berücksichtigt worden sein: Zur Ermittlung möglicher Anknüpfungspunkte (Ausdifferenzierung bereits vorhandener Vorstellungen) bzw. notwendiger Umstrukturierungen; zur Ermittlung von Interessenspräferenzen; um Äußerungen von Lernenden besser zu verstehen; um Lernsituationen in der Zone der nächsten Entwicklung ansiedeln zu können; um Differenzierungsmaßnahmen planen zu können.

2. Rekonstruktionsprobleme sind z. B.:

   ■ Bei den schriftlichen, mündlichen, zeichnerischen oder aktionalen Repräsentationen der Lernenden handelt es sich nicht um ihre Vorstellungen, sondern um die in Sprache, Bild oder Handlung übersetzten Vorstellungen. Insbesondere jüngere Lernende verfügen unter Umständen noch nicht über hinreichende Äußerungskompetenzen.
   ■ Der Kontext der Erhebung kann Äußerungen beeinflussen.
   ■ Schüchterne und sprachschwache Lernende haben Probleme, ihre Vorstellungen zu präsentieren.
   ■ Bei der Interpretation der Äußerungen blicken wir häufig durch eine «Erwachsenenbrille» – dadurch können Fehldeutungen auftreten (Beispiel: Kleiner Prinz).

3. Formen sprachlich basierter Repräsentationen:

   ■ Beobachtung oder Aufzeichnung von Unterrichtsgesprächen bzw. offenen Gesprächsrunden, Einzel- und Gruppeninterviews, schriftliche Aufgaben mit Multiple Choice oder offenem Aufgabenformat, Analyse von schriftlichen Produkten (z. B. schriftliche Erklärung bei einem Versuchsprotokoll), Strukturlegetechniken.
   ■ Formen ikonischer Repräsentationen: Von den Lernenden angefertigte Zeichnungen oder Skizzen (z. B. Lage der Kontinente auf der Erde, Funktionsweise des Fahrrads).
   ■ Formen handelnder Repräsentationen: Demonstration von Abläufen; gestische Veranschaulichungen; experimentelles Tun.

4. Eine mögliche Leveleinteilung:

   ■ Level 1: Keine oder nicht haltbare Vorstellungen; Nennen von Schlagworten ohne weiteren inhaltlichen Zusammenhang, im Wesentlichen unvollständige Aussagen.
   ■ Level 2: Teilweise oder ansatzweise richtige, aber noch sehr wenig differenzierte, kaum generalisierte Aussagen, nur begrenzt zutreffende Alltagsvorstellungen.
   ■ Level 3a: Im Wesentlichen sachadäquate Aussagen; zwar noch nicht in allen Teilen ausdifferenziert, aber schon ansatzweise generalisierte und begründete Aussagen.
   ■ Level 3b: Im Wesentlichen sachadäquate, differenzierte, begründete und weitgehend generalisierte Aussagen.

5. Hilfreiche Experimente: Luft hat Gewicht (Luft wiegen); Luft nimmt jeden Raum ein (Tauchversuche); wo Luft ist, kann nichts anderes sein (Luftballon in Flasche aufblasen); gepresste Luft kann Dinge in Bewegung versetzen (Fahrradpumpe unter Bücherstapel); Luft «wegnehmen»: Vakuumversuche (mit Strohhalm trinken, Glas an Mund ansaugen).

6. Hilfreich für die Planung: auf der folgenden Seite angegebene Materialien.

4.7 Anregungen für die Schulpraxis und zum Weiterstudium

Theoretische Perspektiven zu Conceptual Change
Zur sozial-konstruktivistischen Perspektive im Hinblick auf Conceptual Change:
■   Palincsar, A. S. (1998). Social constructivist perspectives on teaching and learning. *Annual Review of Psychology, (49)*, 345–375.
Zur Betonung der Situierten Kognition:
■   Stark, R. (2003). Conceptual Change: kognitiv oder situiert? In: *Zeitschrift für Pädagogische Psychologie 17, H. 2*, S. 133–144. Bern: Verlag Hans Huber.

Eine Übersichtsdarstellung zur Bedeutung von Präkonzepten und Conceptual Change
■   Duit, R. (2002). Alltagsvorstellungen und Physik lernen. In: E. *Kircher* & W. *Schneider* (Hrsg.), *Physikdidaktik in der Praxis* (S. 1–26). Berlin: Springer.

Aktuelle Forschungen (internationale Zeitschriftenumschau, regelmäßig aktualisierte Bibliografie, gepflegt von Reinders Duit)
■   Duit, R. (2006). *Bibliography – STCSE Students' and Teachers' Conceptions and Science Education.* (Formerly: Helga Pfundt & Reinders Duit). Kiel: IPN

Schülervorstellungen in verschiedenen Themenbereichen (hilfreich zur Planung von Unterricht)
■   Wodzinski, R. (2007). *Schülervorstellungen in der Physik.* Köln: Aulis.

Zur Rolle der Lehrkraft in einem Conceptual Change-fördernden Unterricht
■   *Kleickmann*, Thilo (2012): *Kognitiv aktivieren und inhaltlich strukturieren im naturwissenschaftlichen Sachunterricht.* Publikation des Programms Sinus an Grundschulen. Kiel: IPN *(http://sinus-an-grundschulen.de/fileadmin/uploads/ Material_aus_SGS/Handreichung_Kleickmann.pdf)*

Forschungsergebnisse zum Conceptual-Change-orientierten Lernen und einer entsprechenden Lehrerfortbildung
■   *Möller*, Kornelia; *Hardy*, Ilonca; *Jonen*, Angela; *Kleickmann*, Thilo; *Blumberg*, Eva: Naturwissenschaften in der Primarstufe – Zur Förderung konzeptuellen Verständnisses durch Unterricht und zur Wirksamkeit von Lehrerfortbildungen. In: Prenzel, Manfred; Allolio-Näcke, Lars (Hg.): *Untersuchungen zur Bildungsqualität von Schule. Abschlussbericht des DFG-Schwerpunktprogramms BiQua* (S. 161–193). Münster: Waxmann. 2006.

Beispiele für Unterricht
■   Reihe Lernwelten (Schulverlag Bern), Klassenkisten (Verlag Spectra, Essen), *http://www.entdeckendes-lernen.de/3biblio/theorie/conceptualchange.htm.*

5 Von der Alltagssprache zur Fachsprache gelangen

Anni Heitzmann

«*Ich lass dich nicht mehr hinunter!*»
«*Ich habe Angst!*»
«*Komm, wir balancieren*»
«*Ich rutsche nach vorn und lass dich runter*»

Kraft x Kraftarm = Last x Lastarm

$$F_1 \times s_1 = F_2 \times s_2$$

«*Was man an Kraft spart, muss man an Weg zusetzen*».
(Goldene Regel der Mechanik formuliert von Galileo Galilei)

Sprache hat vielfältige Funktionen. Sprache drückt einerseits etwas aus und übermittelt: Sie ist ein Kommunikationsmittel, das der Verständigung dient. Mit einem System von Symbolen und Zeichen (Laute, Lautketten, Gesten, Wörtern) können Gedanken, Gefühle und Erfahrungen ausgedrückt und mitgeteilt werden. Sprache ist aber andererseits auch ein Mittel für Denk- und Erkenntnisprozesse. Sachverhalte werden denkend durch Sprache strukturiert und so Sinnzusammenhänge erschlossen. Für den Naturwissenschaftsunterricht ist die Auseinandersetzung mit Sprache wichtig:

- Lernen mit Sprache
- Alltagssprache – Fachsprache – Unterrichtssprache
- Bilden und Lernen von Begriffen
- Fragen und Erklären
- Texte im naturwissenschaftlichen Unterricht

5.1   Lernen mit Sprache

Sprache gehört zum Menschen in der Form von nonverbaler Körpersprache ebenso wie als verbale Wörtersprache. Als wichtiges Kulturwerkzeug ist sie ein Instrument zur Schilderung von menschlichen Reaktionen auf bestimmte Situationen, zum Ausdruck von Empfindungen und Gedanken. Als Denkinstrument dient sie dem Erschließen der Welt. In der handelnden Auseinandersetzung mit der physikalischen und sozialen Umwelt bauen Kinder mithilfe von Symbolsystemen eigene, innere Modelle, d. h. Vorstellungen von Sachverhalten, auf. Jedes Kind findet in seiner Umgebung auch kulturell entstandene Symbolsysteme vor, die es lernt, z. B. die Muttersprache oder die Bedeutung nonverbaler Gesten. Die Sprache ist ein wichtiges Mittel, um diese Vorstellungen einerseits mitzuteilen und für andere «sichtbar» zu machen, andererseits um sie zu präzisieren und weiterzuentwickeln. Sprache ist allerdings nur eine Art der symbolischen Repräsentation, daneben gibt es andere, wie z. B. die bildliche Repräsentation eines Sachverhalts.

In der Entwicklungspsychologie werden drei Möglichkeiten von Lernen unterschieden: 1. das Lernen aus Konsequenzen eigener Handlungen («Wenn ich auf der Wippe nach vorn rutsche, kann ich auch mit einem viel leichteren Kameraden balancieren»). 2. Das Modell- und Beobachtungslernen («Ich habe beobachtet, dass kleine, leichte Kinder immer ganz außen sitzen, schwerere eher innen») und 3. das Lernen über Sprache, d. h. über symbolisch codierte Information, z. B. Texte, Bilder, Diagramme («Anweisung für das Gleichgewicht einer Wippe»).

Im naturkundlichen Unterricht spielen alle drei Lernformen eine wichtige Rolle, der Unterricht ist in der Schule überhaupt weitgehend sprachlicher Unterricht. Die Bedeutung des sprachlichen Lernens ändert sich mit zunehmendem Alter. Piaget zeigte mit seinen Untersuchungen, dass formal-operationales Denken erst ab einer bestimmten Entwicklungsstufe möglich ist und Sprache erst dann für die Erweiterung des operationalen Denkens (Verständnis von Formeln) das ideale Medium ist. Die Wichtigkeit der Sprache für den Austausch und als Denkinstrument bleibt unbestritten. Forschungen belegen, dass Experimentieren und handelnde Auseinandersetzung mit Gegenständen (Kap. 9) die Sprachentwicklung bei Kindern fördern, den Wortschatz und das sprachliche Ausdrucksvermögen erweitern und die Kommunikationsfähigkeit verbessern.

Modelle der Sprachentwicklung und der kognitiven Entwicklung

Die Entwicklung von Sprache und Denken bei Kindern und Jugendlichen wurde vielfach untersucht. Berühmt sind die Arbeiten von Jean Piaget (1978, Stufenmodell der kognitiven Entwicklung), Jerôme Bruner (2002, Theorie des Spracherwerbs) und Noam Chomsky (1996, sprachliches Wissen). Eine vereinfachte Darstellung des Stufenmodells von Piaget unterscheidet vier Stadien der kognitiven Entwicklung (siehe z. B. Schneider & Lindenberger, 2012; Piaget et al., 1978):

1. Stadium der Entwicklung von sensumotorischen und Darstellungsfunktionen,
2. Stadium des voroperatorischen, anschaulichen Denkens,
3. Stadium der konkreten Operationen,
4. Stadium der formalen Operationen.

Stufenmodelle der Sprachentwicklung betonen, dass erst mit 10–11 Jahren eine ausgereifte Sprache vorhanden ist.

Beispiel: Der Sprachbaum nach Wendlandt (2011)

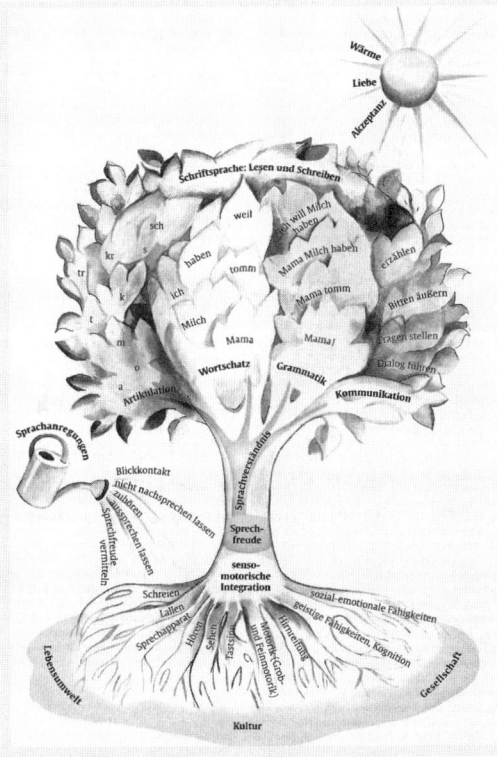

■ Diskutieren Sie, welche Bedeutung der Sprachbaum für das Sprachenlernen älterer Kinder, auch von Kindern mit Migrationshintergrund, und das Erlernen einer naturwissenschaftlichen Fachsprache hat.

■ Informieren Sie sich über die Merkmale der vier Stadien, die Piaget unterschieden hat, und überlegen Sie, welche Bedeutung die Erforschungen von Piaget für den naturwissenschaftlichen Unterricht Ihrer Stufe haben.

■ Welche Zusammenhänge können Sie zwischen den Arbeiten Piagets und dem Sprachbaum erkennen?

5.2 Alltagssprache – Fachsprache – Unterrichtssprache

Sprache steht im Zusammenhang mit sozialem Handeln und «Verstehen» bzw. «Verstandenwerden». Der Begriff «Sprache» lässt sich nach Günther (2007) in zwei wesentliche Bereiche aufschlüsseln:

1. Die «Sprache an sich», nämlich die angeborene Fähigkeit und Anlage des Menschen, Sprache verwenden zu können: die Welt zu verstehen, zu denken, sich als soziales Wesen auszudrücken.
2. Die Sprache als Einzelsprache, nämlich die Konkretisierung und Benutzung von Zeichen in einer bestimmten Sprachgemeinschaft: Eine spezifische Sprache sprechen, um von einer bestimmten Gruppe verstanden zu werden.

Im Unterricht gibt es verschiedene Sprachen: Muttersprachen, Alltags- oder Umgangssprache, Unterrichtssprache, Fachsprache. Sie alle fokussieren auf das Verständnis bestimmter Adressatengruppen. Die Alltagssprache ist z. B. emotional gefärbt, subjektiv gültig und kontextgebunden. Wörter und Sätze sind in der Alltagssprache oft ungenau und mehrdeutig. Die wissenschaftliche Fachsprache hingegen macht meist objektive Aussagen, die intersubjektiv gelten und verbindliche Definitionen enthalten. Sie ist möglichst eindeutig und kontextunabhängig und ist deshalb formalisiert, bis hin zur Benutzung mathematischer Symbolsysteme. In der Fachsprache werden Gegenstände, Vorgänge und Sachverhalte mit präzisen, international verständlichen Fachwörtern bezeichnet bzw. definiert. Die Unterrichtssprache verbindet Alltagssprache und Fachsprache, sie präzisiert und engt die Alltagssprache ein, andererseits ergänzt und erweitert sie diese. Soll Unterrichtssprache verstanden werden, muss sie adressatenbezogen sein, d. h. sie muss auf die Sprache und Vorstellungen der jeweiligen Unterrichtsgruppe bezogen und zugeschnitten werden, in der Unterrichtssprache darf nicht einfach Fachsprache wiedergegeben werden.

Im naturwissenschaftlichen Unterricht sind unmittelbare Erfahrungen, also primär nicht sprachliche Aktionen, sehr wichtig (Naturerfahrungen, Experimente, handelnde Auseinandersetzung mit Objekten, vgl. Kap. 9). Sie führen zu Vorstellungen, die mit Alltagssprache ausgedrückt werden. Dieses Erfahrungswissen bleibt aber vereinzelt – und ist z. T. falsch –, wenn es nicht sprachlich differenziert wird (Kap. 4). Erst durch die sprachliche Bearbeitung erfolgt eine Rekonstruktion und können Zusammenhänge erkannt werden.

Beispiel: Epistemisches Schreiben

Epistemisches Schreiben bedeutet «*schreiben, um zu erkennen*» (siehe auch Stork «Sprache im naturwissenschaftlichen Unterricht» in Duit & Gräber, 1993). Alltagssprache ist meist mündliche Sprache (Kap. 15). Der Weg vom Sprechen zum Schreiben wird bestimmt durch weitere der Verarbeitung dienende Schritte, wie die Wahl eines Schreibgeräts, dem Einhalten bestimmter Konventionen (Rechtschreibung, Grammatik), Planung und Überarbeitung.

Aufgabe 1: Die Bedeutung des Schreibens

Zitat 1	*«Die mündliche Rede ist oft unscharf und folgt unserem ausschweifenden Denken.»* (Eigler, 1988, S. 31)
Zitat 2	*«Die klarere logische Gliederung geschriebener Texte hat zur Folge, dass ihr Erkenntniswert auch für den Verfasser größer ist, als wenn er die gleiche Sache nur mündlich vorträgt, und dass er sie besser behält. Darum gibt es kein besseres Mittel für den Erwachsenen wie für den Schüler, sich eine Sache klarzumachen, als sie schriftlich darzustellen.»* (Aebli, 1994, S.157)

- Diskutieren Sie in Ihrer Lerngruppe die beiden Zitate. Sind diese Ihrer Ansicht nach noch zeitgemäß? Welches sind Ihre eigenen Erfahrungen?
- Welche Argumente sprechen für ausführliche, mündliche Beschreibungen im naturwissenschaftlichen Unterricht?
- Überlegen Sie, wie Sie die Form «epistemisches Schreiben» in Ihrem Unterricht einsetzen könnten.

Aufgabe 2: Alltagssprache – Fachsprache – Unterrichtssprache

Suchen Sie ein verblüffendes naturwissenschaftliches Alltagsphänomen:
- Die eine Hälfte ihrer Gruppe äußert sich mündlich dazu (Aufnahme der Aussagen mit Tonband). Die andere Hälfte protokolliert das Phänomen schriftlich.
- Vergleichen Sie die beiden Protokolle. Welche Sprachen wurden verwendet? Wie unterscheiden sich die beiden Gruppen bezüglich Alltagssprache und Fachsprache?
- Suchen und vergleichen Sie Erklärungen zum Phänomen aus verschiedenen Quellen (Fachbüchern, Internetquellen). Wie unterscheiden sich diese Informationen untereinander bzw. zu den beiden Protokollen?
- Formulieren Sie je eine Erklärung zum Phänomen in einer adäquaten Unterrichtssprache für Ihre Lerngruppe und Ihre Schulstufe.

5.3 Begriffe bilden und lernen

Beim Lernen von Naturwissenschaften müssen Fachwörter gelernt und Begriffe gebildet werden. In der Umgangssprache werden Fachwörter häufig fälschlicherweise als Begriffe bezeichnet, z. B. sprechen wir von den «Begriffen» Fuchs, Chloroplast, Molekül, Motor, Antriebswelle etc.! Fachwörter sind aber nur sprachliche Ausdrücke (Zeichen) für den Begriff, der immer eine gedankliche Vorstellung ist. Ein Fachwort (lat. Terminus) bezeichnet einen Teil der wahrgenommenen Wirklichkeit, es wird auch als «Referent» bezeichnet (lat. referre: darauf hinweisen). Ein Begriff ist das Denkkonstrukt oder Denkmodell für eine solche bezeichnete Teilwirklichkeit (vgl. Kap. 6.1).

Begriffe können durch Umschreibungen in Fachwörter übergeführt werden. Fachwörter können Bezeichnungen (Namen) für Individuen sein, z. B. Fuchs, Wolf, Hase, oder Stellvertreter für den Begriff, z. B. Raubtiere oder Nagetiere. Wörter allein sind keine Bedeutungsträger, erst der Begriff, die Vorstellung, geben die Bedeutung. Ein Begriff ist charakterisiert durch 1. das assoziative Umfeld (die Konnotation): *Füchse leben im Wald, sind rot, haben eine lange Schnauze und einen buschigen Schwanz*; 2. den logischen Kern (die Definition): *Raubtiere ernähren sich von anderen Wirbeltieren;* und 3. den Begriffsumfang (Denotation): *Wolf, Fuchs, Tiger gehören zu den Raubtieren.* Wichtig für die Begriffsbildung sind die kritischen Merkmale, d. h. jene Merkmale, die spezifisch wichtig sind und ihn von anderen Begriffen abgrenzen.

Da Fachwörter allein keine Bedeutung besitzen (es sind Worthülsen), muss einem Fachwort vom Begriff her, d. h. den Schülervorstellungen her, die Bedeutung zugeordnet werden. Dazu sind genaue, umfassende sprachliche, allenfalls durch Skizzen ergänzte Beschreibungen zu einem Phänomen bzw. Sachverhalt in der Alltagssprache wichtig. Dann werden möglichst viele Assoziationen und Beispiele gesucht und der Begriff vergleichend eingegrenzt. Der logische Kern (was ist typisch und kennzeichnend) wird herausgearbeitet. So erhalten die (Fach)Wörter eine Bedeutung und können später als Begriffe für Erklärungen eingesetzt werden. Bei der Begriffserarbeitung muss der Begriffsumfang möglichst umfassend dargestellt werden, um das entsprechende Fachwort richtig eingrenzen zu können. Dies gilt vor allem auch für die Erarbeitung abstrakter Begriffe (z. B. Molekül), zu denen noch keine konkreten Vorstellungen bestehen, oder Begriffe, die in der Umgangssprache etwas anderes bedeuten (z. B. Druck, Leistung, Arbeit; vgl. Kap. 4).

Begriffe erarbeiten – Begriffe verwenden – Fachwörter lernen

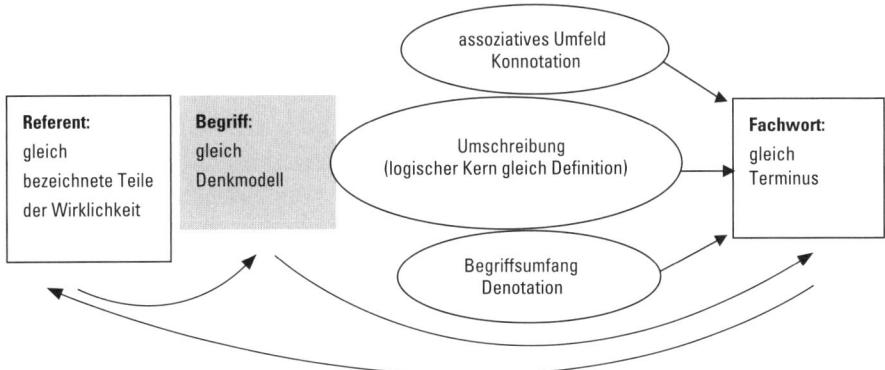

Regeln zur Begriffsvermittlung (vgl. auch Kap. 4)

1.	Gegenstände oder Vorgänge, die zu einem Begriff gehören, möglichst umfassend kennenlernen und beschreiben.
2.	Gemeinsamkeiten und Unterschiede der Beschreibungen feststellen: umfassend vergleichen und assoziieren → den Begriffsumfang abstecken.
3.	Die wesentlichen, begriffsbestimmenden Merkmale identifizieren.
4.	Verbale Definitionen vornehmen und schriftlich festhalten.
5.	Das Fachwort benennen – einen Fachterminus einführen.
6.	Den Begriff in Beziehung mit anderen Begriffen setzen (nebengeordnete, übergeordnete, untergeordnete Begriffe unterscheiden).
7.	Den Begriff in unterschiedlichen Kontexten anwenden – ihn überprüfen.

Aufgabe: Zu Fachwörtern Begriffe erarbeiten

Wählen Sie drei Fachwörter aus einem Sach- oder Schulbuch Ihrer Stufe.

■ Suchen Sie einen handelnden Zugang zum entsprechenden Begriff (Experiment, Beobachtungsanleitung etc.) und erarbeiten Sie dann den Begriff und das entsprechende Fachwort gemäß obigen Regeln.

■ Ordnen Sie den Begriff in ein Begriffsnetz ein. Welches sind übergeordnete, untergeordnete oder nebengeordnete Begriffe?

5.4 Fragen und Erklären

Beim Untersuchen von Naturphänomenen und Naturvorgängen werden im Unterricht Fragen gestellt und Erklärungen gesucht. Nicht nur Lehrpersonen, sondern auch Lernende üben sich im Erklären (sich selbst erklären, anderen erklären). Erklären als Tätigkeit, um «verstehen» zu können, bedeutet immer das eine vom anderen her, die Einzelheit aus dem Ganzen oder das Ganze von den Einzelelementen her zu verstehen. Dieser Vorgang ist nie abgeschlossen, denn das «Verstehen» als Ziel der Bedeutungszuordnung hat Prozess- und nicht Produktcharakter. Man spricht deshalb auch vom «Hermeneutischen Zirkel des Verstehens» oder der Hermeneutischen Spirale, was andeutet, dass der Verstehensprozess immer auf höheren Stufen abläuft.

Die hermeneutische Spirale

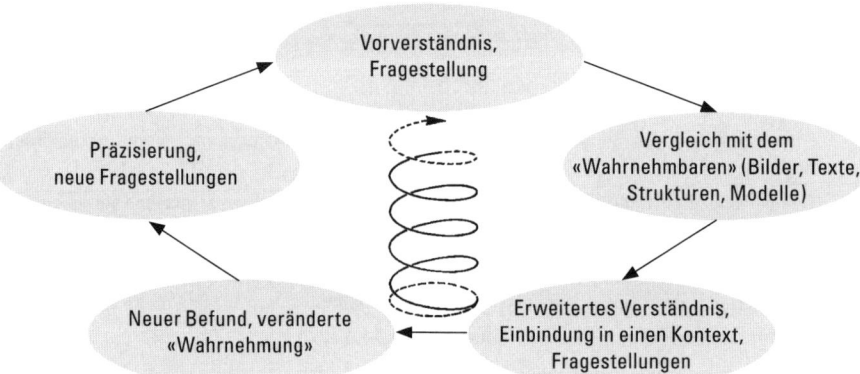

Wissenschaftliche Erklärungen machen aufgrund eines Naturgesetzes und spezifischen Ausgangsbedingungen Aussagen. Alltagserklärungen sind einfacher, sie sind oft nur funktionale Beschreibungen und gehen meist nicht von Gesetzen oder definierten Anfangsbedingungen aus, sondern beschreiben und konstatieren bestimmte, beobachtete oder erfahrene Zusammenhänge.

Fragen führen zu Erklärungen. Präzise Fragestellungen ermöglichen passende Erklärungen. Soll das Verständnis zu einem Sachverhalt gefördert werden, ist es wichtig, möglichst verschiedene Fragen zu stellen und auch die Absicht der Fragestellung zu klären. Besonders die Frage «warum» ist genau zu beachten, sie kann je nach Absicht Unterschiedliches bedeuten.

Fragen – auf die Absicht kommt es an

Frage 1: «Warum hat der Schneehase ein weißes Fell?»
Frage 2: «Warum fällt der Apfel vom Baum?»
Frage 3: «Warum wiederkäuen Kühe ihr Futter?»

Das Fragewort «warum» kann in den drei Sätzen «wozu» meinen, dann ist die richtige Antwort eine Zweckantwort, z. B. «damit er getarnt ist», «damit die Samen in den Boden kommen» oder «damit das Futter besser verdaut werden kann». Mit «warum» könnte aber auch gemeint sein «wie kommt es?», dann wäre eine richtige Antwort jene, die naheliegende Ursachen benennt, z. B. «weil das Fell keine Pigmente hat»; «weil er reif ist»; «weil sie das Futter zermalmen». Die Frage «warum» könnte aber auch im Sinne von «wie kam es dazu?» gestellt worden sein. Dann müsste die Antwort auch fernere Ursachen, z. B. die Zeitdimension, nämlich die Evolution von Eisbären einbeziehen (wie konnte sich eine weiße Bärenpopulation entwickeln). Auch kann je nach Betonung bestimmter Satzteile eine andere Antwort die richtige sein: warum wiederkäuen *Kühe* (und nicht Rehe) ihr Futter, oder warum wiederkäuen sie nur das feste *Futter* (aber nicht Flüssignahrung).

Fragen müssen also präzisiert und im Hinblick auf ihre Absicht beantwortet werden, damit eine befriedigende Erklärung gegeben werden kann. Häufig werden im Alltag und auch im naturwissenschaftlichen Unterricht «warum»-Fragen als «wozu»-Fragen behandelt und Zweckantworten gegeben, d. h. in der Antwort wird auf eine Beziehung zwischen Bau und Funktion verwiesen. Erklärungen für Ursachenfragen sind schwieriger zu beantworten, sie können eigentlich nur streng wissenschaftlich richtig beantwortet werden, nämlich, wenn alle Rahmenbedingungen bekannt und differenzierte Kenntnisse über geltende Bedingungen und Gesetze vorhanden sind.

Gute Erklärungen...

- beginnen mit einer motivierenden Fragestellung (z. B. einer rhetorischen Frage)
- präzisieren die Fragestellung
- knüpfen an Vorverständnis an, klären das Vorwissen
- werden in einen Kontext eingeordnet
- schaffen Bezüge zu Bekanntem, arbeiten mit Analogien, Vergleichen, Veranschaulichungen
- thematisieren das Spannungsfeld zwischen einem konkreten Beispiel und Verallgemeinerung
- brauchen Fachwörter gezielt und sparsam
- nennen die Rahmenbedingungen bzw. den Gültigkeitsbereich der Erklärung

Aufgabe: Erklären von Sachzusammenhängen oder Fachwörtern

Arbeiten Sie zu dritt. Wählen Sie aus einem Sachbuch (Biologie-, Chemie- oder Physikbuch) drei Fachwörter. a) Erklären Sie einem Partner das Fachwort spontan, der andere protokolliert und beobachtet die Erklärung. b) Vergleichen Sie die Erklärungen untereinander sowie mit den Kriterien des obigen Kastens!

5.5 Arbeit mit Texten

Texte im naturwissenschaftlichen Unterricht sind primär Informationsquellen für die Lernenden. Je nach Herkunft entsprechen sie völlig unterschiedlichen Textsorten und sind besser oder schlechter verständlich. Es ist ein Ziel auch des naturwissenschaftlichen Unterrichts, dass Schülerinnen und Schüler verschiedene Textsorten erschließen und unterschiedliche Textsorten schreiben bzw. produzieren lernen.

Damit ein Text verstanden wird, muss er in einem ersten Schritt zunächst verarbeitet und in das vorhandene Sachwissen integriert werden. Die Verarbeitung erfolgt zuerst auf der Wort- und Satzebene: Fachwörter und Sätze müssen verstanden werden. Danach müssen elementare Beziehungen zwischen den Sätzen in einem Abschnitt erfasst werden, erste zusammenfassende Kernaussagen werden dadurch möglich. In einem nächsten Schritt können dann die Kernaussagen zusammengefasst und der Gesamtzusammenhang erschlossen werden: der Text wird zusammenhängend verstanden.

Ebenso wichtig wie die Verarbeitung durch Integration in das Sachwissen, ist die Wiedergabe durch Rekonstruktion. Hier werden die erfassten Zusammenhänge, das Verstandene wiedergegeben, indem sie anhand von Konkretisierungen und Erläuterungen dargestellt werden. Es werden aus dem erfassten Gesamtzusammenhang sinnvolle Einzelabschnitte gemacht, der Inhalt wird strukturiert und wieder konstruiert (re-konstruiert). Diese Rekonstruktion kann dann mündlich oder schriftlich wiedergegeben werden. Da beim Schreiben im Gegensatz zum Sprechen langsamer und planmäßig vorgegangen werden kann, sind schriftliche Wiedergaben meist präziser (siehe auch epistemisches Schreiben).

Um Texte umfassend zu verstehen, beurteilen und einordnen zu können, müssen neben der Verarbeitung und der Wiedergabe noch weitere Auseinandersetzungen mit dem Text erfolgen: es muss geprüft werden, ob er sachlich ist (gibt es z. B. Anthropomorphismen, s. u., oder subjektive Behauptungen) und ob seine Folgerungen schlüssig sind. Bestehende Vorannahmen und Rahmenbedingungen müssen geklärt werden (zu welcher Zeit, unter welchen Bedingungen ist der Text entstanden, welche Haltung hatte die Autorin etc.). Ferner können Textaussagen mit gegenteiligen Auffassungen oder der persönlichen Meinung verglichen werden, um Widersprüche aufzudecken und verschiedene Perspektiven sichtbar zu machen.

Anthropomorphismen

«Das Herz regelt den Blutkreislauf»	«Der böse Löwe frisst die gierige Hyäne»
«Das Gehirn steuert die Organe»	«Die fleißige Ameise», «Der faule Bär».

In manchen Texten findet man anthropomorphe Beschreibungen, es werden Dingen oder Individuen menschliche Eigenschaften zugeschrieben. Anthropomorphe Vorstellungen und Redensweisen sind ein Grundelement der Sprache, sie sind vor allem für Aussagen jüngerer Kinder typisch und ermöglichen eine emotionale Beziehung zur Sache oder zum Tier. Sie beinhalten aber die Gefahr von Fehlvorstellungen und sind daher in Sachtexten zu vermeiden.

Erzählen und Vorlesen – narrative Naturwissenschaft

Texte enthalten Information, die unterschiedlich wiedergegeben werden kann, z. B. sachlich dargelegt oder auch spannend vorgelesen und erzählt. Erzählungen können den naturwissenschaftlichen Unterricht bereichern, z. B. biografische Schilderungen, Erzählen von Entdeckungen, Beobachtungen, Anekdoten aus der Forschung, kurze Originalbeschreibungen.

Wichtige Schritte bei der Textarbeit

(verändert nach Michalak, 2009)

1. Markieren und Klären unbekannter Wörter (Fachwörter) 2. Satzzusammenhänge und Aussagen klären 3. Für einzelne Abschnitte eine Kernaussage suchen 4. Die einzelnen Kernaussagen zueinander in Beziehung setzen und den Gesamtzusammenhang diskutieren	**Verarbeitung und Integration**
5. Wiedergabe des Gesamtzusammenhangs 6. Erläutern der Beziehungen mit Beispielen 7. Beispiele mit Kernaussagen zueinander in Beziehung setzen 8. Text rekonstruieren und wiedergeben	**Rekonstruktion und Wiedergabe**
9. Prüfen auf Sachlichkeit, objektive Sichtweisen 10. Prüfen auf Schlüssigkeit 11. Vorannahmen herausfinden, Haltung des Autors 12. Widersprüche zu anderen Auffassungen aufdecken 13. Text einordnen und beurteilen	**Prüfen und Interpretieren**

Aufgabe

Bereiten Sie eine Erzählung zu einer historischen Entdeckung im Zusammenhang mit Naturwissenschaft für Ihre Stufe vor, die Sie in einer Unterrichtssequenz von max. 15 Minuten einsetzen können.

5.6 Tests zur Selbstkontrolle – Anstöße zum Weiterdenken

1. Jean Piaget warnte davor, allzu früh Sachzusammenhänge nur sprachlich zu beschreiben und aus Texten zu erschließen. Überlegen Sie sich, warum diese Warnung besonders für den naturwissenschaftlichen Unterricht ernst zu nehmen ist.

2. Forschungsuntersuchungen zeigten, dass schriftliche Symbolsysteme wie die Sprache bewirken, dass in Kurzdefinitionen gedacht wird, z. B. Axt = Werkzeug oder Brot = Nahrungsmittel. Worin liegt Ihrer Meinung nach eine Gefahr in dieser Tatsache, und wie müsste im Unterricht darauf reagiert werden?

3. Untersuchen Sie Texte mit den Fachsprachen Physik, Chemie und Biologie auf Unterschiede und Gemeinsamkeiten.

4. Suchen und gestalten Sie eine Erzählung für Ihre Schulstufe zu einer wichtigen Erfindung bzw. Entdeckung in Natur und Technik, bzw. zum Leben der Erfinder oder Entdecker.

5. Die Beziehung zwischen Fachsprache und Umgangssprache ist oft ungenau. Manchmal werden Fachwörter auch euphemistisch gebraucht, d. h. eine an sich negative Tatsache wird sprachlich «verschönert», z. B. spricht man von Artenschwund oder Unkräutern, meint damit aber die Ausrottung von Arten oder nicht erwünschte Pflanzen. Suchen Sie Beispiele von euphemistischen Fachwörtern.

6. Schreiben Sie einen Fachtext in eine andere Textsorte um, z. B. einen Schulbuchtext für Ihre Stufe, einen Zeitungsartikel, einen Werbetext etc.

7. Ein Biologiefachdidaktiker sagte, dass jeder Satz in einem biologischen Fachtext, der sich auf ein Lebewesen bezieht und die Wörter «weil, damit, um zu» enthält, kritisch zu prüfen sei (z. B. «Der Löwe frisst, weil er Hunger hat»). Warum wohl?

8. Was sind Worthülsen? Was können Sie im Unterricht tun, damit bei Ihren Lernenden keine Worthülsen entstehen?

9. Tragen Sie Fragen Ihrer Lernenden zu einem Sachverhalt zusammen. Brauchen Sie möglichst alle Fragewörter der deutschen Sprache. Welche Fragewörter werden verwendet? Hinterfragen Sie die Fragen (s. o.).

Lösungen

1. Piaget erkannte die Wichtigkeit der handelnden Auseinandersetzung mit der Sache für den Erkenntnisgewinn. Sprache ist ein abstraktes Medium und gemäß seiner Theorie sind Kinder vor einem bestimmten Alter gar nicht fähig, abstrakte Operationen zu verstehen. Er befürchtete, dass sich Lehren und Lernen von der Handlung lösen und in der Folge eine Verminderung von Intelligenz als der Fähigkeit zum Erwerb von Wissen, wie man etwas tut, eintritt. Handelndes Lernen ist im naturwissenschaftlichen Unterricht besonders wichtig (untersuchen, experimentieren).

2. Kurzdefinitionen sind verkürzte Aussagen. Sie blenden einen wichtigen Teil aus, nämlich, wozu diese Gegenstände gebraucht werden (Axt zum Holzfällen, Nahrungsmittel zum Essen). Im Unterricht soll deshalb zu Begriffen durch Zusammentragen von Assoziationen und Fragen möglichst ein großes Umfeld erschlossen werden.

3. Biologische Fachsprache ist am wenigsten formalisiert und wohl am besten verständlich. Die Fachsprachen von Chemie und Physik sind stärker formalisiert, z.B. durch chemische und mathematische Formeln. Alle drei zeichnen sich durch Fachwörter und Definitionen aus.

4. Erzählungen sind Episoden, es werden handelnde Menschen und ihr Schicksal geschildert. Möglichst freies Sprechen erleichtert das Erzählen. Modulieren Sie Ihre Stimme, um Spannung zu erzeugen. Mögliche Beispiele: Szene aus einer Biografie, eine Anekdote, Schildern einer Entdeckung etc.

5. Kernkraftwerk statt Atomkraftwerk, Luftinhaltsstoffe statt Luftschadstoffe.

6. vgl. eigene Beispiele.

7. Diese Formulierungen haben die Tendenz, dass vom Menschen her gedacht wird und somit anthropomorphe Aussagen gemacht werden. Wir wissen ja nicht, ob der Löwe wie wir Hunger empfindet.

8. Worthülsen sind Namen oder Bezeichnungen (Fachwörter), zu denen kein gedankliches Konstrukt, kein Denkmodell, d.h. kein Begriff existiert.

9. Wichtig ist die Unterscheidung der verschiedenen Warum-Fragen (5.4) und die Benutzung der – auf den beabsichtigten Zweck hin gesehenen – richtigen Frage-wörter.

5.7 Anregungen für die Schulpraxis und zum Weiterstudium

Einbezug von Sprachbüchern

Sprachbücher beinhalten oft auch Sachtexte. Diese bieten unter Umständen interessante Ausgangspunkte für Sachunterricht. So stellt das Sachbuch Deutsch für die Sekundarstufe I den Gebrauch von Sprache in einem sehr umfassenden Sinn dar: *Peyer, A., Friedrich, D. & Grossmann, T. (2011). Sprachwelt Deutsch. Bern: Schulverlag Plus.* Es ist ein Lehrmittel für das Unterrichtsfach Deutsch, aber wegen seines ganzheitlichen Ansatzes und des Einbezugs von Fachthemen auch für den Sachunterricht eine gute Quelle. Die grafische Gestaltung ist für Schülerinnen und Schüler ansprechend. Auch Lehrpersonen, die nicht Deutsch unterrichten, finden viele Anregungen zur Auseinandersetzung mit Sachtexten oder mit Sprache an sich.

Zusammenarbeit mit Deutschlehrpersonen

Zusammenarbeit mit Deutschlehrpersonen ist wenn möglich zu suchen und zu realisieren. So könnten in einem fächerübergreifenden Projekt z. B. die Gebärden- und Lautsprache des Menschen von der Biologie und dem Deutsch her erschlossen oder die Sprache von Tieren beobachtet und beschrieben werden. Oder es kann das Verfassen verschiedener Textsorten zu einem Sachthema geübt werden (z. B. das Schreiben eines Zeitungsartikels, eines Werbetextes, eines Lexikonbeitrags etc.).

Fachbeiträge oder Bücher zum Thema

- *Wendlandt, W. (2011). Sprachstörungen im Kindesalter. Therapeutische Hausaufgaben.* Stuttgart: Thieme Verlag. In diesem Buch wird der kindliche Spracherwerb analysiert und Beispiele zur Sprachförderung vorgestellt.

- *Eigler, G. (1988). Wissen und Schreiben. Freiburger Universitätsblätter, 27,* Heft 100, 21–32.

- *Günther, H. (Hrsg.). (2007). Bausteine zur Sprachförderung.* Weinheim und Basel: Beltz. Das Buch enthält Beispiele zur konkreten Sprachförderung im Unterricht, vor allem in der Vorschul- und Unterstufe.

- *Kubli, F. (2002). Plädoyer für Erzählungen im Physikunterricht.* 2. Auflage, Köln: Aulis Deubner Verlag. Dieses Buch hebt die Bedeutung von sprachlichem Ausdruck und epistemischem Schreiben im Physikunterricht hervor und erklärt Ziele der narrativen Didaktik.

- *Siebert-Ott, G. (2000): Der Übergang von der Alltagskommunikation zum Fachdiskurs. In: Deutsch lernen, Heft 2,* 127–142.

6 Modelle verwenden

Anni Heitzmann

Die Abbildung zeigt verschiedene Modelle, wie sie im Alltag, in der Wissenschaft und im Unterricht verwendet werden. Es stellen sich Fragen folgender Art:

- Was sind überhaupt Modelle?
- Welche Modelltypen kann man unterscheiden?
- Wozu braucht es Modelle im naturwissenschaftlichen Unterricht?
- Welche Eigenschaften haben Modelle?
- Gehören Metaphern und Analogien auch zu den Modellen?
- Welches sind die Schwierigkeiten, die beim Arbeiten mit Modellen auftreten?
- Didaktische Modelle und naturwissenschaftliche Modelle – welche Gemein-samkeiten, welche Unterschiede weisen sie auf?

6.1   Was sind überhaupt Modelle? Eine Begriffseingrenzung

Der Begriff Modell wird in der Umgangssprache und in der Wissenschaft meist unterschiedlich verwendet und für sehr viele Sachverhalte benutzt.

Etymologisch geht der Begriff auf das lateinische Wort «Modus» = Maß, Grundmaß, Art und Weise (Verkleinerungsform «Modulus») zurück. In der Umgangssprache bezeichnet der Begriff Modell denn auch oft verkleinerte Kopien eines Originals (Spielzeugmodelle) oder Vorbilder, die ein bestimmtes Maß vorgeben (Mode, Prototypen, Modellverhalten) und als beispielhaft gelten. Mit dem Modell wird ein vergleichender Bezug zu etwas Gegenständlichem hergestellt.

In den Naturwissenschaften zeigen Modelle Interpretationen von empirischen Phänomenen. Viele Naturerscheinungen und beobachtbare naturwissenschaftliche Vorgänge gründen auf sehr komplexen Ursachen, z. B. in der submikroskopischen Struktur der Materie oder dem Verhalten von Elementarteilchen, welche den Sinnen trotz der Verwendung raffiniertester Instrumente nicht direkt zugänglich sind. Die Wissenschaft ist deshalb gezwungen, mit Modellvorstellungen, sogenannten Denkmodellen, zu arbeiten. Dabei wird die Komplexität der Naturerscheinung oder eines originalen Sachverhalts reduziert. Es wird ausgehend von bestimmten Annahmen ein «fokussiertes» Bild des untersuchten Objekts oder der untersuchten Zusammenhänge entwickelt, wobei nur bestimmte, ausgewählte Merkmale betrachtet werden. Denkmodelle sind also ein Abbild eines Teilbereichs der Wirklichkeit, sie bilden reale Systeme ab oder repräsentieren sie. Diese Denkmodelle können zur besseren Veranschaulichung wieder in Realmodelle «übersetzt» werden, sie zeigen dann das Modell in einer gegenständlichen Realität als Anschauungsmodell. Anschauungsmodelle repräsentieren zwar das Original, aber sie unterscheiden sich von ihm in wesentlichen Eigenschaften, z. B. im Material, in der Dimension, der Abstraktion, dem Zeittakt (Zeitraffung bzw. Zeitlupe), der Zweckgebundenheit und der Annahme theoretischer Parameter.

Bei der naturwissenschaftlichen Modellbildung werden also nur bestimmte, «wesentliche» Eigenschaften abgebildet. Diese strukturelle Reduktion ermöglicht ein Verständnis, indem der Blick mit dem Modell auf das Wesentliche gelenkt wird und Zusammenhänge so erschlossen werden.

Vom Naturphänomen zum Anschauungsmodell

(ergänzt nach Steinbuch, 1977)

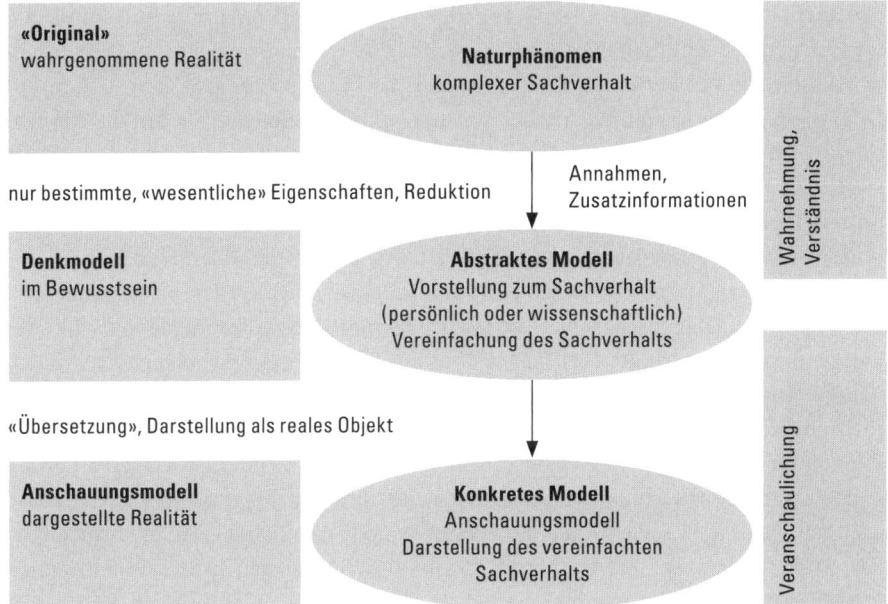

Aufgaben

■ Denken Sie die obige Abbildung für konkrete Beispiele Ihrer Schulstufe und Ihres Fachs durch, indem Sie den Text in den Kästen und Ellipsen ergänzen. Sie können dabei von einem konkreten Anschauungsmodell oder von einem Naturphänomen ausgehen.

■ Der Physiker Heisenberg sagte über Modelle, dass sie eine Sprache der Physik seien, die Bilder in unserem Denken hervorrufen, und dass diese Bilder nur eine unklare Verbindung mit der Wirklichkeit hätten und somit nur eine Tendenz zur Wirklichkeit darstellen würden. Diskutieren Sie diese Aussage. Was will Heisenberg damit aussagen?

6.2 Verschiedene Modelltypen

In Kap. 6.1 haben wir Modelle als vereinfachte kognitive oder gegenständliche Abbildungen eines Teilbereichs der Wirklichkeit kennengelernt, anhand des Kriteriums der Realität wurde zwischen Denkmodellen und materiellen Anschauungsmodellen unterschieden. Denkmodelle können sprachlich, bildlich oder gegenständlich ausgedrückt werden, sie können mehr oder weniger abstrakt oder konkret sein. So kann ein Denkmodell sprachlich umschrieben werden («Die Planeten kreisen um die Sonne») oder in eine abstrakte mathematische Formel ($E = mc^2$) übersetzt werden. Modelle lassen sich auch bildlich mit einer Zeichnung (Elektronenwolkenmodell) oder grafisch mit Symbolen (elektrische Schaltkreise, Molekülschreibweise) oder als Beziehungen und Funktionen (Diagramme, Regelkreise, Flussdiagramme) darstellen.

Man kann verschiedene Modelltypen unterscheiden. Differenziert man nach den abgebildeten Eigenschaften, lassen sich *Strukturmodelle*, die morphologische oder anatomische Sachverhalte dem gegenständlichen Original entsprechend abbilden, von *Funktionsmodellen*, die Vorgänge und Prozesse abbilden, unterscheiden. Strukturmodelle entsprechen äußerlich meist dem Original, sie werden deshalb auch als Homologmodelle (homolog = gleich) bezeichnet. Funktionsmodelle zeigen oft große Unterschiede zum Original, es lassen sich mit ihnen aber gut bestimmte Abläufe erklären, sie werden auch als *Analogmodelle* (analog = ähnlich) bezeichnet. Nach dem Kriterium der Dimension kann zwischen zweidimensionalen und dreidimensionalen Modellen unterschieden werden. Betrachtet man Modelle im Hinblick auf den Zweck des Erkenntnisprozesses, lassen sie sich in *Lehr-/Lern-Modelle* und *Forschungsmodelle* gliedern. Das Kriterium Veränderbarkeit von Modellen unterscheidet *dynamische* und *statische Modelle*. Benutzt man die Modellbildung, um verschiedene Situationen abzubilden und zu prüfen, spricht man von *Simulationsmodellen*. Simulationsmodelle und Modelle überhaupt erlauben Vorhersagen über das Verhalten von Systemen zu machen. Je nach den Annahmen, die den verwendeten Modellen zugrunde liegen, sind diese Vorhersagen mehr oder weniger präzis (vgl. Klimamodelle für Wettervorhersagen). Modelle, die nicht einem gegenständlichen Original, sondern einem theoretischen Konstrukt entsprechen, heißen *Konstruktmodelle*.

Übersicht über verschiedene Modelltypen

Übersicht über verschiedene Modeltypen

Kriterium	Realität		Dimensionen		Entsprechung bzgl. Original			Anwendung bzgl. Erkenntnisgewinn		Abgebildete Eigenschaft		Veränderbarkeit	
Modelltyp	Denkmodell	Anschauungsmodell	bildliches Modell, 2D	räumliches Modell, 3D	Homologmodell	Analogmodell	Konstruktmodell	Lehr-/Lernmodell	Forschungsmodell	Strukturmodell	Funktionsmodell	statisches Modell	dynamisches Modell
Blattquerschnitt (3D)		x		x	x			x		x		x	
DNA (3D)	x	x		x	x	x		x	x	x	x	x	
Papierflieger		x		x	x	x			x		x	x	
Globus		x		x	x			x		x		x	

Ein bestimmtes Modell kann unter verschiedenen Gesichtspunkten betrachtet werden und entspricht deshalb oft mehreren Modelltypen, siehe in der Tabelle (a) Blattquerschnitt, (b) DNA-Molekül, (c) Papierflieger und (d) Globus.

Beispiel: Vergleich Modell und Original (1.–9. Schuljahr)

Suchen Sie ein für Ihre Stufe passendes Modell, das im Unterricht verwendet wird.

1. Welches sind wesentliche Merkmale dieses Modells? Wie stimmen sie mit dem Original überein? Wo besteht keine Übereinstimmung? Welchen Modelltypen entspricht Ihr Modell?

2. Um welche Modelltypen handelt es sich bei den Abbildungen auf der ersten Seite von Kapitel 6? Welche Abbildungen sind nicht Modelle im wissenschaftlichen Sinn?

6.3   Modellkritik – was ist ein «gutes» Modell?

Ein Modell zeichnet sich dadurch aus, dass es aus der Komplexität der Wirklichkeit oder des Originals nur die «wesentlichen» Eigenschaften abbildet. Wesentlich ist, was zur Funktion eines Modells beiträgt. Die Funktion eines Modells wird durch seine Verwendung bestimmt, wobei Modelle einen doppelten Zweck erfüllen. Einerseits werden Modelle gebildet im Hinblick auf die Erkenntnisgewinnung über Naturphänomene oder die Lösung eines bestimmten naturwissenschaftlich-technischen Problems. Andererseits werden sie zur Veranschaulichung und Demonstration oder zur Erklärung und Vereinfachung komplexer Zusammenhänge eingesetzt. Die Auswahl der wesentlichen Eigenschaften erfolgt also zum einen zielorientiert und zum anderen situations- und adressatenorientiert.

Die Leistung eines Modells wird dadurch bestimmt, ob es die bezweckte Funktion gut erfüllt, und liegt demnach in der Qualität seiner Entsprechungen. Die Grenzen eines Modells werden durch gemachte Verkürzungen bestimmt. Anschauungsmodelle besitzen neben den wesentlichen Modellmerkmalen immer auch Eigenschaften, die im Zusammenhang mit der Modellfunktion eigentlich nicht wesentlich sind, sondern z. B. mit der Konstruktion zusammenhängen, und deshalb als überschüssiges Beiwerk bezeichnet werden. Bei der Verwendung von Modellen ist es deshalb wichtig eine Modellkritik durchzuführen, das heißt zu diskutieren, wo das Modell «stimmt»: Welche wesentlichen Merkmale enthält das Modell, welche Merkmale sind überflüssig? Welche Merkmale werden nicht abgebildet?

Ein gutes Modell erfüllt folgende Anforderungen: Erstens ist es dem Original ähnlich und bildet wesentliche Eigenschaften des Originals entsprechend ab. Diese Entsprechungen können homolog oder analog (vgl. 6.2) sein. Zweitens ist es möglichst einfach und erfüllt seine Funktion passend. Zudem ist es drittens möglichst exakt und fruchtbar.

Im Gegensatz zu Kopien unterscheiden sich Modelle vom Original. Nachbildungen von Originalen, z. B. dreidimensionale, naturgetreue Schulmodelle, werden umgangssprachlich als Modelle bezeichnet, sind aber nur räumliche Naturbilder, ihnen fehlt der Theoriebezug. Wissenschaftliche Modelle beruhen immer auf abstrakten Denkmodellen und weisen über die Hypothesen, welche ihnen zugrunde liegen, einen Theoriebezug auf.

Beurteilung verschiedener Modelle – Modellkritik

Beispiel 1:

Beurteilen Sie ein von Ihnen hergestelltes (siehe Kap. 6.2) oder im Unterricht verwendetes Modell kritisch in Hinblick auf seine Qualität:

1. Welche Merkmale sind akzentuiert und abgebildet?
2. Wo sind Entsprechungen zum Original vorhanden? Wo nicht?
3. Wo ist das Modell falsch? (Regel: Ein Modell ist immer «falsch», oft in mehreren Aspekten).
4. Trägt das Modell zur Lösung einer Fragestellung bei?
5. Lassen sich mit dem Modell Prognosen erstellen?
6. Fördert das Modell das naturwissenschaftliche Verständnis?
7. Steht der Aufwand zur Herstellung (Materialsuche, Herstellungsprozess, Preis) in einem Verhältnis zum Erfolg der Anwendung?
8. Sind die Anforderungskriterien erfüllt? Ist es ein gutes Modell? (s. o.)

Beispiel 2: «Modellfallen»

Bei der Verwendung von Modellen besteht die Gefahr, dass falsche Denkmodelle gefördert werden, wenn z. B. ein Modell so einfach und anschaulich ist, dass es mit der Realität verwechselt wird oder dass eine falsche Vorstellung gefördert wird. Bei den Abbildungen unten könnte die Vorstellung, dass Zellen wie ein Räderwerk ineinandergreifen, oder die Idee, eine Doppelbindung halte besonders fest, gefördert werden, was beides falsch wäre. Fruchtbare Modelle fördern Vorstellungen, die zwar vereinfacht, aber im Wesentlichen richtig sind und sich erweitern lassen.

Aufgabe

Diskutieren Sie folgende Aussagen:

a «Modelle sind Konstruktionen auf Zeit» (Popper, 1976).
b «Ein Modell ist eine anschauliche Darstellung und Erklärung eines Sachverhalts.»

6.4   Metaphern und Analogien – ein Spezialfall von Modellen

Naturwissenschaftliche Erkenntnis kann sehr oft, besonders auch im Unterricht, durch die Verwendung von Analogien gewonnen werden. Dies bedeutet, dass Ähnlichkeiten zu Bekanntem gesucht werden und durch Vergleiche mit Bekanntem unbekannte Sachverhalte erschlossen und «verstanden» werden, z. B. kann die Regulierung des Blutzuckers mit der Temperaturregelung in einem Haus mittels eines Thermostaten verglichen oder das Funktionieren einer Zelle mit einer Fabrik analogisiert werden (vgl. 6.2 Analogmodelle). Es lassen sich begriffliche Analogien, bildhafte und sprachliche Analogien sowie experimentelle Analogien unterscheiden.

■   Begriffliche Analogien werden als sog. *Metaphern* (Übertragungen) bezeichnet: Wörter werden nicht in ihrer ursprünglichen Bedeutung, sondern im übertragenen Sinn verwendet, z. B. *«die Schwanzflosse ist der Motor der Fische»* (für die Beschreibung des Antriebs) oder *«die Zelle ist eine chemische Fabrik»* (vgl. Kap. 4 und 5).

■   Als Analogie kann ein Sachverhalt auch bildlich durch eine konkrete Geschichte dargestellt oder sprachlich formuliert werden, z. B. in Form eines Gleichnisses (die Entsprechungen werden konkret benannt) oder einer Parabel (die Entsprechungen sind verschlüsselt dargestellt, sie müssen von den Lesenden selbst aus der Geschichte erschlossen werden).

■   Experimentelle Analogien sind z. B. Modellversuche, bei welchen bestimmte Prozesse modellhaft mit einem Experiment dargestellt werden, z. B. die Wirkung von Abwaschmittel auf Fette (Emulgation).

Auch Rollenspiele zu naturwissenschaftlichen Prozessen sind Analogien, so könnten z. B. Schülerinnen und Schüler den Weg und die Verdauung eines Butter-Käse-Salat-Sandwichs spielend darstellen und durch die Analogie die Komplexität der Verdauungsprozesse erfassen.

Voraussetzung für das Funktionieren von Analogien ist die Vertrautheit mit dem Bekannten, eine Art «Oberflächenähnlichkeit». Wichtig für das Verstehen ist aber, dass diese Oberflächenähnlichkeit zu einer Tiefenstrukturähnlichkeit führt, d. h. zu Veränderungen der Vorstellung über den eigentlichen Sachverhalt. «Ähnlich» ist immer eine ungenaue Bezeichnung, deshalb ist es gerade bei der Verwendung von Analogien wichtig, eine sorgfältige Modellkritik (vgl. Kap. 6.3) zu üben.

Analogie – die Zelle als Chemiefabrik

Beispiel 1: Analogien zur Zellfunktion

Um die Funktionen einer Zelle und der Zellorganellen zu veranschaulichen, wird in der Biologie oft die Analogie zu einem Unternehmen verwendet, z. B. einer Chemiefabrik oder der Post.

Zellbestandteile	Entsprechung	Unternehmen Post	Unternehmen Chemiefabrik
Kern	Steuerung und Kontrolle	Büro der Geschäftsleitung	Büro der Geschäftsleitung
Zellmembran	Abgrenzung	Gebäudegrenze	Außenzaun
Endoplasmatisches Reticulum (ER)	Transport	Förderbänder	Gänge, Tunnels zwischen Teilgebäuden
Mitochondrium	Energieumwandlung	Hauseigenes Kraftwerk	Hauseigenes Kraftwerk
ATP	Energieträger	Elektrowagen	Benzinlastwagen
Vakuole	Speicherung von Stoffen	Postsäcke	Magazine, Speichertanks
DNA	Informationträger	Handbuch des Betriebsleiters	Bibliothek der Geschäftsleitung
Golgi-Apparat	Verpackung, Stoffabgabe	Adressierung der Postsäcke	Packraum, Versand
Chloroplasten	Umwandlung von Sonnenenergie	Solarzellen auf dem Gebäudedach	Solarzellen auf dem Gebäudedach

Beispiel 2: Analogie elektrischer Stromkreis – Wasserstromkreis

In der Physik wird oft der elektrische Stromkreis mit einem geschlossenen Wasserstromkreis gleichgesetzt. Es gelten folgende Entsprechungen:

Elektrischer Stromkreis	Wasserstromkreis
Batterie (el. Energiequelle)	Wasserpumpe
Kabel (el. Leitungen)	Wasserrohre (Schläuche)
Schalter	Wasserhahn
Lämpchen (el. Widerstand)	Enges Rohr (Wasserwiderstand)

Die Verwendung dieser Analogie ist umstritten, obwohl im Wasserstromkreis die gleichen Gesetzmäßigkeiten gelten wie im elektrischen Stromkreis (Grygier et al. 2004). Die Oberflächenähnlichkeit des Wasserstromkreises sei nicht groß genug, d. h. die Begriffe aus dem Wasserstromkreis seien den Schülerinnen und Schülern ebenso wenig vertraut wie jene des elektrischen Stromkreises, zudem hätten Wasser und Elektrizität affektiv wenig miteinander zu tun.

6.5 Chancen und Schwierigkeiten von Modellen im Unterricht

Im Unterricht dienen Modelle zwei Zwecken:

1. Es sind Beispiele für den naturwissenschaftlichen Erkenntnisprozess: Das Erlernen und Verstehen naturwissenschaftlicher Prozesse ist ohne Modellvorstellungen, ohne Denkmodelle nicht möglich. Die Modellbildung und die Arbeit mit Denkmodellen gehören also unabdingbar zum naturwissenschaftlichen Erkenntnisprozess und sollen auch im Unterricht geübt werden. Gedankenmodelle, die auf Hypothesen beruhen, werden durch Experimente widerlegt oder bestätigt. Daraus können Theorien entwickelt werden, vgl. Kap. 14. Mit der Modellbildung kann auch eine präzise Begriffsbildung erfolgen (Kap. 5), und Modellbildung und Modellanwendung ermöglichen erst das Verständnis für Systeme und systemisches Denken. Folgende wichtige Arbeitsweisen im Unterricht fördern die Erkenntnisfunktion von Modellen:

Tätigkeit im Unterricht	Funktion im Erkenntnisprozess
Abstrahieren	In der Komplexität der Realität allgemeine Zusammenhänge entdecken
Idealisieren	Konstruieren von Begriffen
Symbolisieren	Kurzschreibweisen, Darstellung von Begriffen, Gesetzen durch Buchstaben oder Zahlen
Gedankenmodelle bilden	Grundlagen für wissenschaftliche Experimente schaffen
Theoretische Modelle entwickeln	Zusammenhänge erschließen
Gegenständliche Modelle einsetzen	Veranschaulichung, Darstellung
Analogien bilden	Theoretische Zusammenhänge durch vertraute Kontexte erschließen
Elementarisieren	Vereinfachen und ordnen

2. Es sind Hilfsmittel zur Unterstützung von Lern- und Verständnisprozessen. Wissenschaftliche Untersuchungen zeigen, dass Kinder und Jugendliche Modelle oft als Abbild von Wirklichkeit verstehen und nicht als Hilfskonstruktionen, die das Lernen und Erklären erleichtern. Es ist deshalb wichtig, mit Schülerinnen und Schülern das Lernen mithilfe von Modellen kontinuierlich durchzuführen und bei allen Modellen (Abbildungen, Grafiken, Anschauungsmodelle etc.) die Modellkritik zu üben, damit die Grenzen der Modellkonstruktion verstanden werden.

Modellkompetenz in den Bildungsstandards

Beispiel:

In den Bildungsstandards für Naturwissenschaften wird Modellkompetenz gefordert (Kap. 1.4 und 1.5). Modellkompetenz ist ein System aus Kenntnissen und Fähigkeiten, das zur Disposition der Lernenden führt, Anforderungen im Umgang mit naturwissenschaftlichen Modellen auf schulischem Niveau zu bewältigen. Dazu gehören Modell- und Wissenschaftsverständnis ebenso wie Kompetenzen in Bezug auf konkrete Anschauungsmodelle. Leisner-Bodenthin (2006) und Terzer & Upmeier zu Belzen (2007) beschreiben Aspekte von Modellverständnis und leiten für den Umgang mit konkreten Modellen folgende Kompetenzen ab:

Aspekte von Modellverständnis	Kompetenzen
Definition des Begriffs «Modell»	Zwischen Modell und Original vergleichen können
Unterschiede zwischen Erfahrungs- und Modellwelt	Modell und Original parallelisieren können
Unterschiedliche Modelltypen	Den Anwendungsbereich eines Modells bestimmen können
Unterschiede zwischen Alltags- und naturwissenschaftlichen Modellen	Die Grenzen eines Modells bestimmen können
Zweck von Modellen	Modelle adäquat auswählen können
Modellbildung	Eine Hypothese zu einem Modell aufstellen können
Rolle von Modellen im wissenschaftlichen Erkenntnisprozess: Veränderbarkeit und multiple Modelle	Modelle erweitern können; Modelle für verschiedene Zwecke gezielt einsetzen können

Auf Modellen basierendes Denken verbindet intuitives Wissen und Wissenschaft. Intuitive Denkmodelle von Schülerinnen und Schülern, sogenannte Präkonzepte, werden durch den Erwerb von Modellkompetenz in Richtung der wissenschaftlichen Denkmodelle verändert. Es entsteht ein Konzeptwechsel (Conceptual Change, Kap. 4).

Aufgaben

- Untersuchen Sie die Lehrpläne und – sofern vorhanden – die Bildungsstandards für Ihre Stufe und Ihr Fach. Wo finden Sie Hinweise auf Modellkompetenz (Ziel- oder Kompetenzformulierungen).

- Nennen Sie drei Aspekte von Modellkompetenz, die Ihnen für Ihre Stufe und Ihr Fach wichtig scheinen und die Sie in Ihrem Unterricht erreichen möchten.

6.6 Ein Ausblick auf weitere Modelle

Mentale Modelle spielen im Zusammenhang mit Lernen eine wichtige Rolle. Man weiß heute, dass sich Informationen in verschiedenen Symbolsystemen codieren und präsentieren lassen, z. b. sprachlich mit Lautfolgen, bildlich mit Ziffern oder mit Zeichen. Die Vertrautheit mit den entsprechenden Codes ist wichtig, z. B. müssen Verkehrszeichen mit ihrer Codierung gelernt werden. Einmal gelernt, kann dann die angebotene Information sehr rasch aufgenommen werden. Die Verarbeitung zwischen Präsentation, Verarbeitung und Speicherung im Gehirn ist sehr komplex. Heute weiß man aber aus hirnphysiologischen Untersuchungen, dass bei der Verarbeitung von sprachlicher Information andere Hirnbereiche aktiv sind als bei der Verarbeitung von Bildern. Daraus leitet man ab, dass kombiniert dargebotene Informationen, z. B. visuell und verbal, eine stärkere Hirnaktivität auslösen und deshalb für das Lernen vorteilhaft sind.

Als mentale Modelle bezeichnet man subjektive Wissensgefüge, eine Art Verbindungen zwischen verschiedenen Wissensverarbeitungssystemen (sprachlich oder bildlich) im Gehirn. Mentale Modelle ermöglichen, Schlussfolgerungen zu ziehen und Voraussagen zu machen. Schülervorstellungen zu einem bestimmten Sachverhalt entsprechen einem mentalen Modell, sie sind subjektiv und individuell unterschiedlich mit verschiedenen Codierungen repräsentiert. Die Theorie von mentalen Modellen ist für das Lernen wichtig, da angenommen wird, dass die Verwendung vielfältiger Medien oder multimedialer Darbietungen das Lernen für unterschiedliche Lerntypen erleichtert. Je nach Codierung und Repräsentation passen diese besser zum individuellen mentalen Modell (zu einer bestimmten Vorstellung) und ermöglichen eine Erweiterung und Überführung in eine elaboriertere Form des mentalen Modells.

Didaktische Modelle stellen ein Theoriegebäude zur Analyse und Modellierung von didaktischem Handeln dar. Sie haben primär die Funktion der Verringerung von Komplexität: Die wissenschaftliche Modellbildung hilft, die komplexe Unterrichtssituation so zu vereinfachen, dass Lehrpersonen handlungsfähig bleiben. Sie ermöglicht Übersicht und liefert Begriffe und Fragen, die in der Praxis für die Analyse, Planung und Auswertung von Unterricht gebraucht werden. Zusätzlich sind didaktische Modelle wichtig, um wesentliche Fragen der Unterrichtsforschung zu identifizieren.

Wichtige didaktische Modelle

Da didaktische Modelle wie alle Modelle theoriebasiert sind und sich historisch die Rahmen- und Theoriebezüge im Erziehungs- und Lernfeld ändern, kann man Entwicklungen bestimmter Modelle mit spezifischen Schwerpunktsetzungen in bestimmten Zeitepochen feststellen. Ein wichtiges didaktisches Modell ist dasjenige der didaktischen Analyse, das in den 1960er-Jahren von Klafki (1996) entwickelt wurde und später mit den epochaltypischen Schlüsselproblemen erweitert und dem exemplarischen Prinzip von Wagenschein (1999) ergänzt wurde. Das Modell der dialektischen Didaktik (Klingenberg, 1989) und das Modell der lerntheoretischen Didaktik von Heimann (1976), das von Schulz (1997) mit der Fokussierung auf die ästhetische Bildung und der Bedeutung der Kreativität weiterentwickelt wurde, sind bekannte didaktische Modelle der 70er-Jahre. Ein neueres didaktisches Modell ist die konstruktivistische Didaktik (Kap. 4) oder das Angebot-Nutzen-Modell von Helmke (2006). Aus fachdidaktischer Sicht besonders bedeutungsvoll ist das Modell der didaktischen Rekonstruktion (Kap. 3).

Das genetisch-exemplarische Prinzip nach Wagenschein (siehe auch Kapitel 7.3)

Martin Wagenschein hat in seinem Büchlein «Verstehen lernen» das exemplarische Prinzip postuliert und vier Bestandteile für einen guten Naturwissenschaftsunterricht gefordert:

1. Das «Elementare»: Beispiele sollen sich auf grundlegende Einsichten beziehen

2. Das «Genetische»: die Lernenden sollen mittels forschend-entwickelndem, fragend-entwickelndem, problemorientiertem und entdeckendem Lernen wichtige Erkenntnisse selbst herausfinden. Die Erkenntnis soll in den Lernenden «genetisch wachsen».

3. Die «Begegnung mit den Phänomenen»: im Unterricht soll von «Realobjekten» und «Realsituationen» ausgegangen und nicht vorschnell abstrahiert und verallgemeinert werden.

4. Das «Fundamentale»: Lernende sollen «die Stellung des Menschen in der Welt in einem neuen Licht erkennen» und neue Sichtweisen auf die Welt entwickeln. «Die Lernerfahrungen sollen die gemeinsame Basis des Menschen und der Sache (mit der er sich auseinandersetzt), d.h. das Fundament, erzittern lassen.» (Wagenschein, 1999, S. 42)

Aufgabe zum exemplarischen Prinzip:

Suchen Sie zu einem naturwissenschaftlichen Phänomen für den Unterricht Ihrer Stufe ein Beispiel, mit dem Zusammenhänge zwischen Bau und Funktion entdeckt werden können (zum Beispiel Klettensamen, Farbwechsel, Lichtbrechung). Diskutieren Sie in der Gruppe, ob das Beispiel den vier Kriterien des exemplarischen Prinzips entspricht, und erläutern Sie, was daran fundamental sein könnte.

6.7 Tests zur Selbstkontrolle – Anstöße zum Weiterdenken

1. Zeichnungen von Lernenden zu bestimmten naturwissenschaftlichen Zusammenhängen sind mentale Modelle. Begründen Sie, warum es wichtig ist, diese Zeichnungen auch sprachlich kommentieren zu lassen, z. B. sie zu beschriften oder eine Legende dazu schreiben zu lassen.
2. Wie unterscheiden sich Denkmodelle und Anschauungsmodelle?
3. Welchen Modelltypen entsprechen die folgenden Beispiele?

Beispiel	Modelltyp
1. Menschlicher Torso im Biologieunterricht	A) Strukturmodell
2. Planspiel, wie z. B. Ökolopoly	B) Homologmodell
3. Wettervorhersagemodelle	C) Analogmodell
4. Das Gehirn als Denkfabrik	D) Simulationsmodell
5. Abbildung, die die Funktion eines Viertaktmotors zeigt	E) Dynamisches Modell
6. Molekülsteckmodelle	F) Statisches Modell
7. Simulation am Computer von Populationsentwicklungen (z. B. Räuber – Beute)	G) Forschungsmodell
8. Modellflugzeug	H) 3D-Modell

4. Erklären Sie einen naturwissenschaftlichen Sachverhalt für Ihre Stufe mit einer sprachlichen (Metapher, Gleichnis, Parabel) und einer experimentellen Analogie (Versuch, Rollenspiel). Überprüfen Sie kritisch, ob sich die Analogie eignet bzw. wo eventuell Fehlvorstellungen entstehen könnten.
5. Begründen Sie mit vier Argumenten, warum die Arbeit mit Modellen für den naturwissenschaftlichen Erkenntnisprozess wichtig ist.
6. Was versteht man unter Modellkompetenz im Unterricht?
7. Was versteht man unter Modellkritik? Warum ist diese wichtig? Nennen Sie drei wichtige Anforderungen an ein gutes Modell.
8. Erklären Sie den Begriff Metapher an einem Beispiel aus Ihrem Unterricht.
9. Klären Sie für sich den Begriff des Modells der didaktischen Rekonstruktion. Welches sind typische Kennzeichen dieses didaktischen Modells? Warum bezeichnet man dieses Modell auch als dynamisch?
10. Informieren Sie sich über die epochaltypischen Schlüsselprobleme nach Klafki. Diskutieren Sie deren Bedeutung für Ihren Unterricht.

Lösungen

1. Zeichnungen sind mentale Modelle, die bildlich repräsentiert werden. Forschungsergebnisse belegen bessere Lerneffekte, wenn Lerninhalte mehrfach codiert werden, z. B. sprachliche Begriffe oder Erklärungen dazu erfolgen.

2. Das Unterscheidungskriterium ist die Realität: Anschauungsmodelle sind real, Denkmodelle nur im Kopf vorhanden (Kap. 6.1).

3. 1 → A, B, H; 2 → D, E; 3 → D, E, G; 4 → C; 5 → A, B, F; 6 → A, B, C, F, G, H; 7 → D, E, G; 8 → A, B, F, H; eine Zuordnung ist zu mehreren Kriterien möglich, die Zuordnungen sind nicht immer eindeutig.

4. Ähnlichkeit zum Original, Einfachheit, Exaktheit, Fruchtbarkeit (Kap. 6.3).

5. Begriffsbildung, Wesentliches kann erkannt werden, Zusammenhänge werden sichtbar, Vereinfachung und Ordnung, Erweiterung mentaler Modelle (Kap. 6.3).

6. Fähigkeit zum Umgang mit Modellen im Unterricht (Modellkritik, Grenzen des Modells etc.; Kap. 6.5).

7. Ein Modell ist immer «falsch» oder nicht ganz richtig: Es muss herausgearbeitet werden, wo die Entsprechungen zur Realität stimmen und wo die Grenzen des Modells liegen, damit keine falschen Vorstellungen von Sachverhalten entstehen.

8. Begriffliche Analogie, Gleichnis oder Parabel (Kap. 6.4).

9. Das Zusammenspiel zwischen der fachlichen Klärung (Inhalte), den Lernerperspektiven (Vorwissen der Lernenden) und der didaktischen Strukturierung (Planung des Unterrichts), bei dem die verschiedenen Prozesse immer wieder neu aufeinander abgestimmt werden müssen. Dadurch ändert sich das Modell ständig, d. h. je nach Situation, und ist somit dynamisch. (Kap. 3).

10. Friedensfrage, Nationalität vs. Internationalität, Umweltproblem vs. wachsende Weltbevölkerung, gesellschaftliche Ungleichheit, Industriegesellschaften versus Entwicklungsländer, Möglichkeiten und Gefahren technischer Steuerungs-, Informations- und Kommunikationsmittel, Verhältnis der Geschlechter.

6.8   Anregungen für die Schulpraxis und zum Weiterstudium

Fachdidaktikbücher mit weiteren Hinweisen zum Thema Modelle

■ *Groppengießer, H. & Kattmann, U.* (Hrsg.) (2008). *Fachdidaktik Biologie.* 8. Aufl., Köln: Aulis Verlag.

■ *Grygier, P., Günther, J., & Kircher, E.* (2004). *Über Naturwissenschaften lernen. Vermittlung von Naturwissenschaftsverständnis in der Grundschule.* Baltmannsweiler: Schneider Verlag Hohengehren.

■ *Mikelskis-Seifert, S.* (2006). Modellmethode als epistemologisches und didaktisches Konzept. In S. *Mikelskis-Seifert* (Hrsg.), *Physik-Didaktik. Praxishandbuch für die Sekundarstufe I und II.* (S. 120 –138). Berlin: Cornelsen.

Modelle zum Selbermachen

■ In der Serie «Unterricht Biologie» (bzw. Chemie, Physik) der Hefte aus dem Friedrich Verlag finden sich viele praktische Anregungen zum Selberherstellen und zum Einsatz von Modellen, z.b. *Unterricht Biologie (Heft Nr. 160,* 1990), *Unterricht Chemie (Hefte Nr. 66/67), Unterricht Physik (Heft 35,* 1996).

■ Empfehlenswert ist auch der Band «Optische Geräte» aus der Unterrichtsreihe des Aulis Verlages. (*Engelhardt, P., Herdt, D. & Wiesner, H.* (2003). *Unterricht Physik. Experimente – Medien – Modelle. Band 3/1,* Optische Geräte. Köln: Aulis Verlag.)

■ Im Internet finden sich unter dem Stichwort «Modelle bauen» viele Anleitungen, so z.B. die Anleitung zum Bau einer Kläranlage (*http://www.play-with-water.ch/ d4/*; Stand: 17.05.2013).

■ Ferner sind für die Praxis auch Beispiele aus Jugendbüchern nützlich, wie der «was ist was?»-Reihe oder der Reihe «Tessloffs superschlaues Antwortbuch» zu den Themen Technik, Natur und Tiere, unser Körper, etc. von R. *Köthe* (2007).

■ Für alle naturwissenschaftlichen Fächer (Stufen 1–9) finden sich ebenfalls Anregungen in: *Schmidt, H. & Byers, A.* (2012). *Biologie einfach anschaulich. Begreifbare Biologiemodelle zum Selberbauen mit einfachen Mitteln.* Mühlheim an der Ruhr: Verlag an der Ruhr.

Didaktische Modelle

■ Hinweise zu didaktischen Modellen finden Sie in den Büchern zur allgemeinen Didaktik, besonders empfehlenswert für Naturwissenschaften ist: *Wagenschein, M.* (1999). *Verstehen lernen. Genetisch, Sokratisch, Exemplarisch.* (1968; 7. durchgesehene Auflage). Weinheim: Beltz.

7 Zugänge zum naturwissenschaftlichen Lernen öffnen

Marco Adamina und Kornelia Möller

Lehren im naturwissenschaftlichen Unterricht ist in erster Linie darauf ausgerichtet,

■ das *Verstehen* von Erscheinungen, Situationen und Prozessen in der Natur und in der Technik zu unterstützen (Zugang zu grundlegenden Konzepten),

■ *Fähigkeiten und Fertigkeiten* zum zunehmend eigenständigen Erschließen, Bearbeiten, Klären und Festhalten bzw. Präsentieren von Sachen und Situationen zu fördern (Zugang zu Methoden der Erkenntnisgewinnung),

■ zur Entwicklung von *Interessen und Neugierde* beizutragen,

■ Erfahrungen zu ermöglichen und die Entwicklung von Handlungsbereitschaften zu fördern,

■ und dabei die Entwicklung von *Selbstwirksamkeit und Dialogfähigkeit* zu unterstützen, damit die Lernenden sich das Selber-Herausfinden und -Verstehen zutrauen und sich austauschen können.

Um diese Ausrichtung im Arrangement von Unterricht aufzunehmen, sollten Schülerinnen und Schüler beim Lernen im naturwissenschaftlichen Unterricht Gelegenheiten haben,

...für sie bedeutsame Fragen und Probleme aufzunehmen	...eigene Vorstellungen und Vorkenntnisse einzubringen	...eigene Ideen zu entwickeln, umzusetzen und zu gestalten
...anspruchsvolle und auch längerdauernde Lernprozesse anzugehen	...über die Begegnungen mit Sachen sowie über Lernerfahrungen und über Lernwege nachzudenken	
...Sachen und Situationen nachzugehen, weiter zu denken, zu vergleichen, anzuwenden und zu übertragen	...sich auszutauschen, gemeinsam Anliegen aufzunehmen, eigene Ideen zu begründen und Begründungen anderer zu überprüfen	

Die genannten Lerngelegenheiten betonen ein eigenständiges, aktives, kooperatives, reflexives und anwendungsbezogenes Lernen von Naturwissenschaften in bedeutsamen Kontexten und folgen damit neueren sozial-konstruktivistischen und kognitiv-konstruktivistischen Ideen (vgl. Kap. 4.4). Die im folgenden Kapitel vorgestellten Zugänge sollen *Möglichkeiten* aufzeigen, diese Intentionen in der Gestaltung von Lernprozessen aufzugreifen.

7.1   Grundlegende Prinzipien für Zugänge im naturwissenschaftlichen Unterricht

Seit jeher wurden im Zusammenhang mit dem naturwissenschaftlichen Lernen Ideen, Anregungen und Empfehlungen zur Gestaltung von Zugängen im Unterricht entwickelt. Schon Comenius, Pestalozzi, Diesterweg und Harnisch betonten im sogenannten Realien- und Anschauungsunterricht z. B. die originale Begegnung, das eigene Nachdenken und die Selbstständigkeit der Lernenden. Weitere Ideen und Gedanken entstanden innerhalb reformpädagogischer Strömungen zu Anfang des 20. Jahrhunderts: Mit Bezug auf die bereits entwickelte «Anschauungspädagogik» wurden dabei die Erlebnisorientierung, der Handlungsbezug, die eigenständige und projektartige Erschließung von Sachen und Situationen, das freie Gespräch und das von eigenen Erfahrungen ausgehende Nachdenken über die Dinge aufgenommen, so z. B. von Dewey, Gaudig, Geheeb, Kerschensteiner, Hahn und Montessori. Martin Wagenschein entfaltete diese Gedanken in dem von ihm begründeten «genetischen» Unterricht seit den 50er- und 60er-Jahren weiter. Seit 1970 wurde die Diskussion vor allem im naturwissenschaftlichen Anfangsunterricht durch Fragen der Sach- und Wissenschaftsorientierung einerseits und der Orientierung an den Interessen und den Denkweisen der Lernenden andererseits geprägt.

Im Zusammenhang mit empirischen Ergebnissen aus der neueren Lehr- und Lernforschung (vgl. dazu Kapitel 4 zu Conceptual-Change-Ansätzen) lassen sich einige grundlegende Prinzipien und Folgerungen für die Ausrichtung von Zugängen im naturwissenschaftlichen Unterricht ableiten (vgl. obere Abbildung rechts). Dabei zeigen sich erstaunliche Ähnlichkeiten zwischen Ideen und Postulaten aus früheren Zeiten und den Folgerungen aus der neueren Forschung. Die untere Abbildung zeigt unterschiedliche Formen der Begegnung und Auseinandersetzung mit naturwissenschaftlichen und technischen Phänomenen, welche eine Rhythmisierung in der Gestaltung von Lernprozessen ermöglichen.

In den folgenden Abschnitten werden drei Zugänge für das naturwissenschaftliche Lernen näher beleuchtet: das handlungsbezogene, genetische und problemorientierte Lernen. Dabei handelt es sich um Ansätze, die in bestimmten Kontexten entstanden sind, wobei auf einige Prinzipien der Unterrichtsgestaltung in besonderer Weise fokussiert wird. Sie überschneiden sich in manchen der aus ihnen gezogenen konkreten Folgerungen für die Unterrichtsgestaltung, unterscheiden sich jedoch in den ihnen zugrunde liegenden Kernideen.

Grundlegende Prinzipien zur Ausrichtung von Unterrichtssequenzen

Originale Begegnung
Möglichst direkte, authentische Begegnung mit den Sachen und Situationen vor Ort durch Erfahrung und Erkundung

Bewusste Wahrnehmung
Hinwendung zur Sache durch bewusstes und gezieltes Betrachten und Beobachten, Hören, Tasten...

Situierung, Erfahrungsbezug
Bezug zu eigenen Erfahrungen, Vorstellungen und eigenem Vorwissen; Anknüpfen an authentischen, für die Lernenden bedeutungsvollen Situationen

Grundlegende Prinzipien für Zugänge im naturwissenschaftlichen Unterricht

Aktivierung, Handlungsbezug
in Sinne von eigenständigem und selbstbestimmten Erschließen von Sachen und Situationen, von eigenem Handeln verbunden mit gedanklichem Ordnen

Strukturierung, Orientierung
Herstellen von Zusammenhängen zwischen Teilinhalten, Verorten von Beispielen zu allgemeinen Konzepten, Einordnen von Abläufen, z. B. mithilfe von «Advanced- und Post-Organizern»

Fragen-, Problemorientierung
Fragen und Probleme mit Bezug zu Sachen und Situationen als Ausgangspunkte für Lernprozesse; Fragen, Probleme mit Lücken und Widersprüchen als anspruchsvolle, offene Lernaufgaben

Verschiedene, sich ergänzende Formen der Begegnung und Auseinandersetzung mit naturwissenschaftlichen Themen

ästhetisch
durch sinnliche Wahrnehmung, sinnhafte, bedeutungsstarke Bezüge

forschend – erkundend
durch das Explorieren und Erschließen in der direkten Begegnung

intuitiv – expressiv
durch emotionale, ausdrucksstarke Bezüge, Empfindungen

fragend – dialogisch
durch das Aufnehmen/Unterbreiten von Fragen, den Dialog und Diskurs

Formen der Begegnung und Auseinandersetzung

logisch – quantitativ
durch Sammeln, Zählen, Messen, Vergleichen, Experimentieren u. a.

narrativ
durch «Geschichten» und «Erzählungen», biografische Bezüge u.a.

sich informierend
durch das Erschließen und Bearbeiten von Informationen

verortend – orientierend
durch Ordnen, Verbinden, Strukturieren, Modellieren, Analogien bilden u.a.

handelnd – gestaltend
durch das eigene Handeln, durch Nachkonstruieren, Gestalten

7.2   Fokus 1: Ansätze handlungsbezogenen Lernens

Bereits in der Reformpädagogik finden sich verschiedene Ansätze, die auf das Handeln Bezug nehmen. So betonen Kerschensteiner das handwerkliche Schaffen, Dewey und Kilpatrick das «learning by doing» in relevanten Situationen, Gaudig die mit dem Schaffen verbundene freie geistige Tätigkeit und Montessori den stimulierenden Einfluss des Umgangs mit Dingen auf die geistige Entwicklung des Kindes.

Piaget kommt das Verdienst zu, auf die grundlegende Bedeutung des Handelns für das sich entwickelnde Denken bei Lernenden aufmerksam gemacht zu haben. Auch wenn die Stadientheorie Piagets aufgrund einer Vielzahl neuerer Untersuchungen nicht mehr aufrechtzuerhalten ist, bleibt die Grundaussage der Theorie Piagets zur geistigen Entwicklung unangetastet: Anspruchsvolle geistige Operationen gelingen besser, wenn die Gegenstände, auf die sich die geistigen Operationen beziehen, anwesend sind oder wenn konkrete, zuvor im Handeln erworbene Vorstellungen vorhanden sind. Anknüpfend an Piagets Theorie der geistigen Entwicklung, betont Aebli die Notwendigkeit von Handlungen beim Aufbau geistiger Operationen. «Soweit als möglich muss man dem Schüler, der tastend nach Lösungen sucht, Gelegenheit geben, die Operation effektiv auszuführen» (Aebli, 1976, S. 96). An die Lehrkraft stellt dieser Ansatz die Forderung, dort, wo es nötig ist, Handlungsgelegenheiten zu schaffen, die den Erwerb theoretischer Begriffe und Operationen unterstützen (Kap. 8).

Im Unterricht werden handlungsbezogene Zugänge vor allem in Formen des Forschens, Erkundens, Erprobens, Untersuchens und Herstellens realisiert (vgl. Beispiele rechts und Kap. 9). Entscheidend ist hierbei der Grad der Vernetzung mit gedanklichen Aktivitäten: Besteht kein Zusammenhang zwischen Handlungsstrukturen und angestrebten Denkstrukturen, so handelt es sich eher um einen «praktizistischen» Unterricht, dem es zwar um Motivierung und Selbsttätigkeit der Lernenden geht, der sich aber kaum förderlich auf das Denken und die Lernergebnisse auswirkt (Möller, 2007b).

Beim Einbezug von Handlungsformen ist es deshalb entscheidend, die Funktion von Handlungen für den Aufbau- und Verstehensprozess im Blick zu behalten. Im angelsächsischen Bereich wird hierfür die treffende Bezeichnung *«hands on and brains on»* verwendet. Berücksichtigt man diese Forderung, so erweisen sich handlungsbezogene Unterrichtssituationen im Lichte der neueren Conceptual-Change-Forschung als geeignete Zugänge, da sie das aktive Konstruieren von Wissen unterstützen, die Überprüfung von Vermutungen und Ideen ermöglichen sowie die Anwendung des Gelernten fördern.

Handlungsbezogenes Lernen im naturwissenschaftlichen Unterricht im Lichte aktueller Conceptual-Change-Ansätze

(vgl. Kapitel 4.4)

Im naturwissenschaftlichen Unterricht lassen sich verschiedene Handlungsformen nutzen (Kap. 9), z. B. das Beobachten (bei der Untersuchung des Lösens von Salz in Wasser), Herstellen (Aufbau eines elektromagnetischen Schalters, eines einfachen Luftdruckbarometers), Untersuchen (Kettengetriebe beim Fahrrad, Wirkung von Magneten), Erproben und Testen (Funktionsfähigkeit eines selbst hergestellten Fahrzeugs mit Steuerung), Experimentieren (Abhängigkeit der Verdunstung von Temperatur, Oberfläche, Wind) und Erkunden (Geländeformen). Solche Handlungsprozesse fördern den Aufbau von Vorstellungen in vielfältiger Art und Weise:

- Handlungen unterstützen die für konzeptuelle Veränderungen notwendige **Erkenntnis, dass bereits vorhandene Vorstellungen Grenzen** haben: Lernende, die glauben, dass Salz beim Lösen verschwindet, kommen zum Beispiel ins Zweifeln, wenn sie die Lösung probieren. Handlungen tragen so dazu bei, die Belastbarkeit von Vorstellungen in realen Situationen zu evaluieren. *(1. Bedingung für Conceptual Change von Posner et al., 1982)*

- Handlungen können dazu beitragen, **neue Konzepte verständlich zu machen,** wenn – im Sinne Aeblis – Denkstrukturen mit Handlungsstrukturen verknüpft sind. Das Verbinden einer kleinen Glühlampe mit Batterie und Leitungen, das genaue Beobachten der Anschlussstellen zwischen Glühlampe und Leitungen sowie das Untersuchen einer aufgeschnittenen Glühlampe helfen beim Aufbau einer Vorstellung über den Verlauf des Stroms von der Batterie zur Glühlampe und wieder zurück. *(2. Bedingung für Conceptual Change von Posner et al.,1982)*

- Handlungen, die in reale Kontexte eingebettet sind (wie z. B. das Erproben des Schwimmens eines Holzstammes in einem nahe gelegenen Teich), können **die Plausibilität neuer Konzepte** unterstreichen. *(3. Bedingung für Conceptual Change von Posner et al., 1982)*

- Im Handeln können Lernende auch erfahren, dass ihr entwickeltes Konzept sich in der Anwendung bewährt, also **«fruchtbar»** ist, eine weitere Bedingung für konzeptuelle Veränderungen. Dies ist möglich, wenn Lernende Erfahrungen und Situationen aus ihrer Lebenswelt mithilfe erarbeiteter Vorstellungen verstehen können, z. B. wenn sie das Aufsteigen eines schwimmenden Menschen im Wasser beim starken Einatmen deuten können. Auch die Erfahrung, dass verstandene Konzepte das Erstellen von Handlungsprodukten unterstützen oder sogar erst ermöglichen, lässt«Fruchtbarkeit» des Gelernten erleben. *(4. Bedingung für Conceptual Change von Posner et al., 1982)*

- Durch die Aussicht, etwas erforschen, untersuchen, erproben oder bewirken zu können, üben Handlungen eine aktivierende Funktion aus und wirken vor allem bei vielen jüngeren Lernenden aufmerksamkeitssteigernd. Da konzeptuelle Veränderungen Mühe und Anstrengungsbereitschaft erfordern (vgl. die sogenannten heißen Conceptual-Change-Theorien), können Handlungen die Lernenden dazu **motivieren**, diese Anstrengung auf sich zu nehmen.

- Handlungen finden zumeist in sozialen Gefügen statt. Der dabei vorhandene Austausch in der Lerngruppe fördert das **Prüfen und Entwickeln von Vorstellungen im gemeinsamen Diskurs** (Kap. 15), wodurch individuelle Denkprozesse stimuliert werden können. Der in der Theorie des Sozialen Konstruktivismus benutzte Begriff «shared cognition» kennzeichnet diesen Prozess treffend (vgl. die sogenannten Conceptual-Change-Theorien).

7.3   Fokus 2: Ansätze genetischen Lernens

Wagenschein (1968) entwickelte den Ansatz des genetischen Unterrichts für den mathematischen und naturwissenschaftlichen Bereich. Er ist als Gegenentwurf zu einem Unterricht zu verstehen, der sich auf die Weitergabe fertiger Wissensbestände beschränkt. Genetischer Unterricht soll Lernenden die Möglichkeit geben, Wissen durch eigenes Nachdenken zu erwerben und – in diesem Prozess des Generierens von Wissen – auch zu verstehen. Den Begriff des «Genetischen» entfaltet Wagenschein als *genetisches-sokratisches-exemplarisches* Lehren. *Genetisches* Lehren führt, so Wagenschein, ohne Bruch vom Sehen zum Verstehen, vom Nachdenken über auffällige Phänomene in die wissenschaftliche Denkweise hinein. Die Gesprächsführung im Unterricht soll *sokratisch* sein: In Anlehnung an Sokrates soll die Lehrperson das Gespräch mit den Schülerinnen und Schülern leiten, nicht dozierend, informierend, Ergebnisse und Fertiges unterbreitend, sondern dialogisch, Beiträge der Lernenden aufnehmend, stimulierend und provozierend. *Exemplarität* bedeutet eine begründete Beschränkung auf beispielhafte Themen und Arbeitsweisen, mit dem Ziel, Zeit für eine vertiefte Auseinandersetzung zu gewinnen.

Die Ziele des genetischen Unterrichts fasst Wagenschein so zusammen: Es geht um Einwurzelung des Wissens, das heißt um die Verknüpfung des Erlernten mit der erlebten Wirklichkeit des Lernenden, um produktive Findigkeit, das heißt um eine Erziehung zum kritischen, argumentierenden Denken sowie um die Nutzung der angeborenen Denk- und Lernlust des Kindes.

In der deutschsprachigen Didaktik wurde Wagenscheins Ansatz z. B. von Köhnlein (2012, S. 97 ff) für den Sachunterricht sowie von Roth, Klafki, Berg und Rumpf für die Erziehungswissenschaft mit Bezügen zu Fachdidaktiken aufgegriffen. In der angelsächsischen Literatur ist der Ansatz auch wegen mangelnder Übersetzungen noch wenig verbreitet – einzig der Begriff «socratic dialogue» findet sich dort als methodisches Arrangement im Zusammenhang mit sozial-konstruktivistischen Positionen. Inhaltlich verwandt ist allerdings der auf Bruner zurückgehende und in den 1960er-Jahren entwickelte Ansatz des «discovery learning» wie auch der in der heutigen angelsächsischen Naturwissenschaftsdidaktik verbreitete «scientific-inquiry»-Ansatz (Kap. 9). Mit dem Grundgedanken des «Genetischen» verwandte Begriffe finden sich auch in der deutschsprachigen Didaktik: Forschend-entdeckendes Lernen und kognitiv aktivierendes Lernen sind Beispiele hierfür. Zu Zugängen, die auf der Basis neuerer Conceptual-Change-Theorien entwickelt wurden (Kap. 4), hat der genetische Ansatz eine große Affinität (Möller, 2007a).

Facetten des Genetischen

(Möller, 2001)

Bei einem genetischen Zugang können verschiedene Facetten unterschieden werden:

- aus *individual-genetischer Perspektive* geht es um den Aufbau von Wissen durch die Lernenden, um das Überprüfen von Vermutungen und das selbsttätige Schließen,
- aus *logisch-genetischer Perspektive* ergibt sich die Forderung an die Lehrkraft, eine geeignete Auswahl, Anordnung und Strukturierung der Lerninhalte vorzunehmen,
- aus *historisch-genetischer Perspektive* stellt sich die Frage, ob Lerninhalte durch den Einbezug historischer Kontexte und Entwicklungen interessant und lernförderlich gestaltet werden können.

Ein Beispiel für die 3.–6. Klasse zur Verknüpfung der Facetten:

In einem *individual-, logisch- und historisch-gene-tisch* angelegten Unterricht bearbeiteten wir das Thema «Luftdruck und Vakuum entdecken». Ausgehend von Erfahrungen, die Kinder bereits bei der Bearbeitung des Themas Luft gemacht hatten, stellte sich die Frage, ob eigentlich überall Luft sei oder ob es auch einen Raum ohne Luft geben könne. Erzählungen aus der Geschichte über Spekulationen zum «Horror vacui» regten dazu an, selbst ein Vakuum herzustellen (mit Strohhalmen, Vakuumpumpen, Kerzen usw.). Guerickes historischer Halbkugel-Versuch wurde im Film betrachtet und mit «Saugpumpen» nachgestellt; die ungeheure Wirkung des Luftdrucks konnte anschließend anhand von Alltagsphänomenen erfahren werden (Saughaken, Einmachgläser, Saftflaschen, Vakuumverpackungen ...) *(historisch-genetischer Aspekt)*.
Bei der weitgehend selbsttätigen Deutung der Experimente und Phänomene vollzogen die Lernenden einen wichtigen Konzeptwechsel: Sie veränderten ihre Alltagsdeutung, dass Luft weg*gesaugt* wird (z. B. beim «Saugen» mit einem Strohhalm) in das Konzept «Luft *drückt*».

Mit dieser Konzeptveränderung war es möglich, alltagsweltliche Phänomene, wie zum Beispiel die Funktionsweise eines Staubsaugers oder das Haltbarmachen von Lebensmittel auf das Herstellen eines Vakuums zurückzuführen. Den Lernenden war der Aufbau wissenschaftsnaher Konzepte gelungen *(individual-genetischer Aspekt)*. Voruntersuchungen hatten gezeigt, dass Lernschwierigkeiten dadurch entstanden, dass das Druckkonzept für die Lernenden nicht plausibel genug war. Wieso soll Luft, die man nicht spürt, drücken? Wir veränderten daraufhin den Aufbau unseres Unterrichts und begannen mit der Frage, ob Luft etwas wiegt oder nicht. Auch hier machten historische Bezüge die Fragestellung authentisch. In einem Experiment, das die Lernenden selbst entwickelten, stellten sie fest, wie viel ein Liter Luft wiegt. Wie schwer die Luft auf uns lastet, wurde über Vergleiche verständlich gemacht. Diese *logisch-genetische Anordnung* von Lernschritten half den Schülerinnen und Schülern, das Saugkonzept in das Konzept «Luft drückt» zu überführen. (Möller et al., 2007, Klassenkiste Luft und Luftdruck)

7.4   Fokus 3: Ansätze des problem- und projektorientierten Lernens

Ansätzen des problem- und projektorientierten Lernens und der Anwendung von Wissen und Können in neuen Situationen wird in jüngerer Zeit wieder mehr Bedeutung im naturwissenschaftlichen Unterricht beigemessen (Kap. 1). Diese Entwicklung steht insbesondere auch in Verbindung mit Ergebnissen aus den internationalen Schulleistungsstudien von TIMSS und PISA und Ergebnissen aus der fachdidaktischen Lehr- und Lernforschung (Kap. 4). Diskutiert wird vor allem, dass der naturwissenschaftliche Unterricht zu wenig auf Verstehen und Wissensanwendung ausgerichtet ist, und dass Fähigkeiten des selbstgesteuerten und kooperativen Lernens zu wenig gefördert werden. Zudem wird der mangelnde Bezug zu außerschulischen Erfahrungen kritisiert (Kap. 11). Schulisches Lernen beschränkt sich allzu häufig auf sogenanntes träges Wissen, das außerhalb des schulischen Kontextes kaum nutzbar ist.

Ausgangspunkte für problemorientierte Lernsituationen bilden bedeutsame – nicht bereits vorsorglich reduzierte – Fragen und Probleme bzw. durch die Lehrenden initiierte Problemstellungen und Situationen aus der Lebenswelt der Lernenden. Diese werden im Verlaufe des Unterrichts unter Einbezug von Erfahrungen und Vorstellungen der Lernenden aufgenommen, in Teilfragen und -probleme aufgeteilt, bearbeitet und geklärt. Dabei treten neue Fragen, Un- oder Scheinklarheiten auf, denen nachzugehen und nachzuspüren ist. Neue Erkenntnisse werden auf andere Situationen der Lebenswelt übertragen und «geprüft». Bei dieser Auseinandersetzung mit Erscheinungen und Situationen stehen fragend-entdeckende (Kap. 9), aktiv-handelnde, im Dialog und Austausch mit anderen (Kap. 15) geführte Zugänge im Vordergrund (Einsiedler, 1994). Beim projektorientierten Lernen spielen zudem das Mitwirken bzw. das gemeinsame Planen, Sich-Ziele-Setzen, die Durchführung von Vorhaben und das Lösen von lebensweltlichen Problemen eine bedeutende Rolle. Dabei sind Aspekte der Selbstorganisation, der Arbeitsteilung und -absprache, der Ko-Konstruktion und Kooperation von großer Bedeutung.

Ansätze eines problem- und projektorientierten Lernens führen insbesondere zurück zu Dewey und Kilpatrick (1935), die mit dem Ziel einer verstärkten Erfahrungs- und Handlungsorientierung ein Lernen durch problemlösendes Arbeiten in gesellschaftlich relevanten Projekten forderten, das sie in einen demokratiefördernden Kontext stellten. Dieser Ansatz hat Gemeinsamkeiten mit entdeckenden bzw. forschenden (Inquiry Approach), handlungsorientierten und genetischen Zugängen.

Schritte der «Denkenden Erfahrungsverarbeitung» im Rahmen eines problem- und projektorientierten Unterrichtsverlaufs

(in Anlehnung an Dewey, 1993 (1916) und Gudjons, 2001; siehe auch Kap. 9)

Verschiedene Grade der Selbstorganisation, des eigenständigen und kooperativen Arbeitens, der Mitwirkung und Partizipation der Lernenden	**Eine Frage, ein Problem, eine Idee als Ausgangspunkt**	«Durch Befremdung, Verwirrung oder Zweifel begegnet man einer Schwierigkeit»[1] – Situationsbezug, Interessen, Relevanz, Bedeutung
	Ideen, Fragen, Probleme situieren; Vermuten, Deuten u. a.	«Die Schwierigkeit wird lokalisiert, präzisiert …», eine Deutung, «Vorausberechnung» wird vorgenommen. Vorwissen, Vorstellungen, Bezugspunkte, Ideen weiterentwickeln
	Planen, Vorgehen besprechen, Ideen erörtern	Wie können wir das Problem, das Vorhaben aufnehmen, angehen, bearbeiten? Zielgerichtete Planung des Vorhabens, des Projektes
	Erkunden; Informationen erschließen; Befragen; «Erforschen»	«Erkundungen klären das Problem auf und machen mögliche Lösungen und Ergebnisse sichtbar.» Ergebnisse werden ausgetauscht, ergänzt, «mit Vermutungen kontrastiert».
	Auswerten, Übertragen, Anwenden	«Eine logische Problembewältigungsstrategie wird angenommen und probehalber umgesetzt.»
	Evaluieren, Reflektieren	«Eine Evaluierung der Konsequenzen führt zur Annahme oder Ablehnung der Strategie. Die Reflexion ist ein unbedingter Bestandteil der denkenden Erfahrung.»

[1] in Anführungszeichen: Zitate aus Dewey (1993, S. 201, [1916]).

«Woher kommen diese Riesensteine?»
Die Schülerinnen und Schüler der 5. Klasse haben ihre Umgebung erkundet und dabei eine Frageliste zusammengestellt zu Dingen, die sie über ihre Umgebung nicht wissen und kennen, so z. B. *«Woher kommen die Riesensteine auf dem Pausenplatz?», «Warum hat es auf dem Spielfeld beim Schwimmbad immer so viele Pfützen (Wasserlachen)?*

Im Klassengespräch werden die Fragen aufgenommen und geordnet. Die Schülerinnen und Schüler wählen, welche Fragen sie besonders interessieren, und bilden Forschergruppen nach Interessen. Das Vorgehen wird besprochen, «Forscherpläne» erstellt, Erkundungen, Befragungen und Recherchen durchgeführt sowie Ergebnisse zusammengestellt und ausgetauscht. Eine Ausstellung wird gestaltet, und die Parallelklasse kommt zum «Forscheraustausch», wobei Ergebnisse und Forscherwege besprochen werden. Eine gemeinsame Erkundung der «Objekte» und der nahe gelegenen Kiesgrube bildet den Abschluss.

7.5   Aktiv-entdeckende, eigenständige und dialogische Lerngelegenheiten im naturwissenschaftlichen Unterricht

In den vorangehenden Abschnitten wurden grundlegende Prinzipien und Ansätze zur Gestaltung naturwissenschaftlichen Unterrichts sowie entsprechende Entwürfe für Lernarrangements beschrieben. Dabei wurde auf Ansätze fokussiert, welche auf möglichst authentische, für die Lernenden bedeutsame Fragen ausgerichtet sind und bei welchen aktiv-entdeckendes, individuell-konstruktives, dialogisches und reflexives Lernen betont wird (vgl. 4.1). Entsprechende Lernmöglichkeiten sollten auf jeder Schulstufe angeboten werden. Dazu gehören auch originale und länger dauernde – z. B. über Jahreszeiten hinweg oder in bestimmten Phasen eines Prozesses – Begegnungen mit Objekten, Erscheinungen oder Personen sowie das eigenständige Erschließen von Sachen und das gemeinsame Entwickeln und Umsetzen von Vorhaben.

Im Rahmen des Projektes «HarmoS Bildungsstandards Naturwissenschaften» (Kap. 1.5; Konsortium HarmoS Naturwissenschaften+, 2008) wurden sieben Typen von Lerngelegenheiten beschrieben, die einer solchen Ausrichtung entsprechen. Diese Lerngelegenheiten, oft verbunden mit entsprechenden Lernaufgaben (Kap. 8), ergänzen Arrangements im Unterricht, die in stärker angeleiteter Form auf die Entwicklung grundlegender Kompetenzen zielen.

In solchen Arrangements werden Anliegen genetischer, handlungs-, problem- und projektorientierter Ansätze (vgl. 4.2–4.4) aufgenommen. Verbunden damit ist die Förderung bereichsspezifischer *und* überfachlicher Kompetenzen wie eigenständiges Arbeiten, Kooperieren, Mitteilen und Austauschen, Gestalten und Umsetzen. Ausgegangen wird dabei von exemplarisch-repräsentativen Themen bzw. von Frage- und Problemstellungen (z. B. ein ausgewählter Lebensraum, ein Naturphänomen, technische Entwicklungen), zu welchen im Rahmen von Lernsituationen Erkenntnisse und Vorstellungen erweitert, verändert sowie persönliche Bezugspunkte vertieft werden können. Derartige Lerngelegenheiten sind komplex angelegt und häufig auf das Anwenden und Übertragen bereits aufgebauter und geübter Fähigkeiten ausgerichtet. Sie setzen eine angemessene Balance von angeleiteten *und* selbstgesteuerten Sequenzen, das Anknüpfen an Erfahrungen *und* die Hinwendung zu (neuen) sachbezogenen Auseinandersetzungen voraus und erfordern die unterstützende Begleitung durch die Lehrperson (vgl. Kap. 12). Gleichzeitig ermöglichen sie vertiefte Einblicke in Lernprozesse und -ergebnisse und geben Hinweise für die weitere Planung des Unterrichts.

Typen und Beispiele von aktiv-entdeckenden, eigenständigen und dialogischen Lerngelegenheiten im naturwissenschaftlichen Unterricht

Typ 1: **Fragen nachgehen, über Situationen nach- und vordenken**	In gemeinsamen Lernsituationen «großen Fragen» zu Natur und Technik nachgehen (z.B. Wann ist etwas lebendig und wann nicht? Wie ist der Traum vom Fliegen möglich?).
Typ 2: **Fragen, Phänomenen und Situationen fragend-entdeckend («forschend») nachgehen**	Exemplarisch Fragen zu Natur und Technik auf explorierende oder experimentierende Art nachgehen (z.B. zu den Themen Energieumwandlungen, Wiesen und Weiden bzw. zu Fragen der Art «Wie funktioniert dieses Gerät, diese Anlage?»).
Typ 3: **Situationen in natürlichen Lebensräumen oder technischen Umgebungen begegnen und erkunden**	Erfahrungen und Erkenntnisse aus Erkundungen in der direkten Begegnung mit Lebewesen, Sachen, Objekten, Erscheinungen, Situationen aufnehmen und dokumentieren (z.B. im Rahmen einer Land- bzw. Bergschulwoche, einer Exkursion, an außerschulischen Lernorten in der Umgebung).
Typ 4: **Über längere Zeit exemplarisch Vorgänge beobachten und vergleichen**	Wie Typ 3 – Der Fokus liegt auf der wiederkehrenden Begegnung, der Wahrnehmung von Veränderungen und Entwicklungen und deren Verarbeitung und Dokumentation (z.B. Beobachtungen am Nachthimmel zu verschiedenen Jahreszeiten oder in einem Lebensraum vom Frühling bis zum Frühwinter).
Typ 5: **Fachpersonen aus dem Bereich Natur und Technik begegnen**	Der Fokus richtet sich auf authentische, originale Begegnungen mit verschiedenen Berufsfeldern und Tätigkeiten im Bereich von Natur und Technik (z.B. Revierförster, Chemikerin im Labor, Tierärztin, Automechaniker, Landwirtin, Arbeiter auf der Baustelle). U.a. sollen Gespräche mit Personen der Arbeitswelt und Einblicke in deren Tätigkeit ermöglicht werden.
Typ 6: **Ideen, Perspektiven entwickeln; Umsetzungsmöglichkeiten entwerfen, Gestalten, Partizipieren und Mitwirken**	Im Vordergrund stehen das Entwickeln von Ideen im Umgang mit natürlichen Ressourcen, die Gestaltung der eigenen Umgebung, die Entwicklung von technischen Geräten o. Ä. und das entsprechende Umsetzen sowie die Beteiligung bei Umsetzungsprozessen im Rahmen von projektartigen Vorhaben (z.B. ein Projekt zum Thema Natur in der Schulhausumgebung, Bewegung und Gesundheit, Energie sparen im Alltag).
Typ 7: **Eigenständig Fragen zu natürlichen und technischen Erscheinungen nachgehen**	Bei diesem Typ steht das eigenständige Entwickeln, Planen, Realisieren, Präsentieren und Austauschen im Vordergrund. Entsprechende Handlungsaspekte sollen eingeübt und angewendet werden. Dabei werden auch Erfahrungen gesammelt und reflektiert (z.B. Tierhaltung in der Schule, Produkte und Geräte testen, eigenständig «Phänomenen» nachgehen).

Zusammenstellung nach HarmoS Konsortium Naturwissenschaften+ (2008, S. 179–211)

7.6   Tests zur Selbstkontrolle – Anstöße zum Weiterdenken

1. *Vor dem Lesen des Kapitels:*
   Wie haben Sie selber naturwissenschaftlichen Unterricht in der Grundschule
   bzw. der Primarstufe und der Sekundarstufe I erlebt und erfahren? Woran erinnern Sie sich? Gibt es darunter Lernsituationen, in denen Sie Vorstellungen zu
   Sachverhalten und Situationen im Bereich Natur und Technik nachhaltig entwickeln und vertiefte Erkenntnisse gewinnen konnten? Notieren Sie solche Situationen und überlegen Sie: Was machte diese Lernsituationen für Sie bedeutsam
   und lernwirksam?

   Nehmen Sie beim Lesen dieses Kapitels jeweils Bezug zu den Erfahrungen aus
   Ihrer eigenen Lernbiografie und versuchen Sie dabei, entsprechende Verbindungen zwischen Ihren biografischen Erfahrungen und dem vorliegenden Kapitel herzustellen.

2. Wählen Sie eine Lernsequenz oder eine thematische Unterrichtseinheit aus, die
   Sie in letzter Zeit im Rahmen von Unterrichtspraktika oder Ihres Unterrichts
   realisiert haben. Gliedern Sie diese Sequenz in Teilsequenzen, die sich bezogen
   auf die von Ihnen gewählten Zugänge abgrenzen. Beschreiben Sie kurz die einzelnen Teilsequenzen. Welche Prinzipien (vgl. 7.1), welche Formen (7.1), welche
   Ansätze (7.2–7.4) und welche Typen von Lerngelegenheiten (7.5) haben Sie bei
   Ihrem Arrangement der Lernsequenz berücksichtigt? Reflektieren Sie mit Bezug
   zu den in diesem Kapitel dargelegten Hinweisen Ihre Lernsequenz. Welche Folgerungen können Sie für die Planung künftiger Arrangements im naturwissenschaftlichen Unterricht ableiten?

3. Vergleichen Sie die vorgestellten Ansätze (7.2–7.4), indem Sie diese durch
   Merkmale charakterisieren und auf Gemeinsamkeiten und Abgrenzungen
   hin analysieren (z. B. handlungsorientiert/genetisch; handlungsorientiert/pro-
   blemorientiert; problemorientiert/projektorientiert, handlungsorientiert/pro-
   blemorientiert). Zeichnen Sie dazu Schnittmengenbilder (vgl. Lösungshilfen).

4. Arbeit in einer Studierendengruppe, in einem Fachteam an einer Schule oder in
   einer Weiterbildungsgruppe: Stellen Sie eine Sammlung von «Stichwortkarten»
   zum Kapitel zusammen und gruppieren Sie diese (vgl. dazu Stichworte zu Aufgabe 2 nebenan). Jede Person nimmt aus jeder Gruppe eine Stichwortkarte, stellt
   den Begriff aufgrund der Lektüre vor und ergänzt diese Erläuterung mit einem
   Beispiel aus der eigenen Unterrichtspraxis. Die anderen Teilnehmenden nehmen
   Stellung zur Präsentation, ergänzen und klären. So können eigene Strukturbilder erweitert, vertieft und geklärt werden.

Lösungshilfen

Zu Aufgabe 2

Prinzipien (7.1): Originale Begegnung; Bewusste Wahrnehmung; Situierung, Erfahrungsbezug; Aktivierung, Handlungsbezug; Strukturierung, Orientierung; Fragen-, Problemorientierung;

Formen der Begegnung und Auseinandersetzung (7.1): ästhetisch, forschend-erkundend; intuitiv-expressiv, fragend-dialogisch, logisch-quantitativ, narrativ, sich informierend, verortend-orientierend, handelnd-gestaltend;

Ansätze (7.2–7.4): handlungsorientiert, genetisch (sokratisch, exemplarisch, genetisch), problem- und projektorientiert;

Typen von Lerngelegenheiten (7.5): Fragen nachgehen, über Situationen nach- und vordenken; Phänomenen und Situationen fragend-entdeckend («forschend») nachgehen usw.

Zu Aufgabe 3

Die vorgestellten Ansätze stammen aus unterschiedlichen theoretischen und historischen Kontexten und sind deshalb nicht trennscharf voneinander abzugrenzen. Dennoch lassen sich Unterschiede und Gemeinsamkeiten herausarbeiten und darstellen. Hilfreich könnte die Darstellung in einem Schnittbild sein: Im Kern werden Gemeinsamkeiten notiert, in den Randbereichen die für den jeweiligen Ansatz typischen Merkmale, die sich nicht mit dem kontrastierten Ansatz überschneiden.

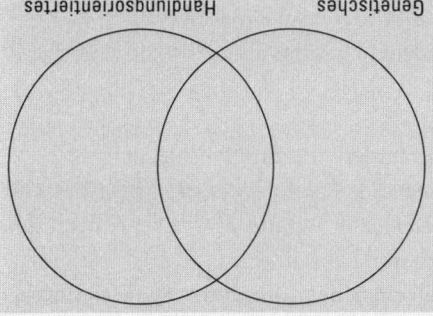

Handlungsorientiertes Lernen   Genetisches Lernen

Handlungsorientiertes Lernen   Problem- und projektorientiertes Lernen

Beispiel:
Handlungsorientierte Zugänge betonen die aktiv-handelnde Auseinandersetzung mit naturwissenschaftlichen Phänomenen. Das kann in nachvollziehenden Formen realisiert werden (z.B. bei einer Einführung in den Umgang mit Experimentiermaterialien), aber auch in problemorientierten Formen, wie z.B. beim Bau eines Luftdruckmessgerätes. Andererseits gibt es Lernformen, in denen problemorientierte Herangehensweisen auf eine rein mentale Art und Weise, ohne konkrete Handlungsvollzüge realisiert werden. Diese Gemeinsamkeiten und Unterschiede lassen sich in das obige Schnittbild übertragen.

7.7   Anregungen für die Schulpraxis und zum Weiterstudium

Anregungen für Umsetzungen in Unterricht und deren Reflexion sowie zur weiterführenden Auseinandersetzung

a)   durch das Erproben unterschiedlicher Zugänge in eigenen Lernprozessen (z. B. einer Frage nachgehen, ein Phänomen oder ein Problem als Ausgangspunkt nehmen, etwas erkunden),

b)   durch weiterführende Literaturrecherchen zu einzelnen Zugängen,

c)   durch das Erschließen von Originalquellen und Spuren von einzelnen Personen, die an Konzeptionen zum naturwissenschaftlichen Unterricht auf verschiedenen Schulstufen gearbeitet haben (z. B. Wagenschein, Dewey),

d)   durch das Entwickeln, Erproben und Reflektieren ausgewählter Zugänge im eigenen Unterricht.

■   **Zu a)** Hinweise und Anregungen dazu finden sich zum Beispiel in *Adamina, M. & Müller, H.* (2008). *Lernwelten: Natur–Mensch–Mitwelt* (4. Auflage.). Bern: Schulverlag blmv AG. Darin: Broschüre EE – Experimente und Erprobungen mit dem eigenen Lernen und Lehren.
In verschiedenen Unterlagen zu Modellversuchen zum naturwissenschaftlichen Unterricht, vgl. dazu die Hinweise in Kapitel 8.8.

■   **Zu b)** Im *Handbuch Didaktik des Sachunterrichts* (*Kahlert* J. et al. (Hrsg.) (2007), Bad Heilbrunn: Klinkhardt), oder in der Reihe *Basiswissen Sachunterricht* (*Kaiser* A. & *Pech*, D. (Hrsg.) (2004), Baltmannsweiler: Schneider Verlag Hohengehren) finden sich verschiedene Beiträge zu Zugangsweisen im Sachunterricht. Zudem lassen sich mit den entsprechenden Stichworten auch im Internet Beiträge erschließen.

■   **Zu c)** Z. B. zu Martin *Wagenschein:* Hinweise und Texte lassen sich auf verschiedenen Wegen erschließen: z. B. «*Verstehen lehren*» (1968); im Internet über das «Wagenschein-Archiv», *www.martin-wagenschein.de;* Weiterentwicklungen z. B. im «Lehrkunst-Ansatz» *www.lehrkunst.ch*, vgl. z. B. *Wagenschein*, M. (2009, 4). *Naturphänomene sehen und verstehen. Genetische Lehrgänge. Das Wagenschein Studienbuch. Reihe Lehrkunstdidaktik, Band 4*, hrsg. von Hans-Christoph *Berg et al.*, Bern, h.e.p. verlag, sowie *Berg et al. (1997–2004)* bzw. *Berg (2009)*, *Aeschlimann (1999)*.
Im Weiteren liegen neu aufgelegt und kommentiert Werke verschiedener Personen vor, so z. B. von Comenius, Dewey und Montessori.

■   **Zu d)** Hinweise, Unterlagen und Praxisbeispiele finden sich z. B. in den Unterlagen der Reihe *Lehr- und Lernmaterialien «Natur–Mensch–Mitwelt» (www.nmm. ch)* und in den Unterlagen zu den KINT-Boxen (Universität Münster, Didaktik des Sachunterrichts und Spectra Verlag Essen, *http://www.spectra-verlag.de/ SID=1197520660/shopneu/erarbeitung/index4.php3)*.

8 Mit Lernaufgaben grundlegende Kompetenzen fördern

Marco Adamina

Wer fährt, muss auch bremsen können

Dampftraktor rammt Kasernenmauer
Paris, 1769: Ingenieur Cugnot verunfallte heute auf der Probefahrt mit dem Dampftraktor. Das Fahrzeug prallte mit großer Wucht in die Mauer der Kaserne. Der Dampfkessel und die Mauer wurden beschädigt. Ingenieur Cugnot dazu: «Ich unterschätzte die Wucht des fahrenden Wagens. Die Bremse war zu schwach.»

Den Anhalteweg untersuchen

- Das wird benötigt: Fahrrad mit Tachometer, Messband, Kreide, Gießkanne mit Wasser.
- Mit dem Fahrrad fährt jemand möglichst gleichmäßig mit einer Geschwindigkeit von 5 km/h. Sobald das Vorderrad den Kreidestrich überfährt, wird kräftig gebremst. Messt die Strecke vom Kreidestrich bis zum Vorderrad, den «Anhalteweg».
- Wiederholt den Versuch mit 5 km/h und dann je zwei- bis dreimal mit 10, 15 und 20 km/h.
- Mit der Gießkanne wird die Fahrbahn nass gemacht (mit viel Wasser), dann werden die gleichen Messungen nochmals durchgeführt.
- Stellt die Ergebnisse in einer Tabelle und einer Grafik dar.
- Vergleicht Geschwindigkeiten und Anhalteweg. Wie verändert sich der Anhalteweg, wenn die Geschwindigkeit erhöht wird.
- Was vermutet ihr? Wie verändert sich der Anhalteweg bei Geschwindigkeit 40, 50 und 60 km/h? (Dies dürft ihr allerdings nicht erproben...) Wie verändert sich der Anhalteweg, wenn die Fahrbahn vereist ist oder wenn auf der Fahrbahn feine Kieselsteine liegen?
- Präsentiert eure Ergebnisse und stellt zum Schluss einen Merksatz zu «Geschwindigkeit, Anhalteweg und Straßenzustand» zusammen.

In Sonnwil soll auf den Quartierstraßen nur noch mit 30 km/h statt wie bisher mit 50 km/h gefahren werden dürfen. Was denkt ihr dazu? Diskutiert in der Klasse, stellt eure Meinungen zusammen und stimmt am Schluss ab, ob ihr diesen Vorschlag unterstützt oder nicht.

Beispiel für Stufe 5./6. Schuljahr; aus Schwengeler & Wagner, 2002, verändert und ergänzt

---

- Welche Fähigkeiten und Fertigkeiten werden bei dieser Art von Lernaufgaben benötigt bzw. gefördert, welche inhaltlichen Konzepte werden angesprochen, welches Vorwissen ist für die Aufgabenbearbeitung notwendig?
- Wie sind die Lernaufgaben aufgebaut, wie stehen sie in Bezug zueinander?
- Sind die Aufgaben klar und verständlich, können sie eigenständig bearbeitet werden? Vgl. zu diesen Fragen auch die Hinweise im Abschnitt 8.3.

8.1 Aspekte einer «neuen» Aufgabenkultur

Im Unterricht eingesetzte Lernaufgaben und -aufträge beeinflussen in hohem Maße die Lernmöglichkeiten der Schülerinnen und Schüler; ihre Ausrichtung und Art repräsentieren wesentliche Aspekte des Lehr- und Lernverständnisses. Die Tatsache, dass die Bearbeitung von Lernaufgaben einen wesentlichen Zeitanteil des naturwissenschaftlichen Unterrichts einnimmt, weist auf die Bedeutung der Auseinandersetzung mit der Ausrichtung und mit dem Einsatz von Aufgaben im Unterricht hin. Nicht nur, aber insbesondere im Zusammenhang mit den Ergebnissen aus den internationalen Schulleistungsstudien TIMSS, PISA und IGLU geriet im deutschsprachigen Raum die Aufgabenkultur im naturwissenschaftlichen Unterricht in die Kritik. Bemängelt wurde insbesondere, dass im traditionellen Unterricht Aufgaben stark auf das Vermitteln systematischer Wissensstrukturen (deklaratives Wissen), auf Begriffe, formale Arbeitstechniken und die Anwendung von Routinen, auf eine einzige Lösung und fast ausschließlich auf die aktuellen Inhalte im Unterricht ausgerichtet und beschränkt seien.

Empfohlen wird, die Einbindung von Aufgaben in verschiedenen Phasen des Unterrichts zu verbessern und insbesondere auch Aufgaben und Aufträge bei der Erarbeitung neuer Inhalte und beim Übertragen und Anwenden von entwickelten Kompetenzen einzusetzen. Mit Aufgaben sollen mehrere Zugangsweisen und Lernwege und mehr Eigenständigkeit beim Bearbeiten ermöglicht werden, um «flexibles» naturwissenschaftliches Wissen und Können (kompetenzorientiert) zu fördern. Angeregt wird auch, Aufträge und Aufgaben so anzulegen, dass die Integration von Vorerfahrungen und -wissen der Lernenden sowie authentische, bedeutsame Begegnungen verknüpft mit außerschulischen Erfahrungen ermöglicht werden (situiertes Lernen, Lernen im Kontext). Methoden der Erkenntnisgewinnung sowie Möglichkeiten des Dialogs und der gemeinsamen Erschließung von Inhalten in Lernpartnerschaften sind dabei in Aufgabenstellungen gezielt aufzunehmen. Damit sollen Aufgaben für das Lernen «fruchtbar» gemacht werden (vgl. Demuth et al., 2008; Duit et al., 2002; Fischer & Draxler, 2006, Hammann, 2006a, b; Leisen, 2006; Reusser, 2005, Schecker & Klieme, 2001, Stäudel, 2006b).

Diese Aspekte prägen die Diskussion um eine neue, erweiterte Aufgabenkultur, die Gegenstand dieses Kapitels ist. Aufgabenkultur bezieht sich dabei auf die (fachdidaktische) Qualität allgemein und die Kompetenzorientierung im Besonderen, auf die Art der Aufgaben und deren Verknüpfung untereinander und auf die Bedeutung und die Einordnung der Aufgaben im gesamten Unterrichtskonzept.

Fünfeck zur «neuen, erweiterten» Aufgabenkultur...

Situierung und Kontext
Anknüpfung an Erfahrungen an Vorwissen; Anwendungsbezug, Anregung,
Interessenbezug, Transparenz (z. B.
bezüglich Anforderungen)

Kompetenzförderung
Förderung von Fähigkeiten und
Fertigkeiten, Aufbau und Erweite-
rung grundlegender Vorstellungen
und Konzepte, Einstellungen und
Handlungsbereitschaften

Vielfalt
Verschiedene Zugangsweisen,
verschiedene Lösungswege und
Möglichkeiten der Ergebnisdar-
stellung, verschiedene Aufgabenformate und -formen, verschiedene Materialien/Medien

**Aufgaben in verschiedenen
Lern- und Unterrichtsphasen**
Reihenfolge und Vernetzung
von Aufgaben; Aufgaben zur
Erstbegegnung mit Themen, zum
Erschließen und Erarbeiten, zum
Übertragen und Anwenden zum
Prüfen

**Förderung von Eigenständigkeit
und Zusammenarbeit**
Selbstständigkeit und -wirksamkeit,
Dialogfähigkeit, Ko-Konstruktion und
Kooperation

...und vier allgemeine Aspekte, die dabei von Bedeutung sind:

- **Aufnehmen und Erweitern von bzw. Anknüpfen an Vorerfahrungen und Vorwissen**
- **Äußere Vernetzung – Inhalte, Problemstellungen in ihrer Gesamtheit, in ihrer Komplexität und Mehrdimensionalität aufnehmen**

- **An personalen Kompetenzen orientieren – als Teil des Lernprozesses (Selbstreflexion, -konzept, Einstellungen und Interesse, Selbstwirksamkeit)**
- **Im Team arbeiten, kooperieren, gemeinsam entwickeln und konstruieren, sich austauschen und kommunizieren**

The best way to learn is to do, to ask and to do.
The best way to teach is to make students ask, and do.
Don't preach facts, stimulate acts.

(Paul Halmos, Mathematiker und Mathematikdidaktiker, Halmos 1975, S. 466)

8.2 Kennzeichen guter Lernaufgaben

Gute Lernaufgaben geben Anregungen und Aufforderungen zur Begegnung mit und zur Erschließung von Fragen, Erscheinungen, Situationen zu Themen in den Bereichen Natur, Technik, Umwelt, Gesundheit u. a. Die Lernenden können sich mit guten Lernaufgaben aktiv und zunehmend eigenständig mit Sachen auseinandersetzen und dabei Vorstellungen und Konzepte erweitern, vertiefen, neu aufbauen und Fähigkeiten und Fertigkeiten entwickeln und verändern. Sie sammeln dabei neue Erfahrungen und gewinnen zunehmend Orientierung und Sicherheit in der Begegnung und Orientierung in ihrer Umwelt. Um in dieser Ausrichtung Lerngelegenheiten zu ermöglichen, sind Lernaufgaben entsprechend zu konzipieren und auf die entsprechende Phase des Lernprozesses auszurichten.

Gute, auf die Förderung von Kompetenzen ausgerichtete Aufgaben, die vielfältige Lernmöglichkeiten öffnen,

- knüpfen an die Erfahrungen und das Vorwissen der Lernenden an, sind für sie bedeutsam, authentisch und haben einen Realitätsbezug;
- sind in sinnstiftende und auch emotionale Kontexte eingebunden, machen neugierig, wecken Interesse und fördern eine Fragehaltung;
- schließen an Bekanntes an, erschließen Neues und führen zu sachbezogenen Konzepten, zu wissenschaftlichen Theorien und Gesetzen;
- fördern und fordern das Denken und Handeln an den Sachen *und* die Entwicklung von Fähigkeiten und Fertigkeiten;
- fordern die Lernenden heraus, ohne sie zu überfordern (Passung), und ermöglichen verschiedene Zugangsweisen, Lern- und Lösungswege;
- fördern (auch) Kreativität, das Entwickeln und Umsetzen von Ideen, das ungebundene Vor- und Nachdenken über «Dinge der Welt»;
- sind inhaltlich klar und zielbezogen formuliert, was nicht bedeutet, dass sie von Anfang an immer definiert sind; es geht aber auch darum, dass Lernende sich in der näheren Bestimmung offen formulierter Fragen, Aufgaben und Ziele üben;
- beinhalten Materialien und Information, die für die Bearbeitung wichtig sind (verschiedene Medien, Textsorten, Informationsträger);
- enthalten mehr als die notwendigen Angaben und verhindern damit beim Lösen die Strategie der «Rückwärtssuche»;
- sind so aufgebaut, dass das Erreichen verschiedener Ansprüche und damit eine natürliche Differenzierung unter den Lernenden möglich sind.

Kennzeichen von Aufgaben, Aufgabenmerkmale

Nach OECD/PISA, in Anlehnung an Hammann (2006a, b) aus Adamina & Müller (2008)

Kontext und Situation
Welchen Kontext, welchen Ausgangspunkt, welche Bedeutung, welchen Bezug zu Erfahrungen der Schülerinnen und Schüler hat die Aufgabe?

Inhalte und Konzepte
Welches Vorwissen ist für die Bearbeitung der Aufgabe notwendig? Welche grundlegenden inhaltlichen Konzepte werden angesprochen? Was kann neu gelernt bzw. welche Konzepte können erweitert werden?

Lernaufgaben

Fähigkeiten und Fertigkeiten
Welche Fähigkeiten und Fertigkeiten, welche Strategien werden zum Bearbeiten der Aufgabe benötigt? Welche Fähigkeiten, Fertigkeiten und Strategien (auch metakognitive) lassen sich neu aufbauen bzw. entwickeln?

Neugierde und Selbstwirksamkeit
Welche Aspekte in der Aufgabe fördern die Neugierde, machen die Aufgabe interessant, sind motivierend? Welche Aspekte fördern die Selbstwirksamkeit und das eigenständige Lernen?

Lernaufgaben in verschiedenen Phasen des Unterrichts

...beim Einstieg, um Erfahrungen aufzunehmen und Zugänge zu schaffen	...beim Erschließen neuer Inhalte und bei der Entwicklung neuer Fähigkeiten	...bei der Vertiefung und Erweiterung in produktiven Übungsphasen	...beim Übertragen (Transfer) in Anwendungssituationen und eigenständigen Vorhaben	...beim Überprüfen von Prozessen und Lernergebnissen in Begutachtungssituationen (Kap. 12)

8.3 Typen und Merkmale von Lernaufgaben

Im Unterricht sind es häufig die Aufgaben und Aufträge – ob mündlich oder schriftlich unterbreitet –, die abhängig von ihrer Ausrichtung und ihrer Form Impulse für den Lernprozess geben. Sie öffnen Lernmöglichkeiten, geben Einblicke in Lernprozesse und -ergebnisse, tragen zur weiteren Lerndiagnose bei und ermöglichen Vergleiche zu Kompetenzentwicklungen. Qualitativ gute Aufgaben und Aufträge zu stellen, gehört zu den wichtigsten Schritten der Planung und des Arrangements von naturwissenschaftlichem Unterricht: Wie werden Lernaufgaben ausgerichtet und angelegt, wozu dienen sie, wie werden sie in die Unterrichtskonzeption eingebettet?

Lehr- und Lernmaterialien bieten Aufgaben und Aufträge an, die sich meist direkt – oft auch eng – an die Inhalte und Informationsangebote (Texte, Bilder, Grafiken) im Material halten. Angebote in Form von Arbeitsblättern, z. B für das Lernen an Stationen, enthalten oft Aufgaben, die eng geführt und stark auf Reproduktion und auf Routinen ausgerichtet sind. Eine kritische Sichtung und abgestützte Auswahl von Aufgaben bzw. die entsprechende Konstruktion von Lernaufgaben werden damit zu einer wichtigen Arbeit für Lehrende. Die Entwicklung guter Lernaufgaben kann durchaus als Kernstück einer Qualitätsentwicklung des naturwissenschaftlichen Unterrichts angesehen werden.

Für die Analyse und Auswahl bzw. für die Konstruktion von Aufgaben können verschiedene Gesichtspunkte angewendet werden:

1. *Orientierung der Aufgaben an grundlegenden Kompetenzen* (Fähigkeiten und Fertigkeiten, grundlegende thematisch-inhaltliche Konzepte, grundlegende Erfahrungsmöglichkeiten und Möglichkeiten zur Entwicklung von Haltungen und Handlungsbereitschaften);

2. *Kontextbezug* (Sinn, Bedeutung, Authentizität für die Lernenden; Bezug zur Erfahrungs- und Lebenswelt und zum außerschulischen Lernen);

3. *Voraussetzungen, Vorwissen der Lernenden*, um die Aufgabe zu lösen;

4. *Bezugspunkte* zu bisherigen Lernerfahrungen, zum aktuellen Thema bzw. Unterrichtsverlauf;

5. *Bearbeitungs- und Antwortformate* (Struktur, Offenheit, Lernwege u. a.);

6. *Anforderungsmerkmale* (Anforderungen, Komplexität des Lerngegenstandes, der Handlung, des Materials wie Texte, Bilder, Objekte);

7. *Differenzierungsmöglichkeiten* (anspruchs-/leistungsbezogen, neigungs- und interessebezogen), Strukturierung, Hilfestellungen, Bearbeitungszeit;

8. *Möglichkeiten zur Selbst- und Fremdbeurteilung und zur Lerndiagnose.*

Typen, Kennzeichen und Merkmale von Lernaufgaben

Gesichtspunkte für die Analyse, Auswahl und Konstruktion von Aufgaben

1 **Kompetenzorientierung** (vgl. Kennzeichen und Leitfragen Kapitel 8.2)
Fähigkeiten und Fertigkeiten, thematisch-inhaltliche Konzepte (Inhaltslernen)
Aufbau, Entwicklung von Haltungen; Erfahrungslernen, Austausch u. a.

2 **Kontext-Situierung,** Bedeutsamkeit, Authentizität, Bezug zur Lebenswelt, Erfahrungen;
Neugierde, Interessen, Motivation (vgl. Kennzeichen und Leitfragen Kapitel 8.2)

3 **Voraussetzungen, Passung** Voraussetzungen und Erwartungen Anspruch (vgl. 6)

4 **Bezugspunkte zum Unterrichtskontext**
Einbettung der Aufgabe im Kontext des Unterrichts, Bezüge zu früheren Lernerfahrungen (Aufgaben nicht nur auf aktuelle Unterrichtsgegenstände beziehen),
Bezugspunkte zwischen außerschulischen Erfahrungen und schulischem Lernen

5 **Bearbeitungs- und Antwortformate in Aufgaben**

Offene Aufgaben	**Halboffene Aufgaben**	**Geschlossene Aufgaben**
Unterschiedliche Lern- und Lösungswege und Antworten	Aufgabe strukturiert, z.B. Zuordnungen, Mind-Map, Texte und Skizzen, Kurzantworten, Ergänzungen (z.B. in Grafiken)	Aufgabe strukturiert, Antwortmöglichkeiten vorstrukturiert (z.B. Einfach-, Mehrfachwahl, richtig–falsch, Zuordnung, Rangliste)
untersuche, erkunde, entwickle, diskutiere…	erkläre, begründe, vergleiche, beschrifte, ergänze…	kreuze an, ordne zu, verbinde, entscheide, nenne…

6 **Ansprüche**

Anspruch, Komplexität des Inhalts	**Anspruch der Handlung, der Fähigkeit/Fertigkeit**	**Anspruch der Materialien**
Alltagsbezug – Sachbezug, erforderliches Vorwissen, Begriffe, Zusammenhänge, Prozesse	Anforderungen für Handlungsabläufe bei der Bearbeitung, Strukturierungsgrad der Handlungen, kognitive, kommunikative Ansprüche	Aufbau, Struktur, Passung (z.B. originale Objekte, Lebewesen; Modelle; Texte, Grafiken, Karten); bei Texten z.B. inhaltlich Bekanntes und Unbekanntes; Struktur/Gliederung, innere Verbindung, Satzlänge

7 **Differenzierung, Hilfestellungen, Bearbeitungszeit**
– Leistungsbezogene Differenzierung: z.B. unterschiedlicher Strukturierungsgrad der Aufgabe, Arbeitsschritte vorgegeben oder frei wählbar, Differenzierung im Materialangebot (z.B. Lesetext und Hörtext; offenes oder vorgegebenes Antwortformat)
– Interessen-/neigungsbezogene Differenzierung: Variation der Inhalte, Zugänge

8 **Möglichkeiten zur Selbst- und Fremdeinschätzung, Reflexion zum Lernen, Diagnose**
Aufgaben zur Einschätzung und Beurteilung der eigenen Lernprozesse/-ergebnisse
Aufgabenstellungen zur Selbstdiagnose (was nehme ich mir vor; Ziele für nächste Lernanlässe u. a.

8.4 Zur Entwicklung und zum Aufbau von Lernaufgaben

Lernaufgaben mit der Ausrichtung auf die Förderung von Fähigkeiten und Fertigkeiten *und* die Entwicklung und Veränderung von Vorstellungen und Konzepten zu
Inhalten und Themen haben einen kennzeichnenden Aufbau, welcher sich in die
folgenden vier Bereiche gliedern lässt:

a) *Kontext der Aufgabe:* Bei vielen bestehenden Aufgaben wird direkt Wissen abge-
fragt, ohne dass die Aufgabe in einen Kontext gestellt ist. Der Aufgabenkontext
stellt ein wesentliches Merkmal von Aufgaben und Aufträgen der neuen, erweiterten Aufgabenkultur dar. Mit dem Kontext wird die Aufgabensituation aufgebaut, es wird der inhaltliche Bezug geschaffen und dargelegt, worum es geht.
Dabei wird auch Anschlussfähigkeit mit Erfahrungen der Lernenden hergestellt.
Vorteile bieten insbesondere Kontexte, in welchen ein Alltagsbezug geschaffen
wird (z. B. zum täglichen Leben, zu Freizeit, Ernährung, Verkehr, zur Wohnum-
gebung, zur Umwelt und zur Erde, zu technischen Einrichtungen, Technologien), eine Problemsituation aufgebaut oder eine «echte» Frage ausgelöst bzw.
ein kognitiver Konflikt geschaffen wird (z. B. durch eine Kontrastierung, eine
Konfrontation). Die Lernenden werden damit in eine (Lern-)Situation versetzt.
Zum Kontext gehören auch die «Stimulus»-Materialien wie Bilder, Texte, Grafiken und Karten, in welchen Informationen zum Inhalt enthalten sind.

b) *Aktivierungsteil* mit Problemstellungen, Aufgaben, Aufträgen, Anweisungen,
welche den Lernenden angeben, was zu tun ist. Es wird dargelegt, welche Prozesse und Ergebnisse aus der Bearbeitung erwartet werden (z. B.: Vermutungen
zu einem Phänomen darlegen; einen Versuch entwickeln, um einer Frage nachgehen zu können; das Verhalten unterschiedlicher Lebewesen nach eigenen
Gesichtspunkten vergleichen).

c) *Gerüste, Hilfen* als Unterstützung für die Bearbeitung. Dabei können auch Differenzierungen vorgenommen werden (Hilfen, Gerüste nach Bedarf; unterschiedliche Strukturierungsgrade). Beispiele dafür sind Anleitungen für Experimente
und Legekarten für Strukturbilder.

d) *Angaben für die Lösung, für den Austausch und die Auswertung:* Lösungen (Prozesse und Ergebnisse) sollen so dargelegt und dargestellt werden, dass sie für den
Austausch mit anderen, für Einblicke und Rückmeldungen, für die Reflexion
zu Lernprozessen und -ergebnissen gut aufbereitet sind. Verschiedene Antwortformate enthalten die Lösungen (z. B. richtig-falsch-Antworten), bei offeneren
Aufgaben können Gerüste zum Ausfüllen, eine Strukturhilfe für einen Kurztext,
ein Einschätzungsraster u. a. angeboten werden.

Beispiel einer Situation: Aufgabenkontext und mögliche Lernaufgaben

In Anlehnung an eine Aufgabe aus Konsortium HarmoS Naturwissenschaften+ (2008)

a) Der Aufgabenkontext

Wie wird das Wetter in den nächsten Tagen sein?
Im Schulzimmer stellen jede Woche zwei Kinder gemeinsam die Wetterprognosen zusammen. Sie schneiden dazu aus Zeitungen die Meldungen aus und verarbeiten sie. Diese Woche sind auf dem Plakat folgende Angaben:

Angaben	Montag	Dienstag	Mittwoch	Donnerstag	Freitag
Sonnenschein	viel	viel	teilweise	wenig	teilweise
Temperatur Tiefst-/Höchstwert	14 ° Celsius 28 ° Celsius	15 ° Celsius 30 ° Celsius	16 ° Celsius 32 ° Celsius	17 ° Celsius 23 ° Celsius	16 ° Celsius 26 ° Celsius
Luftfeuchtigkeit	tief	tief	mittel bis hoch	hoch	mittel bis tief

b) Beispiele von Aufgaben und Aufträgen zu diesem Bereich

Gib immer zwei Tage an (mit den Abkürzungen Mo, Di, Mi, Do, Fr)!
1. Welches sind die sonnigsten Tage?
2. Welches sind die heißesten Tage?
3. Welches sind die feuchtesten Tage?
4. An welchen Tagen könnte am meisten Regen fallen?

An welchen Tagen in dieser Woche könnte es ein Gewitter geben?
Nenne einen Tag aus dem oben erwähnten Plakat und begründe, warum du ein Gewitter für diesen Tag voraussagst!
Tag:

Begründung:

Hier geht es darum, Informationen aus der Tabelle zu lesen und dazu sachlogisch Angaben zu machen.

Bei dieser Aufgabe geht es darum, die Angaben zu interpretieren und darauf aufbauend eine Einschätzung (Vorhersage) vorzunehmen.

In der Meteo-Sendung im Fernsehen wird mithilfe von Angaben beschrieben, welche Witterung in den kommenden Tagen zu erwarten ist. Bereite dich vor, mithilfe der Tabelle eine Wettervorhersage vorzunehmen. Übe deine Präsentation und stelle sie nachher der Klasse vor.

*Diese Aufgabe stellt höhere Ansprüche, indem Informationen gelesen, interpretiert und darauf aufbauend eine Beschreibung der Entwicklung der Witterung vorgenommen werden muss (Umsetzung, Anwendung).
Dazu können weitere Hilfen angeboten werden (z. B. Wettersymbole, Texthilfen).*

Die Tabelle mit den Wetterdaten kann auch als Anregung und Hilfe dienen, in der Klasse selber eine solche Arbeit aufzunehmen.
Dazu kann auch eine Aufgabe konstruiert werden, in der gleichen Zeit selber Messungen und Beobachtungen durchzuführen, diese auf ähnliche Weise darzustellen und anschließend die Prognose und die Ergebnisse miteinander zu vergleichen.

8.5   Mit Lernaufgaben Fähigkeiten und Fertigkeiten fördern

Eine neue, erweiterte Aufgabenkultur für den naturwissenschaftlichen Unterricht (8.1. und 8.2) steht in einem starken Zusammenhang mit der Ausrichtung von Lernarrangements und -prozessen zur Förderung von vielfältigen Kompetenzen. Dabei sind insbesondere auch der Aufbau und die Entwicklung von Fähigkeiten und Fertigkeiten von Bedeutung, um naturwissenschaftliche Fragen bearbeiten, sich in der Mitwelt besser orientieren und auch entsprechend handeln zu können. Wenn Aufgaben im dargelegten Verständnis auf konkrete Anforderungen und Handlungsweisen von Schülerinnen und Schülern ausgerichtet sind, eignen sie sich auch in besonderer Weise zur Förderung ausgewählter Kompetenzen. «Was kann an diesem Lerngegenstand, an dieser Situation gelernt werden?» – so die Kernfrage zu dieser Ausrichtung. Kompetenzen können dabei als Ausgangspunkte und Kriterien für die Entwicklung von Lernaufgaben dienen.

Aufgabenvielfalt wird häufig bezogen auf unterschiedliche Antwortformate oder in Hinblick auf Organisationsformen betrachtet (z. B. im Rahmen von Stationenlernen, von verschiedenen Sozialformen oder von Formen des fächerverbindenden Unterrichts). Beim hier angelegten Ansatz resultiert Aufgabenvielfalt aus den verschiedenen Kompetenzen, die mit diesen Lernaufgaben aufgebaut und gefördert werden. Die Ausrichtung auf eine kompetenzorientierte Konstruktion ergibt eine «neue, erweiterte» Dimension für die Entwicklung von Lernaufgaben (vgl. dazu Hammann, 2006b).

Für die Dimensionierung und Beschreibung von Fähigkeiten und Fertigkeiten sind verschiedene Konzepte entwickelt worden, so z. B. bei den internationalen Schulleistungstests in TIMSS und PISA und im Zusammenhang mit der Entwicklung von Kompetenzmodellen und der Formulierung von Bildungsstandards für den naturwissenschaftlichen Unterricht bei den KMK- und bei den HarmoS-Bildungsstandards (vgl. dazu die Dimension der Handlungsaspekte im Kompetenzmodell HarmoS Naturwissenschaften+, Kap. 1.4 und 1.5). Aus diesen Konzepten lassen sich verschiedene Aspekte von Fähigkeiten und Fertigkeiten im Sinne von Prozessen und Methoden herausschälen, die für den naturwissenschaftlichen Unterricht und damit auch für entsprechende Lernaufgaben bedeutsam sind (vgl. die Zusammenstellung nebenan). Diese beziehen sich sowohl auf domänenspezifische Bereiche (Natur und Technik) als auch auf überfachliche Bereiche (wie zum Beispiel personale oder soziale Kompetenzen).

12 + 3 Bereiche von Fähigkeiten für die Konstruktion von Lernaufgaben

Zusammenstellung mit Bezügen zu Konsortium HarmoS Naturwissenschaften+ (2008), Adamina & Müller (2008), Duit et al. (2007, 2), Hammann (2006b), Ziener (2008)

explorieren, untersuchen, laborieren, experimentieren; erkunden; «erforschen»

Fragen stellen, vermuten, vorhersagen, deuten, Hypothesen bilden, nachdenken, vordenken

wahrnehmen
betrachten, beobachten, vergleichen

schätzen, zählen, messen, erheben, kartieren, inventarisieren

beschreiben, erzählen, erklären
Sachverhalte verbalisieren

mit Geräten, Instrumenten arbeiten;
mit Stoffen arbeiten;
Lebewesen halten und pflegen

nachvollziehen, identifizieren
analysieren, interpretieren
folgern, schlussfolgern

ordnen, strukturieren,
sich orientieren; modellieren

gewichten, einschätzen
(über-)prüfen, begutachten, bewerten
argumentieren, sich positionieren

Informationen erschließen
Informationen erkennen und lesen;
nach Informationen recherchieren

mitteilen, präsentieren
zuhören, mitdenken, austauschen, diskutieren
aufeinander eingehen, Rückmeldungen geben

fantasieren, entwerfen, planen
gestalten, umsetzen
mitwirken, mitentscheiden

nachbilden, rekonstruieren,
konstruieren, dokumentieren

eigenständig arbeiten,
eigenständig Fragen nachgehen, Vorhaben
planen und umsetzen

mit anderen zusammenarbeiten, austauschen,
gemeinsam entwerfen, planen, umsetzen

Lernerfahrungen beschreiben, reflektieren,
überdenken,
das Lernen planen, gestalten

8.6   Lernaufgaben mit Einbezug überfachlicher Kompetenzen

Am bisherigen naturwissenschaftlichen Unterricht wurde und wird unter anderem bemängelt, dass er zu wenig auf das Verstehen und auf das Anwenden von Wissen und Können ausgerichtet sei, und dass dabei Fähigkeiten des selbstgesteuerten und kooperativen Lernens sowie der Einbezug überfachlicher Kompetenzen vernachlässigt werden. Überfachliche Kompetenzbereiche (Kap. 1.3) sind z. B.:

- Personale Kompetenzen (Selbst-/Eigenständigkeit, Selbstorganisation, Selbstwirksamkeit und Selbstreflexion);
- Soziale Kompetenzen (Beziehungsfähigkeit, Kooperationsfähigkeit, Dialogfähigkeit, Umgang mit Verschiedenartigkeit und Vielfalt);
- Sprachliche Kompetenzen (Lesekompetenz, sprachliche Ausdrucksfähigkeit);
- Problemlösekompetenzen;
- Medien und ICT-Kompetenzen.

Für die Ausrichtung von Lernanlässen und damit auch für die Konstruktion von Lernaufgaben im naturwissenschaftlichen Unterricht sollen diese Anliegen und Aspekte stärker gewichtet und entsprechend integriert werden. Lernaufgaben im naturwissenschaftlichen Unterricht beziehen sich damit

- auf spezifisch natur- und technikbezogene Inhalte und Konzepte *und* auf alltagsbezogene und gesellschaftlich relevante Themen auf individueller (z. B. mein Körper), auf gesellschaftlicher (z. B. Konsum und Ernährung, Mobilität) und auf globaler Ebene (z. B. Klimaveränderungen, Biodiversität, nachhaltige Entwicklung);
- auf bereichsspezifische (z. B. zum Beobachten und Experimentieren, vgl. Kap. 9) *und* auf überfachliche Kompetenzen (häufig implizit personale und soziale Kompetenzen), die sich auf den Aufbau und die Entwicklung von häufig verknüpft angelegten Fähigkeiten, Einstellungen und Handlungsbereitschaften beziehen;
- auf den Aufbau *und* auf die Anwendung von Kompetenzen.

Dass jede Lernaufgabe im naturwissenschaftlichen Unterricht auch mit sprachlichen Kompetenzen zu tun hat, wird nach wie vor häufig unterschätzt. Lesekompetenzen und Kompetenzen der sprachlichen Ausdrucksfähigkeit in Verbindung mit naturwissenschaftlichen Kontexten und Inhalten beziehen sich dabei sowohl auf die Darlegung der Kontexte (z. B. Informationsmittel), die Aufgabenstellungen selber, die Bearbeitungsformen, den Austausch von Ergebnissen und die Reflexion über das Lernen.

Beispiele von Lernaufgaben mit Einbezug überfachlicher Kompetenzen

Welche spezifischen und welche überfachlichen Kompetenzen werden in den folgenden Aufgaben aufgenommen, und wie werden sie angelegt? Worum geht es?

Vieles über die Dinosaurier wissen wir auch heute noch nicht oder nicht genau
Kein Mensch hat je einen lebendigen Dinosaurier gesehen. Die Dinosaurier sind ausgestorben, bevor es Menschen gab. Was wir über Dinosaurier wissen und uns vorstellen, wurde und wird mit Hilfe von Spuren und Funden wie Knochen, Zähnen, Krallen, Hörnern, Hautabdrücken, Fußspuren u. a. zusammengestellt und in Modellen, Skizzen und anderem dargestellt. Vieles wurde entdeckt und erforscht, vieles wissen wir auch heute noch nicht genau.

Ihr findet einige Fragen, ihr könnt aber auch andere Fragen zusammenstellen. Besprecht in der Klasse, welche Fragen ihr bearbeiten wollt. Entscheidet euch zu zweit für eine Frage.

Lebten die Dinosaurier in Herden oder lebten viele von ihnen einzeln?

■ Notiert oder zeichnet zuerst, was ihr zu den Fragen selber wisst, euch denkt oder euch vorstellt.

Welche Farbe hatte die Haut der verschiedenen Dinosaurier?

■ Sucht Informationen zu euren Fragen, in Sachbüchern (in der Themenbibliothek im Klassenzimmer) und auch im Internet (mit den Suchmaschinen Blinde Kuh, geolino, was ist was). Teilt euch für diese Arbeit auf und macht ab, wer was erarbeitet.

Haben die Dinosaurier gebrüllt, gemuht, waren sie laut?

■ Tragt die Informationen zusammen. Findet ihr in allen Unterlagen dieselben Informationen und Antworten? Welche Unterschiede findet ihr? Stellt einen kurzen Bericht zusammen.

Wie schnell konnten die Dinosaurier gehen?…

■ Stellt eure Ergebnisse vor. Beantwortet die Fragen der anderen.
■ Notiert bei Präsentationen Fragen und stellt sie; gebt Rückmeldungen zu den Präsentationen.
■ Besprecht in euren Zweiergruppen, was ihr mit dieser Arbeit neu gelernt habt. Schreibt euch die Ergebnisse in eurem Lerntagebuch auf!

In Anlehnung an Adamina & Wyssen, 2005; «RaumZeit», Klassenmaterialien; Stufe 3.–6. Schuljahr

Ein Fahrzeug entwickeln, konstruieren, erproben und in einem Rennen einsetzen
(Eine Projektarbeit im naturwissenschaftlichen und im technisch-gestalterischen Unterricht)

Entwerft und konstruiert ein Fahrzeug, welches nach einer Anschubstrecke (von Hand ausgeführt) von 50 cm möglichst weit ohne weitere Hilfe fährt (Fahrunterlage: Linoleum-Boden im großen Schulhausgang). Größe des Fahrzeugs: maximal 30 x 40 x 20 cm, Gewicht max. 2 kg.
Arbeit in 3er-Gruppen (Entwicklungs- und Konstruktionsteams). Die Arbeiten umfassen:
■ Arbeitsplanungen und Koordination der Arbeiten im Entwicklungs- und Konstruktionsteam;
■ Entwurf und Planung für das Fahrzeug, Klären der Materialfragen; Konstruktion, Erprobungen

Vor der Durchführung des Wettbewerbs werden die Fahrzeuge vorgestellt. Es findet eine erste Bewertung statt (Konstruktion, Gestaltung, Design, Materialwahl). Alle nehmen eine Einschätzung vor, wie sich die Fahrzeuge im Wettbewerb bewähren werden, und erstellen eine Rangliste.
Durchführung des Wettbewerbs, Apéro; Auswertung der Arbeiten, Rückschau.

8.7 Tests zur Selbstkontrolle – Anstöße zum Weiterdenken

1. Vor der Lektüre von Kapitel 8: Überlegen Sie sich, wie Sie bisher Lernaufgaben in Ihrem Unterricht (z. B. im Rahmen von Unterrichtspraktika) eingesetzt haben und was Ihnen dabei besonders wichtig war.

   Halten Sie Ihre Überlegungen fest. Stellen Sie diese bei der Lektüre den unterbreiteten Gesichtspunkten und Hinweisen zur Konstruktion und zum Einsatz von Lernaufgaben im Unterricht gegenüber.

   Halten Sie am Schluss der Lektüre fest, welchen Entwicklungsbedarf Sie mit Blick auf Ihren Unterricht sehen und was Sie sich für die Planungs- und Umsetzungsarbeit zum naturwissenschaftlichen Unterricht vornehmen.

2. Zur Lernaufgabensituation und den einzelnen Aufträgen in 8.6:

   Arbeiten Sie wenn möglich zu zweit oder in einer Gruppe, damit eine Betrachtung und ein Austausch aufgrund unterschiedlicher Erfahrungen und Einschätzungen erfolgen können.

   Lesen Sie die Informationen und Aufgabenstellungen durch und nehmen Sie eine nähere Betrachtung und Einschätzung der Qualität dieser Aufgaben bezogen auf die unterbreiteten Fragestellungen vor. Notieren Sie sich Ihre Überlegungen und tauschen Sie diese im Tandem bzw. in der Gruppe aus. Stellen Sie Ihre Ergebnisse in Bezug zu den unterbreiteten Punkten in den Abschnitten 8.2 bis 8.5.

3. Wählen Sie Lernaufgaben zu einer thematischen Einheit aus einem Lehrmittel aus, das Sie öfters für den Unterricht verwenden. Analysieren Sie mithilfe von ausgewählten Gesichtspunkten (vgl. 8.2 – 8.5) die Ausrichtung und die Anlage der Lernaufgaben und stellen Sie ein Profil zusammen. Als Instrument dazu dient Ihnen die Spinnennetzmethode (vgl. nächste Seite). Ziehen Sie daraus Folgerungen für die künftige Verwendung von Lernaufgaben aus Lehrmitteln.

4. Entwicklungsaufgabe für den eigenen naturwissenschaftlichen Unterricht: Entwickeln Sie – wenn möglich mit einer Kollegin/einem Kollegen oder in einem Fachteam – mit Berücksichtigung der aus diesem Kapitel aufgenommenen Gesichtspunkte für eine neue Aufgabenkultur entsprechende Lernaufgaben für verschiedene Sequenzen. Erproben Sie die Lernaufgaben, beobachten Sie, wie die Schülerinnen und Schüler diese Aufgaben bearbeiten, lassen Sie sich dazu Rückmeldungen geben und werten Sie Ihre Erfahrungen – wenn möglich wiederum im Tandem oder im Team – aus. Ziehen Sie aus dieser Erprobung und Simulation Folgerungen für Ihren Unterricht.

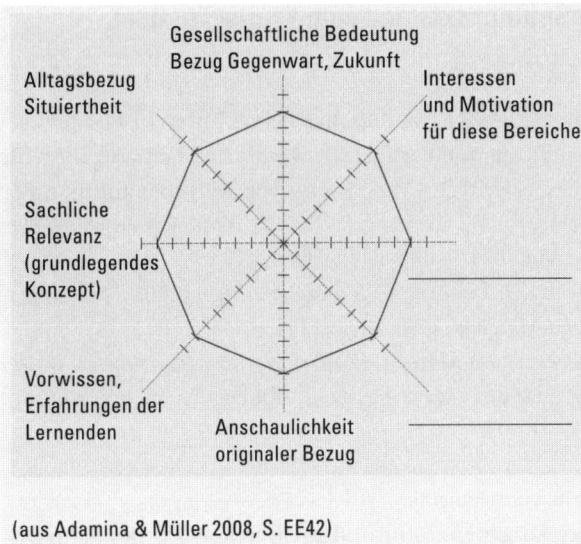

Gesellschaftliche Bedeutung
Bezug Gegenwart, Zukunft

Alltagsbezug
Situiertheit

Interessen
und Motivation
für diese Bereiche

Sachliche
Relevanz
(grundlegendes
Konzept)

Vorwissen,
Erfahrungen der
Lernenden

Anschaulichkeit
originaler Bezug

(aus Adamina & Müller 2008, S. EE42)

Mithilfe der Spinnennetz-Methode (nach Stäudel, 2006a) können Lernaufgaben im Hinblick auf ihre Akzente, auf ihre Kennzeichen und Merkmale (vgl. Abschnitte 8.2 und 8.3) analysiert werden. Eine solche Analyse kann auch bei der Entwicklung und Konstruktion von Lernaufgaben dienen. Die Spinne lässt sich erweitern; die Kennzeichen, Merkmale, Ansprüche können je nach Ausrichtung und Zweck, verändert werden. Die Methode eignet sich auch, um in Fachteams u.a. Fragen der Aufgabenmerkmale und -konstruktion anzugehen.

Hinweise, Lösungen

Die Anstöße und Aufgaben zur Selbstkontrolle in diesem Kapitel sind bewusst auf eine aktiv-entdeckende, individuell-konstruktive, dialogische und reflexive Auseinandersetzung mit Fragen zu «Lernaufgaben» ausgerichtet. Sie sollen Anlass geben, eigene Erfahrungen in Bezug zu stellen mit Gesichtspunkten einer erweiterten Aufgabenkultur, zur Konstruktion und zur Simulation von Aufgaben im eigenen Unterricht anregen und gleichzeitig auch animieren, dies in Zusammenarbeit mit anderen (durch Ko-Konstruktion, Austausch u.a.) zu tun.

Zu 1: Studierende, die noch über keine Lehrererfahrungen verfügen, steigen besser mit Auftrag 2 ein und können mit Auftrag 4 zu Erfahrungen, zu Simulation und Reflexion über Lernaufgaben gelangen. Es ist auch möglich, Erfahrungen im Umgang mit Aufgaben und Aufträgen aus anderen Kapiteln dieses Buches als Ausgangspunkte zu wählen.

Bezug zu Kapitel 12: Es ergeben sich Bezugspunkte zwischen Lernaufgaben und Beurteilungssituationen; die Testaufgaben zur Selbstkontrolle der beiden Kapitel können entsprechend kombiniert angegangen werden.

8.8 Anregungen für die Schulpraxis und zum Weiterstudium

Weiterführende Unterlagen

In verschiedenen Publikationen zum naturwissenschaftlichen Unterricht finden sich Hinweise zur Anlage und Ausrichtung von Lernmöglichkeiten und Lernaufgaben, die Bezug aufnehmen auf ein neues, erweitertes Verständnis von Aufgabenkultur, z. B.

- *Duit, R., Groppengießer, H. Stäudel, L.* (Hrsg.) (2007, 2). *Naturwissenschaftliches Arbeiten. Unterricht und Material 5–10.* Seelze, Friedrich.
- *Groppengießer, H., Höttecke, D., Nielsen, T., Stäudel, L.* (Hg.) (2006). *Mit Aufgaben lernen. Unterricht und Material 5–10.* Seelze, Friedrich.
- *Fischer, C., Rieck, K., Prenzel M.* (Hrsg.) (2010). *Naturwissenschaften in der Grundschule – Neue Zugänge entdecken.* Seelze, Kallmeyer in Verbindung mit Klett.

Lernaufgaben aus Modellversuchen und Projekten

Hinweise zur Entwicklung der Aufgabenkultur und zur Entwicklung des naturwissenschaftlichen Unterrichts in Fachteams, auch Beispiele für Lernaufgaben, Materialien u. a. finden sich zu den Modellversuchen Sinus-Transfer, Physik im Kontext, Chemie im Kontext, Biologie im Kontext und auch zum Projekt PING (Praxis naturwissenschaftliche Grundbildung, IPN Kiel) unter

- *http://sinus-transfer.uni-bayreuth.de*
- *http://www.sinus-grundschule.de/*
- *http://www.ipn.uni-kiel.de/projekte/piko/pikobriefe032010.pdf*
- *www.chik.de, http://bik.ipn.uni-kiel.de*
- *www.ping.lernnetz.de*

Beispiele zur Konstruktion von Lernaufgaben aus Lehrmitteln

Hinweise finden sich z. B. in den Unterlagen der Reihe Lehr- und Lernmaterialien «Natur–Mensch–Mitwelt» (*www.nmm.ch*) und in den Unterlagen zu den KINT-Boxen (Uni Münster, Didaktik des Sachunterrichts und Spectra Verlag).

Aufgabenbeispiele aus Tests zu Bildungsstandards

Ausgehend von Beispielen aus Testsammlungen von naturwissenschaftlichen Aufgaben, können auch Lernaufgaben entwickelt werden. Dabei müssen aber die Aufgaben nach den in diesem Kapitel aufgeführten Kennzeichen für Lernaufgaben überprüft werden. Hinweise zu Beispielen von Aufgaben und zu Aufgabensammlungen z. B. unter

- *http://pisa.ipn.uni-kiel.de:* Veröffentlichte Beispielaufgaben aus PISA 2000, 2003 und 2006,
- *nawiplus.phbern.ch:* Beispielsituationen und -aufgaben aus dem Projekt HarmoS Bildungsstandards Naturwissenschaften+, Schweiz.

9 Beobachten und Experimentieren

Ursula Frischknecht-Tobler und Peter Labudde

«Nicht weil es schwierig ist, wagen wir es nicht, sondern weil wir es nicht wagen, ist es schwierig.»
Sokrates, griechischer Philosoph

«Was man zu verstehen gelernt hat, fürchtet man nicht mehr.»
Marie Curie, Chemikerin und Nobelpreisträgerin

«Man soll nie damit aufhören, Fragen zu stellen.»
Albert Einstein, Physiker und Nobelpreisträger

«Jeder kann knipsen, auch ein Automat. Aber nicht jeder kann beobachten.»
Friedrich Dürrenmatt, Schriftsteller

«Der Mensch muss bei dem Glauben verharren, dass das Unbegreifliche begreiflich sei; er würde sonst nicht forschen.»
Johann Wolfgang Goethe, Dichter und Universalgelehrter

«Am Anfang jeder Forschung steht das Staunen. Plötzlich fällt einem etwas auf.»
Wolfgang Wickler, Verhaltensforscher und Zoologe

«Erst zweifeln, dann untersuchen, dann entdecken!»
Henry Thomas Buckle, Englischer Kulturhistoriker

«Je einfacher das Experiment, desto schöner ist es.»
Hans Molisch, Botaniker

Was ist das Wichtigste, was ist neu an einem Ansatz, der das Beobachten und Experimentieren in den Mittelpunkt des Naturwissenschaftsunterrichts stellt? Welches sind die Schwierigkeiten, worauf muss man achten beim Aufbauen der Experimentierfähigkeit und was alles muss man im Auge behalten, um Schüler und Schülerinnen zum Beobachten und Experimentieren erfolgreich anzuleiten?

9.1 Wozu experimentieren?

Seit vielen Jahren ist in den USA «*Science through Inquiry*» bekannt. Es geht dabei um die empirisch gut gestützte Annahme, dass naturwissenschaftlich bedeutsames Wissen nicht durch bloße Vermittlung, passive Aufnahme, Nachvollziehen und Memorieren erfolgreich gelernt wird. Vielmehr sollen relevante Fragen oder spannende Probleme an den Anfang gestellt werden (vgl. auch Kap. 4). Die «Kochbücher» des Experimentierens und das Ping-Pong von Frage und Antwort werden in schülergerechte Forschungsansätze und echte Erfahrungen verwandelt und Möglichkeiten zur Evaluation der Fortschritte, den die Kinder mit dieser Unterrichtsform machen, aufgezeigt. Eigenes Fragen, Untersuchen und Erforschen schulen das Wahrnehmungsvermögen und ermöglichen ein besseres Verständnis für wissenschaftliche Ideen und Zusammenhänge. Fünf bedeutende Faktoren, die 5 E's, werden dabei unterschieden (Bybee et al., 2006; Shields, 2006):

1. Engagement: Lernende werden herausgefordert und engagieren sich in wissenschaftlich orientierten Fragestellungen.
2. Erkundung: Lernende sammeln Daten und suchen Antworten auf Fragen.
3. Erklärung: Lernende formulieren Erklärungen aus ihren Daten.
4. Erweiterung: Lernende verknüpfen ihre Erklärungen mit wissenschaftlichen Konzepten und verstehen sie in neuen Situationen.
5. Evaluation: Lernende kommunizieren und vertreten ihre Erklärungsmodelle und Schlussfolgerungen vor anderen und erhalten Feedback.

Diese Faktoren können in verschiedenen Phasen des Unterrichts in einen eigentlichen *Experimentierzyklus* eingeteilt werden. Zuerst werden die Vorerfahrungen der Kinder aufgerufen, werden Aufmerksamkeit und Interesse auf den neuen Lerninhalt, eine Frage oder ein Problem gerichtet. Dann folgt die Suche nach Antworten durch geleitete oder selbstständige Beobachtungen und Experimente. In der Phase der Erklärung werden bestimmte Aspekte der Fragestellung durch die Lehrperson hervorgehoben. Dabei kann sie einiges über neu erworbene Fähigkeiten und neues Konzeptwissen der Kinder erfahren und dieses auch in Richtung tieferen Verständnisses steuern. In der Erweiterungsphase gewinnen die Lernenden Sicherheit, indem sie, durch neue Fragen und Problemstellungen herausgefordert, Zusatzaktivitäten und -experimente durchführen. Die Evaluationsphase ermöglicht, die gesetzten Ziele und die Kompetenzen der Schülerinnen und Schüler zu evaluieren.

Der Zyklus des Experimentierens

Dieser Zyklus ist in allen Schulstufen grundlegend gleich, hingegen können z. B. die Führung durch die Lehrperson, die Art der Fragestellung (offen, geschlossen, vorgegeben, eigen), der Einsatz der Werkzeuge und die benötigten Fähigkeiten und Fertigkeiten variieren.

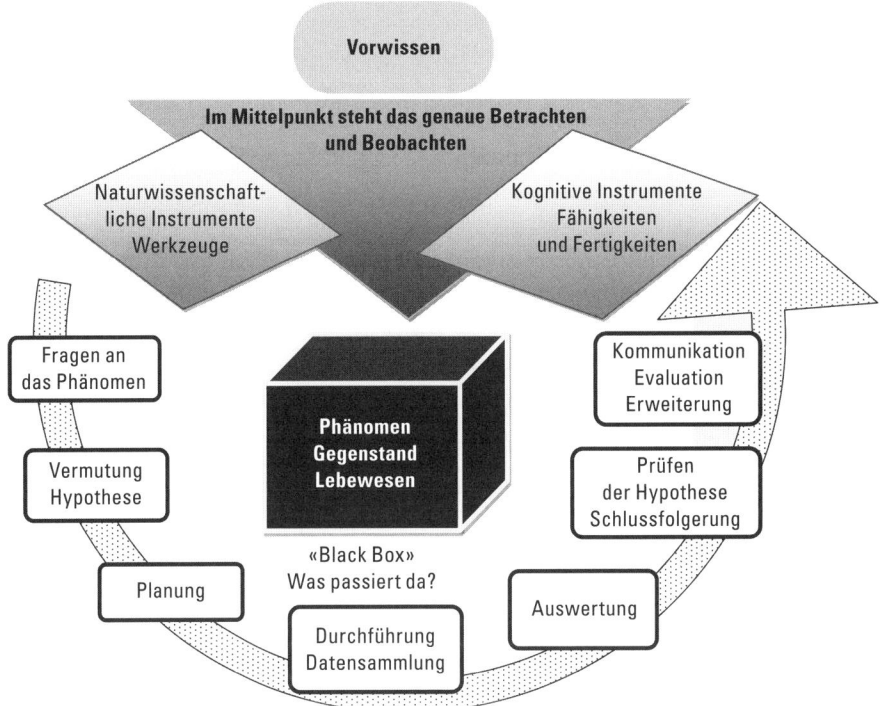

9.2   Genaues Beobachten als Grundlage zum Experimentieren

Verschiedene Fähigkeiten und Fertigkeiten sind mit dem Experimentieren eng verknüpft; Betrachten als die Erschließung ruhender Objekte und Beobachten als das Verstehen dynamischer Prozesse gehören dabei zu den wichtigsten und zugleich schwierigsten. Ohne diese Fähigkeiten kommen keine Fragen zustande und bringen Experimente kaum einen Erkenntnisgewinn. Beobachten ist mehr als bloßes Hinsehen, es muss daher sorgfältig angeleitet und eingeübt werden, um zu gelingen. Lehrpersonen können nicht annehmen, dass Kinder genau das wahrnehmen, was man sich als Lehrperson vorgestellt hat. Die Kinder selber müssen die Selektion auf bestimmte Aspekte zunächst einmal vornehmen. Beobachten bedeutet exaktes, differenziertes Wahrnehmen von typischen Merkmalen und Veränderungen an einem Gegenstand, einem Lebewesen oder einem Phänomen. Es umfasst alle Sinne und schließt auch Denkvorgänge und das Beschreiben des Wahrgenommenen mit ein. An dieser Stelle ist es wichtig, die Lernenden zur Unterscheidung zwischen Beobachtung und Interpretation anzuleiten und die Beobachtungsergebnisse nicht mit Bruchstücken von Vorwissen zu vermengen. Bei der Auswertung der Beobachtungsergebnisse jedoch sollte die Lehrkraft ebenfalls diejenigen Schüleraussagen aufnehmen, die ihr im Hinblick auf die Unterrichtsziele zunächst weniger bedeutsam erscheinen.

Beobachtungen erfordern manchmal auch technische Hilfsmittel, mit denen die Lernenden vertraut sein müssen und die die Genauigkeit der Beobachtung verbessern (z. B. Lupe, Mikroskop, Uhr, Maßstab, Thermometer etc.).

Nach Intensität und Dauer können folgende Beobachtungsarten unterschieden werden:

a.   *Spontanbeobachtungen.* Sie sind im Unterricht nicht eingeplant und ergeben sich oft an außerschulischen Lernorten. Beispiel: das Hämmern eines Buntspechts bei einer Waldexkursion.

b.   *Kurzzeitbeobachtungen.* Sie haben in einer Unterrichtsstunde Platz und werden dann abgeschlossen. Beispiele: Beobachtung des Sozialverhaltens von Rennmäusen, des Funktionierens eines Zahnrades.

c.   *Langzeitbeobachtungen.* Sie erstrecken sich über einige Tage oder Wochen und benötigen oft wieder neue Anregungen durch die Lehrperson, um die Aufmerksamkeit auf den Vorgang zu lenken. Beispiel: Keimung und Wachstum von Pflanzen, jahreszeitliche Beobachtungen von Wetterphänomenen.

Lernanlässe zum genauen Betrachten und Beobachten

- *Objekte* wie Blumen, Früchte, Blätter, Samen, Knospen, Steine, technische Apparate, Schneckenhäuser, Muscheln, Schneeflocken;
- *Ereignisse* wie eine Kerze, die brennt; Popcorn, das aufspringt; einen Ball, den man auf den Boden fallen lässt (Kap. 15.3); einen Wassertropfen, der auf Wachspapier rinnt;
- *Veränderungen* wie ein Stück Brot, das verschimmelt; Knospen, die sich öffnen; Herbstblätter, die sich verfärben; Pflanzen, die wachsen.

Beispiele:

1. Jedes Kind zeichnet je eine andere Erdnuss oder einen Sonnenblumensamen genau ab und beschreibt Farbe, Form, Größe, Oberfläche. Dann werden die Objekte gemischt und alle Kinder finden ihr eigenes wieder.
2. Alle Kinder zeichnen aus ihrer Vorstellung eine Ameise und stellen beim Zeichnen Fragen, die notiert werden: Haben Ameisen Augen und Ohren? Haben sie auch Füße? Wo leben Ameisen? Wie fressen Ameisen? Dann wird den Kindern eine Becherlupe mit einer Ameise gegeben. So viele Fragen wie nur möglich sollen durch Beobachten des Tieres und dessen Lebensraum beantwortet werden. Am Schluss wird nochmals eine Zeichnung angefertigt, die einer Ameise möglichst ähnlich sieht. Sie wird mit der ersten Zeichnung verglichen.

Einbezug aller Sinne

(nach Rezba et al., 2007)

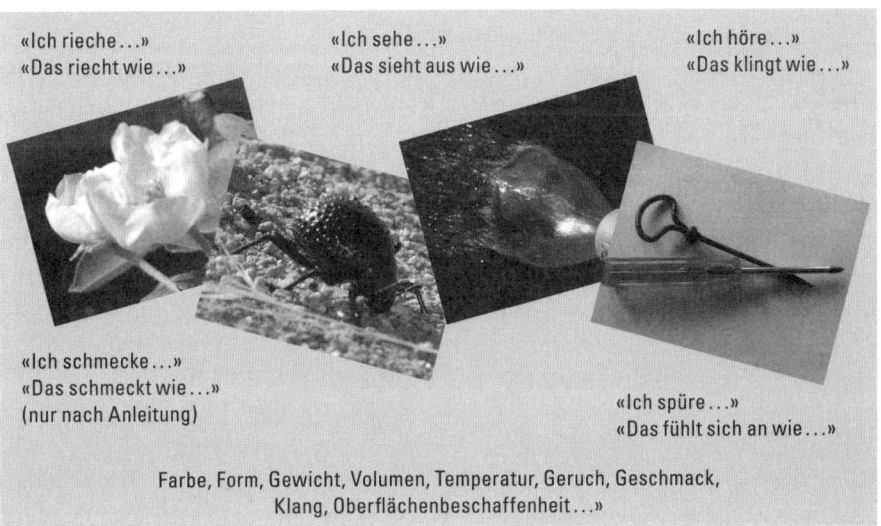

«Ich rieche …»
«Das riecht wie …»

«Ich sehe …»
«Das sieht aus wie …»

«Ich höre …»
«Das klingt wie …»

«Ich schmecke …»
«Das schmeckt wie …»
(nur nach Anleitung)

«Ich spüre …»
«Das fühlt sich an wie …»

Farbe, Form, Gewicht, Volumen, Temperatur, Geruch, Geschmack,
Klang, Oberflächenbeschaffenheit …»

9.3 Aufbau der Experimentierfähigkeit

Für das Experimentieren sind vier Komponenten im Auge zu behalten: die Vermutung oder *Hypothese, die abhängige (= interessierende)* und die *unabhängige (= veränderte) Variable* sowie der *Kontrollansatz, mit dem das Experiment verglichen wird* (Hammann et al., 2006). Im Unterricht kann folgender Aufbau vorgenommen werden, um Kinder und Jugendliche vom geführten zum offenen, forschenden Experimentieren zu bringen:

1. Das *qualitative Experiment* lässt Ja/Nein-Antworten zu. Bei der experimentellen Überprüfung der Vermutung, dass Licht wichtig sei für das Wachstum von Pflanzen, lernen Kinder die abhängige Variable (Wachstum) und die unabhängige Variable (Licht) zu benennen. Dabei wird je eine von zwei gleich großen Bohnenpflanzen ans Licht (Kontrolle) und ins Dunkel (Experiment) gestellt. Die Unterschiede im Wachsen der Bohnenpflanzen lassen die Frage beantworten. Es ist wichtig, dass die Ergebnisse klar und eindeutig sind.

2. Das *quantitative Experiment,* welches neben einer Beobachtung auch zahlenmäßig erfassbare Größen beinhaltet, verlangt bereits zusätzliche Fähigkeiten und Fertigkeiten wie z. B. den Umgang mit Messgeräten, das Aufzeichnen von Daten, die grafische Darstellung und die Reflexion unterschiedlicher Messdaten. Es kann zum Beispiel die Frage, bei welcher Temperatur Wasser siedet, durch ein Experiment geklärt werden. Die Messdaten werden unterschiedlich ausfallen, was zur Diskussion des Kontrollansatzes (Sieden) und der Genauigkeit der Thermometer und des Ablesens führen wird.

Diese beiden Ansätze, bei denen es zunächst einmal um ein Methodentraining geht, sollen zu einem sicheren Umgang mit Variablen und Kontrollansätzen und einer reflektierten Annäherung an Messdaten führen.

Bei der Auswertung von Experimenten stehen Fragen im Vordergrund wie: Ist eure Vermutung bzw. Hypothese bestätigt worden? Was waren die wichtigsten Resultate (hier soll die Beziehung zwischen der abhängigen und der unabhängigen Variable nochmals hervorgehoben werden)? Gab es etwas Überraschendes und Unerwartetes? Was könnte das Resultat beeinflusst haben? Wie ließe sich das Experiment verbessern?

Damit ist der Weg geöffnet, um sich an einen gesamten Experimentierzyklus (siehe Grafik in 9.1) im Sinne von forschendem Lernen im größeren Zusammenhang eines naturwissenschaftlichen Themenbereichs zu wagen.

Was verändert deinen Puls?

Eine Frage zur experimentellen Beantwortung für das 4.–6. Schuljahr

Ein Experiment aus der Human-biologie im Kontext von Herz-Kreislauf- und Atmungssystem	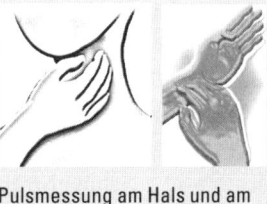	Notwendiges Vorwissen: Herzschlag und Puls, Pulsrate, Aufgaben des Kreislaufs und des Atmungssystems, korrekte Pulsmessung
	Pulsmessung am Hals und am Handgelenk	

Offener Auftrag:

Entwerft in Partnerarbeit ein Experiment, mit dem ihr die Frage überprüfen könnt. Formuliert zuerst eine Vermutung. Beschreibt euer Vorgehen so genau, dass andere es nachmachen können.

Auftrag mit gelenkter Instruktion:

Vermutung: Die Kinder schreiben ihre Hypothesen auf und begründen sie kurz. Dadurch kann Einblick genommen werden in ihre Denkwege, und eine bessere Hilfestellung ist möglich. Die Formulierung «je ... desto» eignet sich für quantitative Experimente, also hier: «je mehr ich mich bewege, desto grösser ist meine Pulsrate».

Planung: Was kann ich messen (abhängige Variable, d. h. die Pulsrate)? Was werde ich verändern (unabhängige Variable, d. h. die Art der Bewegung)? Wovon gehe ich aus, womit vergleiche ich meine Resultate (Kontrolle, d. h. der Puls in Ruhe)? Was mache ich immer genau gleich (Messung des Pulses)? Was für Hilfsmittel benötige ich (Uhr, Bleistift, Papier)? Wenn all diese Fragen geklärt sind, überlegen sich die Kinder den Ablauf ihres Experiments und schreiben die Vorgehensweise genau auf. Anschließend werden die verschiedenen Versuchsanordnungen in Form einer Expertenrunde diskutiert, hinterfragt und wenn nötig angepasst.

Auswertung: Die Resultate werden verglichen und besprochen. War unsere Vermutung richtig oder falsch? Woher stammen die Unterschiede zwischen einzelnen Kindern? Können wir unsere Resultate mit anderen Gruppen vergleichen? Was ist uns sonst aufgefallen (z. B. veränderte Atemfrequenz)?

Fachwissen und Erweiterung: Neben der Diskussion des experimentellen Ansatzes und der Resultate ist gleichermaßen der Inhalt wichtig: Warum sind die Resultate so, wie sie sind? Was schließe ich daraus? Wie hängen Herz-Kreislauf, Atmung und Bewegung zusammen? Was für neue Fragen möchte ich verfolgen?

9.4 Bildungsstandards zum Beobachten und Experimentieren

In Lehrplänen, Kompetenzmodellen und Bildungsstandards (Kap. 1.4 und 1.5) haben das Betrachten, Beobachten und Experimentieren einen hohen Stellenwert. Unter den Titeln «Erkenntnisgewinnung» (Deutschland), «Fragen und untersuchen» (Schweiz) oder «Untersuchen, Bearbeiten, Interpretieren» (Österreich) wird ein Kompetenzbereich definiert, der oftmals als der charakteristischste für den naturwissenschaftlichen Unterricht gilt. Kinder sollen in diesem Bereich wichtige Kompetenzen aufbauen. So werden in der Schweiz im Handlungsaspekt «Fragen und untersuchen» folgende Basisstandards für das Ende des 2. und 6. Schuljahrs definiert (EDK, 2011).

2. Klasse, «Fragen und untersuchen»: Die Schülerinnen und Schüler können:

1. angeleitet einfache Situationen und Phänomene wahrnehmen, beobachten und beschreiben und dazu Fragen stellen und Vermutungen äußern [...];

2. im Rahmen von Erkundungen, Untersuchungen und Experimenten angeleitet Arbeiten ausführen und dabei einzelne Schätzungen und Messungen vornehmen und Objekte sammeln [...];

3. beim Erkunden, Untersuchen und Experimentieren sowie beim technischen Konstruieren ausgewählte Instrumente und Materialien einsetzen [...];

4. Ergebnisse aus Erkundungen, Untersuchungen und Experimenten in selber gewählten Formen (Skizzen, Stichworte) darstellen und mündlich beschreiben, wie sie erkundet und untersucht haben [...].

6. Klasse, «Fragen und untersuchen»: Die Schülerinnen und Schüler können:

1. einfache Situationen und Phänomene mit mehreren Sinnen wahrnehmen, beobachten und beschreiben und dazu Fragen, Vermutungen und Problemstellungen aufwerfen (insbesondere im Zusammenhang mit Licht und Schatten, Schwimmen und Sinken in Wasser, Löslichkeit von Stoffen im Wasser, dem Aufbau und Wachstum von Pflanzen, dem Verhalten von Tieren, der Vielfalt von Lebewesen in Lebensräumen);

2. angeleitet Erkundungen, Untersuchungen und Experimente durchführen und dabei Schätzungen und Messungen vornehmen, Daten sammeln und auswerten (insbesondere zu Geschwindigkeit, Lichtreflexion an und Erwärmung von unterschiedlichen Gegenständen, Veränderung von Zustandsformen von Stoffen, Ausprägung von Pflanzenschichten in Wäldern, jahreszeitliche Anpassungen bei verschiedenen Tieren);

3. beim Erkunden, Untersuchen und Experimentieren sowie beim technischen Konstruieren geeignete Werkzeuge, Instrumente und Materialien auswählen und einsetzen (insbesondere Instrumente zum Messen von Zeit, Länge, Masse, Temperatur sowie Volumen von Flüssigkeiten; Instrumente zum Betrachten und Beobachten wie Lupe und Feldstecher; Materialien beim technischen Konstruieren, wie z.B. Batterie, Glühbirne, Kabel, Schalter bei einem einfachen Stromkreislauf);

4. Ergebnisse aus Erkundungen, Untersuchungen und Experimenten in verschiedenen Formen einfach darstellen (insbesondere als Skizze, Bericht, Tabelle, Diagramm, Plan) und sie kommentieren;

5. die Planung, Durchführung und Auswertung beschreiben und aus persönlicher Sicht beurteilen.

Was mischt sich mit Wasser?

Ein Experiment für die 2.–3. Klasse

Auftrag: Finde heraus, welche Dinge sich mit Wasser mischen oder nicht mischen. Wir sagen zu diesen Dingen auch Stoffe. Du bekommst der Reihe nach die folgenden sechs Stoffe:
1. Zucker,
2. Heu,
3. Erde,
4. Sägemehl,
5. Salz,
6. Mehl.

1. Deine Fragen
Welche Fragen fallen dir zu diesen Mischversuchen ein? Schreibe sie auf: ...

2. Was findest du heraus?
- Gib einen Löffel eines Stoffes in einen Becher mit Wasser.
- Rühre eine Weile sorgfältig um.
- Beobachte, was passiert. Schreibe deine 1. Beobachtung in die Tabelle.
- Lass die Mischung stehen und beobachte immer wieder, was passiert.

Schreibe deine 2. Beobachtung in die Tabelle:

Wasser gemischt mit:	Meine Beobachtungen:
Zucker (analog für die anderen Stoffe)	1. Beobachtung: _____ 2. Beobachtung: _____

3. Was gehört zusammen?
Fasse die Stoffe, die sich im Wasser ähnlich verhalten, in Gruppen zusammen. Schreibe die Namen der Stoffe auf. Beschreibe jede Gruppe mit einem Satz. (Eintrag in eine vorbereitete Tabelle.)

Mittels dieses Experimentierauftrags aus dem Konsortium HarmoS Naturwissenschaften+ (2008) lassen sich u.a. die ersten zwei Teilaspekte der Basisstandards 2. Schuljahr fördern bzw. testen. Es geht um genaues Beobachten (Kap. 9.2) und qualitatives Experimentieren (Kap. 9.3); beim Auftrag selber handelt es sich um eine gelenkte Instruktion (Kap. 9.3). Eine altersgemäße Fortführung bietet das Experiment «Tabletten» auf der übernächsten Seite.

Im Verlaufe der Sekundarstufe I sollen Schülerinnen und Schüler ihre Kompetenzen im Bereich «Fragen und untersuchen» bzw. «Erkenntnisgewinnung» weiter entwickeln und differenzieren können. Die deutsche Kultusministerkonferenz hat sogenannte Regelstandards – Standards, welche vom Durchschnitt der Jugendlichen erreicht werden sollten – für den Mittleren Schulabschluss definiert. Der Abschluss, auf einem mittleren Anspruchsniveau, erfolgt am Ende des 10. Schuljahrs. Für die Physik heißt es (KMK, 2005):

9. Schuljahr, Kompetenzbereich «Erkenntnisgewinnung»:

«Physikalische Erkenntnisgewinnung ist ein Prozess, der durch folgende Tätigkeiten beschrieben werden kann:

■ Wahrnehmen: Beobachten und Beschreiben eines Phänomens, Erkennen einer Problemstellung, Vergegenwärtigen der Wissensbasis,
■ Ordnen: Zurückführen auf und Einordnen in Bekanntes, Systematisieren,
■ Erklären: Modellieren von Realität, Aufstellen von Hypothesen,
■ Prüfen: Experimentieren, Auswerten, Beurteilen, kritisches Reflektieren von Hypothesen,
■ Modelle bilden: Idealisieren, Beschreiben von Zusammenhängen, Verallgemeinern, Abstrahieren, Begriffe bilden, Formalisieren, Aufstellen einfacher Theorien, Transferieren.

Eingebettet in den Prozess physikalischer Erkenntnisgewinnung sind das Experimentieren und das Entwickeln von Fragestellungen wesentliche Bestandteile physikalischen Arbeitens. In jedem Erkenntnisprozess wird auf bereits vorhandenes Wissen zurückgegriffen.»

Was in der Physik für das Ende des 10. Schuljahres postuliert wird, findet sich in ähnlicher Form auch bei den Fächern Biologie und Chemie (Kap. 1.4). Zusätzlich zum Beobachten, Aufstellen von Hypothesen und Experimentieren kommen unter anderem noch das Ordnen, Modellieren, Idealisieren und Abstrahieren hinzu. (Letzteren Kompetenzen wird im Schweizer Modell, Kap. 1.5, ein eigener Handlungsaspekt gewidmet.)

Auf dieser Stufe geht es vermehrt um quantitative Experimente. Jugendliche sollen am Ende der Sekundarstufe I fähig sein, Hypothesen quantitativ zu überprüfen. Für den Erfolg ist es wichtig, die Arbeitsaufträge zunächst eng, dann aber immer offener zu gestalten (Kap. 9.3) und schließlich den Schülerinnen und Schülern auch größere Projektarbeiten zuzutrauen.

Wie lösen sich Tabletten auf?

Ein Experiment für die 6.–9. Klasse

Das folgende Experiment stammt aus dem internationalen Experimentiertest der Third International Mathematics and Science Study, die bei 13-Jährigen durchgeführt wurde (Labudde & Stebler, 1999). Ein Vergleich mit dem vorherigen Beispiel «Was mischt sich mit Wasser?» (Kap. 9.4) zeigt: es geht beim Auflösen der Tabletten wie bei den Mischversuchen für die 2./3. Klasse um genaues Beobachten, jetzt aber auf der Basis eines quantitativen Experiments. Die Anforderungen hinsichtlich Planen, Messen, Abstrahieren und Auswerten sind deutlich höher. Beide Experimente lassen sich dem Kompetenzbereich «Erkenntnisgewinnung» (Kap. 1.4) bzw. dem Handlungsaspekt «Fragen und untersuchen» (Kap. 1.5) zuordnen. Inhaltlich gehören sie zum Themenbereich «Stoffe und Stoffveränderungen» (Kap. 1.4).

Ziel
Plane eine Untersuchung, um herauszufinden, welche Wirkungen unterschiedliche Temperaturen auf die Geschwindigkeit haben, mit der sich Tabletten auflösen.

Material
Wasser, Brausetabletten, Thermometer, Uhr mit Sekundenzeiger, Glasbecher.

Vorgehen
1. Schreibe deinen Plan hier auf [...]
2. Führe deine Tests mit den Tabletten durch. Zeichne eine Tabelle und schreibe alle deine Messungen auf.
3. Welche Wirkung haben aufgrund deiner Untersuchungen verschiedene Wassertemperaturen?
4. Warum haben unterschiedliche Temperaturen diese Wirkung?

9.5　Durch Experimentieren das Lernen fördern

Experimentieren und forschendes Lernen können Lernende zu Beginn leicht überfordern. Auch wenn ein Experimentierzyklus grundsätzlich gleich bleibt, wird die
Lehrperson am Anfang die Frage stellen, den Prozess strukturieren und sich immer
wieder vergewissern, ob die Instrumente und Arbeitstechniken bis hin zur Darstellung
der Resultate beherrscht werden, ob das Experimentierdesign klar und der fachliche
Kontext verstanden ist. Sie wird die selbstständige Beantwortung einer Frage, die
Lösung eines Problems erst allmählich den Kindern überlassen. Auch ein Demonstrationsexperiment zum richtigen Zeitpunkt erfüllt eine wertvolle Funktion!

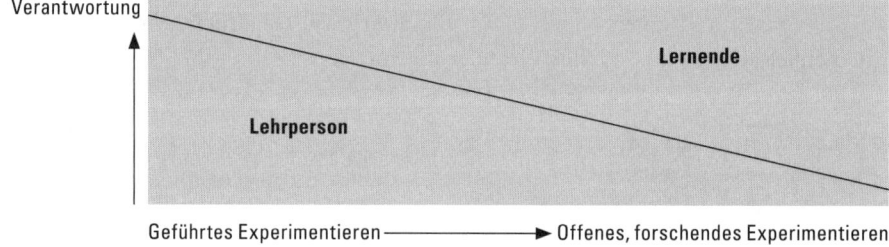

Aus den Resultaten fachdidaktischer Forschung lassen sich vielfältige Anregungen
zum Beobachten und Experimentieren ableiten:

- *Motivation:* Grundsätzlich wirkt der aktive, handlungsorientierte Wissenser-
  werb, wie er sich beim Experimentieren und Forschen zeigt, positiv auf die Lern-
  motivation. Schülerinnen und Schüler sind besonders dann zum Experimentieren motiviert, wenn 1. das Experiment eine kognitive Herausforderung darstellt,
  2. sich mit ihm ein klares Ziel verfolgen lässt, das immer wieder in Erinnerung
  gerufen wird, 3. das Experiment den Lernenden genügend Freiräume gibt, 4. das
  Experiment funktioniert und 5. die Ergebnisse diskutiert und in einen größeren
  Kontext gestellt werden.

- *Lernprozess:* Die Lernenden sind oft zwar sehr engagiert beim Aufbauen von
  Versuchen, beim Messen und Auswerten, aber sie lernen dabei kaum naturwissenschaftliche Begriffe und Zusammenhänge. Es überwiegt der Aktivismus.
  Dem lässt sich begegnen: das Experiment für die Lernenden nachvollziehbar
  in den Unterrichts- und Lernprozess einbetten; vor, während und nach dem
  Experimentieren immer wieder im Team und in der Klasse Ideen und Argumente austauschen (Kap. 15), an das Vorwissen der Kinder anknüpfen (Kap. 4).
  Oder wie es so schön heißt: *More time spent on manipulating ideas, less time on
  manipulating apparatus!*

Beispiele für das Einüben des Experimentierverständnisses

■ *Zum Verstehen von abhängiger und unabhängiger Variable:* Glasmurmeln von einer Rampe rollen lassen, die verschieden hoch gelagert wird. Erklären, welche Variable man verändert (Rampenhöhe, unabhängige Variable), welche sich in der Folge ändert (Rollweite der Kugel, abhängige Variable) und was konstant gehalten wird (gleiche Rampe, gleiche Kugel).

■ *Zum Verstehen eines Kontrollansatzes:* Eine Flasche voll Wasser, die in den Tiefkühler gestellt wird, zerbricht über Nacht. Wie lässt sich herausfinden, ob es das Wasser ist, das die Flasche zum Zerbrechen bringt oder ob die Flasche einfach zu kalt wird? (Indem man eine leere und eine mit Wasser gefüllte Flasche in den Tiefkühler stellt).

■ *Zum Formulieren von Hypothesen:* Formulierungen wie «wenn …, dann» oder «je …, desto …» sind in dieser Phase wichtig und sollen auch begründet werden. Zur Frage, ob Licht das Wachstum von Pflanzen beeinflusst, z. B. «Wenn ich die Pflanze näher zum Fenster stelle, dann wächst sie besser» oder «Je länger meine Pflanze Licht bekommt, desto besser wächst sie».

Tipps zum Experimentieren

(z. T. adaptiert aus Kircher et al., 2009)

1. Jedes Experiment immer vorher selber durchführen und ausprobieren.
2. Vor der Unterrichtsstunde alles Material bereitlegen und kontrollieren.
3. Sicherheits- und ethische Richtlinien thematisieren, vorleben und strikt einhalten lassen.
4. Schnelle oder komplexe Abläufe mehrfach wiederholen (lassen) und jeweils verschiedene Beobachtungsschwerpunkte setzen.
5. Mit einer Tafelskizze wesentliche Komponenten des Versuchsablaufs bzw. Versuchsaufbaus hervorheben.
6. Das Ziel des Experiments den Lernenden vor, während und nach der Durchführung immer wieder bewusst machen lassen.
7. Ausführlich und durchaus auch kontradiktorisch Vermutungen und Hypothesen formulieren und diskutieren lassen, damit den individuellen Bezug zum Experiment erhöhen und den Lernprozess stützen.
8. Tieferes Denken durch geschickte Fragen auslösen: Was kannst du beobachten? Was ist dir schon bekannt? Wie erklärst du, was du beobachtet hast? Was mag es bedeuten?
9. Die Kinder und Jugendlichen in «wissenschaftliche Streitgespräche» einbinden, miteinander sokratisch argumentieren (Kap. 15).
10. Den Prozess, d. h. den Weg der Erkenntnisgewinnung, und das Resultat spätestens am Ende mit den Schülerinnen und Schülern reflektieren.
11. Bei allem Beobachten, Experimentieren und Argumentieren nicht vergessen: Genügend Zeit für einen Hefteintrag vorsehen. Mit «Forscherheften» arbeiten, die den Prozess dokumentieren und Kinder mit Stolz erfüllen.
12. Bei kritischen Versuchen dies vorher ankündigen. Ein nicht funktionierendes Experiment mit Humor tragen.

9.6 Tests zur Selbstkontrolle – Anstöße zum Weiterdenken

1. Suchen Sie je ein Beispiel für qualitative Experimente aus Physik, Chemie oder Biologie, bei denen die Frage so gestellt werden kann, dass die Antwort nach dem Experiment Ja oder Nein ist.

2. Skizzieren Sie ein weiteres Beispiel aus dem Bereich Biologie oder Physik für Ihre Stufe, bei welchem Sie denken, dass die Schülerinnen und Schüler mit eigenen Fragen quantitative Experimente durchführen können. Formulieren Sie dazu einige mögliche Fragen, die sich experimentell beantworten/klären lassen.

3. In Aufgabe 2 haben Sie ein Experiment skizziert. Welche Kompetenzen fördern Sie bei den Kindern bzw. Jugendlichen mit diesem Experiment?

4. «Wie hoch ist dieser Baum?» ist eine gängige Frage beim Unterricht im Wald. Schätzungen greifen meist weit daneben. Über welches Vorwissen sollten Jugendliche der Sekundarstufe verfügen, wenn sie selber ein Experiment entwickeln sollten, mit dem sie die Höhe der Bäume möglichst genau bestimmen können? Welche Hilfestellung wird dabei nötig sein?

5. Inwieweit handelt es sich beim Experiment zum Puls in 9.3 um ein qualitatives bzw. quantitatives Experiment?

6. In Kapitel 9.3 wird die Frage untersucht «Was verändert deinen Puls?» Welche der in 9.4 für das 6. Schuljahr notierten Kompetenzen werden durch das Experiment gefördert?

7. Am Ende von 9.4. steht die Frage: «Wie lösen sich Tabletten auf?». Welche der in 9.4 für die 9. Klasse formulierten Kompetenzen werden durch dieses Experiment gefördert bzw. getestet? Analysieren Sie dazu die Teilfragen 1–4 aus der Aufgabenstellung (Ende Kap. 9.4).

8. Formulieren Sie für das Experiment zu den Tabletten (Ende Kap. 9.4) die Hypothese. Notieren Sie die abhängige und unabhängige Variable und erläutern Sie den Kontrollversuch.

9. Kapitel 9.6 enthält mehrere Tipps und Anregungen für die Praxis. Nennen Sie drei, welche Sie bisher vielleicht zu wenig berücksichtigt haben. Wie und wo könnten Sie sie besser umsetzen?

Lösungen

1. Experimente zu den Keimungsbedingungen von Pflanzen (Sind zur Keimung von Bohnen Wasser, Licht, Wärme oder die Samenschale notwendig?); Löslichkeit von Stoffen in Wasser (Lösen sich Zucker, Mehl, Salz, Sägemehl … in Wasser?), Anziehung von Gegenständen durch Magnete.

2. Mögliche Fragen: Wie verändert sich mein Schatten im Verlauf eines Tages, in den Jahreszeiten (ab 3. Klasse)? Was beeinflusst das Wachstum von Schimmel auf Brot (ab 4. Klasse)? Warum rostet ein Nagel, und was beeinflusst, wie schnell er rostet (Sek. I)? Wozu dient die Fettschicht bei Tieren (Sek. I)?

3. Mögliche Kompetenzen für die 2., 6. und 9. Klasse finden sich in 9.4.

4. Sie sollten um die Verwendung von Dreiecken im Alltagsgebrauch wissen und mit der Geometrie der Strahlensätze vertraut sein. Um überhaupt auf die Idee der Höhenmessung mithilfe eines rechtwinkligen, gleichschenkligen Dreiecks zu kommen, sollten solche im Materialpool vorhanden sein. Hilfreich ist eine Zeichnung, die auch noch die Augenhöhe der messenden Person in Betracht zieht. Genauere, auch weiterführende Angaben sind zu finden bei www.globe-swiss.ch oder www.globe-germany.de (Landbedeckung).

5. Qualitativ ist es dann, wenn einfach eine Beschleunigung des Pulses gegenüber dem Ruhepuls festgestellt wird. Quantitativ wird es, wenn Pulswerte gemessen und verglichen und mit verschiedenen Bewegungsarten in Bezug gesetzt werden.

6. Es werden u.a. gefördert: Fragen, Vermutungen und Problemstellungen aufwerfen; angeleitet Erkundungen, Untersuchungen und Experimente durchführen; Messungen vornehmen, Daten sammeln und auswerten.

7. Teilfragen 1–3: Wahrnehmen: Beobachten und Beschreiben eines Phänomens, Erkennen einer Problemstellung. Prüfen: Experimentieren, Auswerten, Beurteilen, kritisches Reflektieren von Hypothesen. Teilfrage 4: Beschreiben von Zusammenhängen, Abstrahieren, Transferieren.

8. Hypothese: Je heißer das Wasser, desto rascher löst sich die Tablette auf. Abhängige Variable: Zeit des Auflösens. Unabhängige Variable: Wassertemperatur. Kontrollversuch: Auflösungszeit bei Zimmertemperatur.

9. Eigene Antwort.

9.7   Anregungen für die Schulpraxis und zum Weiterstudium

Grundlagenartikel und Beispiele für alle Stufen

Handbücher zum Sachunterricht und zu naturwissenschaftlichen Fachdidaktiken sowie Unterrichtsmaterialien zu naturwissenschaftlichen Denk- und Arbeitsweisen enthalten immer auch ein Kapitel zum Experimentieren. Grundlegendes findet sich z. B. bei:

- *Duit*, R. et al. (2004): *Naturwissenschaftliches Arbeiten – Unterricht und Material* 5–10. Seelze: Friedrich Verlag (Kap. 3).
- *Hartinger*, Andreas (2007). *Experimente und Versuche. In: Reeken*, Dietmar (2007): Handbuch Methoden im Sachunterricht. Hohengehren: Schneider Verlag, S. 68–75.
- *Killermann*, W., *Hiering*, P., *Starosta*, B. (2011), 14. Auflage. *Biologieunterricht heute. Eine moderne Fachdidaktik.* Donauwörth: Auer Verlag (Kap. 6).
- *Mayer*, Jürgen (Hrsg.) (2006). *Offenes Experimentieren (Themenheft). Unterricht Biologie*, Nr. 317. Velber: Friedrich Verlag.

Inquiry Approach sowie Aufbau der Experimentierfähigkeit

Als Einstieg in den Inquiry Approach und die Stadien des Experimentierzyklus mit vielen verständlichen Beispielen und Übungsvarianten:

- *Rezba*, Richard J., *Sprague*, Constance R., *McDonnough*, Jacqueline T. & *Matkins*, Juanita J. (2007). *Learning and Assessing Science Process Skills. Fifth Edition.* Dubuque: Kendall/Hunt.
- *Llewellyn*, D. (2013). *Teaching High School Science Through Inquiry and Argumentation.* Thousand Oaks, Ca: Corwin Press.

Konkrete Experimentiervorschläge

Vielfältige Anregungen und thematische Beispiele zur Umsetzung des Experimentierzyklus finden sich unter anderem in folgenden Publikationen:

- *Broll*, Christine (2008). *Warum Blumen bunt sind und Wasserläufer nicht ertrinken.* Freiburg im Breisgau: Herder Verlag (Primarstufe).
- *Kahlert*, Joachim & Demuth, *Reinhard* (Hrsg.) (2007). *Wir experimentieren in der Grundschule. Einfache Versuche zum Verständnis physikalischer und chemischer Zusammenhänge.* Köln: Aulis Verlag (Primarstufe).
- *Phänomenal: Naturbegegnung, Energie – Materie.* Bern: Schulverlag blmv. *www. schulverlag.ch* (Klassenmaterial, ab 5. Klasse).

10 IKT im naturwissenschaftlichen Unterricht sinnvoll einsetzen

Martin Lehmann

Das zentrale Anwendungskriterium für IKT im naturwissenschaftlichen Unterricht ist die Frage nach dem didaktischen Mehrwert.

Informations- und Kommunikationstechnologie (IKT) ist ein Sammelbegriff für alle Formen der elektronischen Verarbeitung in den Bereichen Information und Kommunikation, der digitalen Medien und des E-Learnings. Die zentrale Frage lautet: Können durch den Einsatz von IKT Unterrichtsziele erreicht werden, die sonst gar nicht oder nur wesentlich schlechter erfüllt werden könnten?

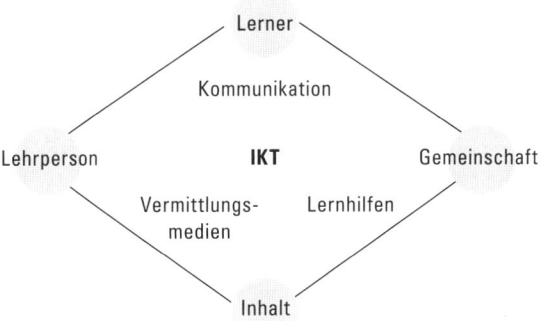

(nach Moser, 2005)

Die erfolgreiche Verwendung von IKT im Unterricht kann sowohl im Bereich der fachlichen Ziele als auch im motivationalen Bereich einen Mehrwert erbringen:

- effizienteres Erreichen der fachlichen Ziele,
- motivierendere Wege zum Ziel,
- Fördern überfachlicher Kompetenzen (z. B. Quellenbeurteilung, Vermittlung moderner naturwissenschaftlicher Methoden),
- Ermöglichen von individualisierterem Lernen,
- vereinfachter, vielfältigerer Austausch in der Gruppe.

10.1 Der Stellenwert der IKT in Alltag und Schule

IKT ist bei Schülerinnen und Schülern in deren Alltag (aber nicht automatisch in deren Schulalltag) integriert. Mehr als zwei Drittel der Elfjährigen besitzen ein Mobiltelefon, inhaltlich bedeutet der Computer für Kinder zwischen 6 und 13 Jahren vor allem Computerspiele, Arbeiten für die Schule und das Surfen im Internet. Mit zunehmendem Alter werden auch häufiger die kommunikativen Möglichkeiten des Netzes genutzt. Am wichtigsten sind hierbei E-Mail und Chat, aber Instant Messenger und Communities gewinnen an Bedeutung. Mehr als die Hälfte der 12- bis 19-jährigen Internet-Nutzer besuchen mehrmals pro Woche Online-Communities (Medienpädagogischer Forschungsverbund Südwest, 2012).

Die Integration von IKT im naturwissenschaftlichen Unterricht kann bei gezieltem Einsatz einen Mehrwert bieten, der über die bloße Steigerung der Motivation hinausgeht. Die Nutzung von IKT garantiert aber nicht automatisch guten Unterricht. Für den Erfolg ausschlaggebend sind didaktische Konzepte, die darauf abzielen, selbstverantwortliches, individualisiertes und kooperatives Lernen zu fördern. Die Rolle der Lehrkraft ändert sich grundlegend: Der Instruktionsanteil nimmt ab und die Funktion als Lernberatung und Lernbegleitung wird zentral (Kap. 12). Die Schülerinnen und Schüler arbeiten individueller und eigenverantwortlicher, und der Austausch zwischen den Lernenden wird wichtiger (Reinmann, 2005).

Der Einsatz von IKT berührt in der Regel auch mediendidaktische Ausbildungsaspekte und sollte immer von einer Methodenreflexion mit den Schülerinnen und Schülern begleitet sein: Welches elektronische Hilfsmittel ist im Zusammenhang der behandelten Frage sinnvoll? Nur durch den Einbezug der persönlichen Geräte der Lernenden (z. B. ihres Mobiltelefons) und eine angemessene Methodenschulung wird eine nachhaltige Bereicherung des Personal Learning Environments der Schülerinnen und Schüler erreicht.

Die Nachhaltigkeit des IKT-Einsatzes wird wesentlich vom Ausbildungsstand und der Routine der Lehrpersonen im Umgang mit IKT geprägt. Als wirksame Einflussgrößen stellen sich folgende Punkte heraus:

- Anzahl Fortbildungstage und Tagungsbesuche,
- Regelmäßiger Erfahrungsaustausch unter Kolleginnen und Kollegen,
- Technische Unterstützung innerhalb der Schule,
- Eigene Haltung gegenüber der IKT.

Checkliste zum IKT-Einsatz

Der unreflektierte, überschwängliche Einsatz von IKT im Unterricht kann auch über das Ziel hinausschießen. Die Attraktivität der neuen technischen Möglichkeiten kann sich ohne didaktisches Konzept in der Unterrichtsplanung ins Gegenteil verdrehen. Folgende Fragen helfen bei der Entwicklung eines langfristig tragfähigen Konzeptes:

Äußerliche Voraussetzungen

- Welche Hardware steht zur Verfügung: a) im Klassenzimmer, b) im Naturwissenschaftszimmer?
- Wie kann ich die Geräte der Schülerinnen und Schüler integrieren, z. B. Mobiltelefon oder persönliche Digitalkamera?

Lernvoraussetzungen und -wege der Lernenden

- Wie werden Basiskenntnisse der Lernenden in IKT sichergestellt? Schülerinnen und Schüler mit geringen Basiskenntnissen verlieren sonst im Fachunterricht schnell den Anschluss, weil sie durch den Einsatz von elektronischen Werkzeugen, die sie nicht richtig beherrschen, häufig überfordert werden.
- Wie berücksichtige ich die unterschiedlichen IKT-Kenntnisse der Lernenden?

Methodische Überlegungen

Ein systematischer Computereinsatz im Unterricht erfordert eine veränderte Form der Unterrichtsführung und -vorbereitung. Neue Unterrichtsformen bedeuten zunächst immer einen Mehraufwand.

- Führt der Computereinsatz dazu, dass weniger Realexperimente durchgeführt werden?
- Welche individualisierenden Unterrichtsmethoden verbinde ich mit dem Einsatz der IKT? Der Einsatz von IKT bedeutet eine Entwicklung weg von passivrezeptiven Lernformen hin zu interaktiven Formen mit selbstkonstruiertem Wissen und sozialkooperativem Lernen via Internet.

Voraussetzungen der Lehrenden

- Welche Bedenken habe ich persönlich gegenüber dem IKT-Einsatz?
- Wie stelle ich den Erfahrungsaustausch mit meinen Kolleginnen und Kollegen sicher?

10.2 Kollaboratives Lernen

Lernen als individuell unterschiedlicher Prozess erfordert das Anbieten vieler verschiedener Lernwege. Lernen wird als handlungsorientiertes, aktives Konstruieren eines Wissen- und Können-Netzes im Austausch mit anderen Lernenden verstanden (Kap. 4 und 15). Der Einsatz von elektronischen Lernmitteln und Online-Materialien in Unterstützung des Präsenzunterrichts innerhalb der Schule als sogenanntes Blended Learning (wörtlich «gemischtes Lernen») bewirkt eine Entwicklung weg von passiv-rezeptiven Lernformen hin zu interaktiven Lernformen mit selbstkonstruiertem Wissen und sozialkooperativem Lernen via Internet. Dabei wird der Hauptvorteil der IKT, die Unabhängigkeit von Zeit und Raum, bei der Beschaffung von Informationen und der Kommunikation mit dem größten Vorteil des Präsenzunterrichts, der hochwertigen sozialen Interaktion, kombiniert. Eine Lernumgebung wird heute normalerweise aus mehreren unabhängigen Tools zusammengesetzt, die situationsbezogen lose gekoppelt eingesetzt werden.

Wikis, Blogs und Online-Textverarbeitungen bewähren sich als einfache und rasch produktiv einsetzbare Hilfsmittel. Bei ihnen steht der rasche, unkomplizierte Austausch in der Gruppe im Vordergrund. Elektronische Kommunikationsformen in Echtzeit (z. B. *Chatsysteme*) spielen im Unterricht eine untergeordnete Rolle, haben aber für die Schülerinnen und Schüler im individuellen Austausch eine große Bedeutung erlangt (Dietrich, 2008).

Kriterien einer elektronisch unterstützten Lernumgebung

- *Anwendungsbezug:* Der Umgang mit realen Problemstellungen und authentischen Situationen wird ermöglicht und angeregt. Lernende werden darin mit authentischen Aufgaben konfrontiert, die den Erwerb anwendungsbezogenen Wissens fördern.

- *Soziale Lernarrangements:* Kooperatives Lernen und Problemlösen ist für die Bearbeitung komplexer Probleme und für die Vertiefung von Wissen zentral. Dabei werden auch soziale Kompetenzen der Koordination, Kommunikation und Kooperation geübt.

- *Instruktionale Anleitung und Unterstützung:* Der selbstgesteuerte Umgang mit komplexen Aufgaben und vielfältigen Informationsangeboten stellt für viele Lernende eine Herausforderung dar. Genaue Aufgabeninstruktionen, kontinuierliche Begleitung der Gruppenprozesse, Vorgabe von Gruppen- und Moderationsregeln oder häufiges Feedback sind wichtige Gelingensfaktoren (Mandl & Kopp, 2006).

Stärken von Blended Learning und Präsenzunterricht

Stärken von Blended Learning und Präsenzunterricht	
Blended Learning	*Präsenzunterricht*
■ ermöglicht Zusammenarbeit über größere Distanzen	■ kommt ohne technische Hilfsmittel aus
■ fördert und erfordert aktives selbstständiges Lernen	■ ermöglicht großes Spektrum für Interaktionen und (non-) verbalen Kontakt
■ ermöglicht ein individuelles Arbeitstempo und einen eigenen Zeitplan	■ bietet gute Klärungsmöglichkeiten auf Sach- und Beziehungsebene sowie rasches Reagieren auf Störungen
■ bietet Voraussetzungen für den zeit- und ortsunabhängigen Austausch von Arbeiten und Informationen in der Gruppe	■ vereinfacht aufwendige Absprachen und das Lösen von komplexen Problemen (auf sozialer, fachlicher und organisatorischer Ebene)
■ spricht durch den Einsatz unterschiedlicher Lernmedien verschiedene Lerntypen an	■ stärkt die Motivation der Individuen durch Direktkontakt in der Gruppe
■ kann gemeinsame Präsenzzeiten minimieren	■ fördert und erfordert soziales Lernen
(nach Berlinger & Suter, 2002)	

Aufgabe 1: Schwächen von Blended Learning und Präsenzunterricht

Erstellen Sie eine zu den Stärken analoge Tabelle über die Schwächen von Blended Learning und Präsenzunterricht.

Aufgabe 2: Wiki zum Thema «Temperaturabhängige Prozesse» (1.–9. Klasse)

Erstellen Sie für Ihre Schulstufe eine Anfangsstruktur für ein Wiki (Anleitung und Gratis-Wiki z. B. auf *http://www.wikispaces.com*) mit folgenden Lernzielen:
1. Die Bedeutung von temperaturabhängigen Prozessen im Alltag erkennen.
2. Phänomene zusammentragen, sie beobachten und beschreiben.
3. Gemeinsam Schlussfolgerungen und Vermutungen (evtl. Gesetzmäßigkeiten und Theorien) formulieren.

10.3 Digitale Geräte der Schülerinnen und Schüler

Der Computer ist nur ein Arbeitsmittel unter anderen, die im Klassenunterricht überall dort eingesetzt werden, wo es sinnvoll ist. Weil der Computer selbst nicht das zentrale Unterrichtsmittel ist, braucht es oft auch nicht für alle Lernenden ein eigenes Gerät. Vielmehr gibt es viele Unterrichtsszenarien und Unterrichtsformen, in denen je nach Klassenstärke drei bis acht Geräte für die ganze Klasse ausreichen. Die Schule stellt in diesem Fall die gesamte Infrastruktur (PC/Notebook, Peripheriegeräte, Netzwerk, Internetzugang) zur Verfügung.

Verlagerung aller elektronisch gestützten Arbeiten ins Internet.

Einen didaktischen Mehrwert zu einem schulhausinternen Server bietet eine internetbasierte Dateiablage (z. B. *https://www.box.net*), da diese jederzeit auch von zu Hause erreichbar ist. Auch Applikationen wie Tabellen- und Textverarbeitung, Bildbearbeitung, Präsentationen usw. sind internetgestützt möglich.

Individuelle Geräte im persönlichen Besitz der Lernenden

Durch die Zunahme persönlicher Geräten der Schülerinnen und Schüler (Netbook, modernes Mobiltelefon usw.) verändern sich die Infrastruktur-Anforderungen an die Schule: Sie muss heutzutage dafür sorgen, dass Lernende auch mit privaten Geräten eine Grundinfrastruktur nutzen können, die mindestens den Internetzugang umfasst.

Notebooks/Tablets

Die Beweglichkeit der Geräte macht sie zum elektronischen Hauptwerkzeug. Für den Einsatz in der Schule ist vor allem auf kleines Gewicht und lange Akkulaufzeit zu achten. Eine Besonderheit bieten die Tablets, die sich mittels Fingergesten direkt auf dem Display bedienen lassen.

Mobiltelefon, Digitalkamera

Mehr als zwei Drittel der Elfjährigen besitzen ein Mobiltelefon. Die meisten dieser Telefone haben eine eingebaute Kamera, mit der sich auch kleine Videosequenzen aufnehmen lassen. Mobiltelefone weisen meist auch eine eingebaute Stoppuhr auf.

Dem Back-up Beachtung schenken

Um langfristig ohne Probleme mit den elektronisch gespeicherten Dokumenten arbeiten zu können, hat es sich bewährt mit allen Beteiligten die Namensgebung der Dokumente zu standardisieren (mindestens Bezeichnung, Autoren, Datum) und eine regelmäßige Sicherheitskopie zu erstellen.

Beispiel Fotoserie: Bild und Ton als Gestaltungsmittel in Schülerhand

Die Schülerinnen und Schüler erhalten den Auftrag, einen Vorgang als Fotoserie zu dokumentieren. Die Fotos lassen sich entweder als statische Fotoserie ausdrucken oder aber als kleiner Trickfilm animieren und vertonen (sehr geeignet ist dazu die gratis erhältliche Software SAManimation).

Die Lernenden:

- erhalten den Auftrag,
- entwickeln eine Lösung in Form eines Drehbuchs,
- produzieren Rohmaterial (Bild und Vertonung),
- sichten und bearbeiten das Material,
- erstellen das Schlussresultat.

Beispiel: Digitale Fotoexkursion

Mit der digitalen Fotoexkursion können die Schülerinnen und Schüler einen neuen Zugang zu einem naturkundlichen Thema finden.

- Die Lehrperson führt in das Thema ein,
- Sie erläutert die Aufgabe und verteilt eventuell einen Arbeitsbogen.
- Digitale Fotoexkursion: Arbeit in Kleingruppen zu 3–5 Schülern, pro Gruppe kommt eine Digitalkamera zum Einsatz.
- Nach der Exkursion werden die Bilder auf den Computer übertragen, gesichtet und bearbeitet.
- Die Kleingruppen stellen ihre Bilder mittels eines Beamers im Plenum vor und erläutern dabei ihre Überlegungen.

Eine weitere Verwendung der Arbeitsergebnisse (z. B. Veröffentlichung auf der Schul-Homepage) kann sich anschließen.

Aufgaben

- Überlegen Sie sich ein Experiment, das Sie mit einer Fotoanleitung vollständig beschreiben können, und erstellen Sie die Versuchsanleitung in Form einer Abfolge von Fotos.

- Beschreiben Sie ein Experiment, das die Schülerinnen und Schüler zu Hause durchführen und mit einer Digitalkamera oder Handykamera vollständig dokumentieren können. Erstellen Sie eine Anleitung dazu.

10.4 Internet als Wissensquelle

Das Internet wird von den Lehrkräften intensiv zur Recherche von Unterrichtsmaterial genutzt. Es ist auch für die Lernenden zunehmend allgegenwärtig. Wikipedia und Google sind die wichtigsten Werkzeuge der Schülerinnen und Schüler. Die Schule ist nicht mehr die einzige Wissensaufbereiterin, die bisherige Bedeutung von Schulbüchern wird ergänzt durch Online-Quellen. Verglichen mit seiner Alltagsbedeutung, kommt das Internet im Unterricht bislang noch relativ selten zum Einsatz.

Potenziale des Internets als Informationsquelle

■ *Authentische Inhalte.* Online verfügbare, echte Daten bieten ein großes Potenzial an Informationen, die nicht bereits gefiltert oder reduziert wurden. Es lässt sich ein Kontext schaffen, der das problemorientierte Lernen fördert: Echtheit, Relevanz, Datenqualität, große Datenmenge (in vielen Fällen ist allerdings noch eine Datenaufbereitung notwendig).

■ *Vereinfachte Bearbeitung.* Digitale Inhalte lassen sich gegenüber gedruckten Erzeugnissen leichter durchsuchen, speichern, abändern und weiterverarbeiten.

■ *Selbstgesteuertes Lernen.* Internetrecherchen fördern ein entdeckendes und selbstständiges Lernen. In Einzel- oder Partnerarbeit können Vorgehen und Arbeitsgeschwindigkeit individuell angepasst werden.

■ *Vielfalt und Aktualität.* Möglichkeit der standortunabhängigen, weltweiten Verknüpfung digitaler Inhalte. Ein Ereignis kann durch das elektronisch einfache Recherchieren in verschiedenen Quellen differenziert aus verschiedenen Perspektiven wahrgenommen werden. Das Internet erreicht heute eine mit Tageszeitungen und Fernsehen vergleichbare sehr hohe Aktualität. Der Bezug auf aktuelle Daten ist interessanter als die Verwendung veralteter Beispiele.

Gefahren der Internetnutzung

■ *Einseitige Nutzung von Informationsquellen.* Durch den einfachen Zugang verdrängt das Internet andere relevante Quellen, wie Fachbücher und Fachzeitschriften. Die Fähigkeit, die Qualität von Quellen zu prüfen, ist für die eigene Arbeit entscheidend.

■ *Informationsüberflutung und Orientierungslosigkeit.* Die Gefahr des Ablenkungspotenzials des Internets ist groß. Attraktiv aufgemachte, ablenkende Seiten, aber auch Seiten mit jugendgefährdendem Inhalt können nicht effektiv abgeschirmt werden (Schrackmann et al., 2008).

Qualitätskontrolle von Internetquellen

Checkliste für Lernende zur Qualitätsüberprüfung einer Website

1. Sind die Ziele der Website klar und offengelegt?

2. Wer sind die Autoren, und wann ist die Website entstanden?

3. Existieren klare Angaben zu den Informationsquellen, die zur Erstellung der Website herangezogen wurden (neben der Autorin oder dem Hersteller)?

4. Enthält die Website detaillierte Angaben über weitergehende Hilfen und Informationen?

5. Gibt es Äußerungen zu Bereichen, für die keine sicheren Informationen vorliegen?

6. Scheint die Website ausgewogen und unbeeinflusst geschrieben?

7. Gibt es weitere, von dieser Website unabhängige Quellen, die die Aussagen bestätigen?

Beispiel: Fallanalyse (5.–8. Schuljahr) «Die Mondlandelüge»

Seit Beginn der Mondlandeexeditionen existiert der Vorwurf, alle Mondflüge seien nur vorgetäuscht worden. Auf dem Internet gibt es sowohl Websites, die diese These vertreten, als auch Sites, die diese Argumente widerlegen.
Ein guter Ausgangspunkt für die Untersuchung ist die Zusammenfassung auf Wikipedia (nach «Verschwörungstheorien zur Mondlandung» suchen). Ein typischer Vertreter der Verschwörungstheorie ist z. B. auf *http://www.geschichteinchronologie.ch/atmosphaerenfahrt-index.html* zu finden, ein fundierter Gegenbeweis findet sich z. B. unter *http://www.mondlandung.pcdl.de/*

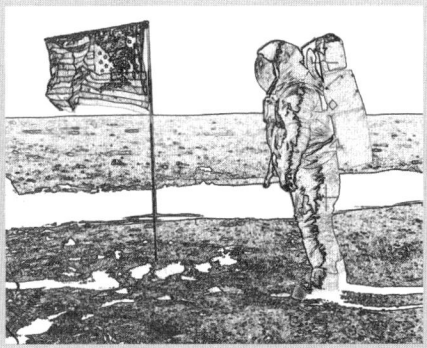

Suchen Sie für Ihre Stufe weiteres passendes Informationsmaterial zum Thema (Bücher, Zeitungsartikel, Fachinformation etc.), bereiten Sie dieses gegebenenfalls auf und lassen Sie anschließend Schülergruppen den Fall unter Zuhilfenahme der Checkliste bearbeiten.

10.5 Internet als Austauschplattform

Im Rahmen der IKT stehen heute ganz verschiedene Kommunikationswerkzeuge zur Verfügung: E-Mail, SMS, Chat, Online-Foren, Instant Messenger, Audio- und Video-Konferenzen. Im üblichen Präsenzunterricht werden diese neuen Medien unterstützend und erweiternd eingesetzt; sie sollen den Direktkontakt auf keinen Fall ersetzen. Das Internet eröffnet neue Möglichkeiten dadurch, dass sich distanzunabhängige Kontakte zwischen Schülergruppen hervorragend etablieren lassen.

1. *Austausch in geschlossener Gruppe mit bekannten Mitgliedern* (eigene Klassen, Schulhaus, regionaler Klassenaustausch): Die Bereitstellung der erarbeiteten Materialien für andere Personen ist durch die erhöhte Verbindlichkeit der Resultate ein motivierender Faktor im Lernprozess. Die Aufbereitung der Ergebnisse des eigenen Lernens tragen zu einer Vertiefung des eigenen Verständnisses bei. Die elektronischen Möglichkeiten erleichtern eine rasche Publikation mit relativ kleinem Aufwand.

2. *Austausch mit einer anderen Klasse ohne Direktkontakt:* Hier bietet sich als fächerübergreifender Aspekt die Zusammenarbeit mit anderen Fachlehrkräften an, z. B. im Rahmen des Austauschs mit einer fremdsprachigen Klasse.

3. *Mitarbeit an einem größeren Schulprojekt mit vielen Klassen:* Die Beiträge der vielen Teilnehmenden werden zusammengetragen und allen wieder zur Verfügung gestellt.

Die verschiedenen Kommunikationsarten lassen sich nach der zeitlichen Präsenz der Kommunikationspartner charakterisieren:

- *Synchrone Kommunikationsmittel* erfordern die zeitgleiche Nutzung des Kommunikationswerkzeugs durch die beteiligten Personen. Dadurch lassen sich Nachrichten einem Gespräch ähnlich schnell hin und her schicken. Neben dem textbasierten *Chat* ermöglichen *Audio-* und *Videokonferenzen*, oft ergänzt durch eine *digitale Wandtafel*, einen multimedialeren Austausch.

- *Asynchrone Kommunikation* verlangt keine gleichzeitige Präsenz der Kommunikationspartner. Die Nachricht wird auf einem Server hinterlegt, geantwortet wird später. Die meisten IKT-Werkzeuge funktionieren asynchron: Bei *E-Mail* und *SMS* werden Texte verschickt, bei *Wikis, Blogs* und *Foren* werden die Nachrichten auf dem Server gespeichert. Sie bieten mehr Zeit zum Nachdenken über Beiträge, aber durch den Zeitversatz und die größere Textbezogenheit auch weniger direkte Rückmeldungen.

Potenziale der Online-Kommunikation

Beurteilung von im Internet verfügbaren Kommunikationswerkzeugen
1. Erfüllt der Dienst die Anforderungen an Datenschutz und Privatheit?
2. Ist das Angebot auch bei intensiverem Gebrauch noch kostenlos?
3. Genügt die zur Verfügung stehende Bandbreite? (z. B. Videokonferenz!)
4. Muss zusätzlich auf dem lokalen PC Software installiert werden?
5. Ist die Handhabung genügend einfach?
6. Sind die angebotenen Funktionen für die Schule passend?
7. Können gespeicherte Daten einfach transferiert werden?
8. Wie wird das Angebot finanziert?

Oft werden spezialisierte, den Schulen vorbehaltene Online-Lernplattformen verwendet (Kapitel 10.8).

Beispiel eines internationalen Projekts

Web Science Project GLOBE

GLOBE (Global Learning and Observations to Benefit the Environment) ist ein weltweites Projekt, das naturwissenschaftliche Forschung und Bildung in sinnvoller Weise miteinander verknüpft. Im Rahmen von GLOBE können Schülerinnen und Schüler umweltrelevante Daten aus ihrer eigenen Schulumgebung regelmäßig erfassen. Diese Daten werden mithilfe weltweit einheitlicher Messprotokolle nach wissenschaftlichen Standards erhoben und via Internet in eine zentrale Datenbank eingespeist. Die im eigenen Umfeld zusammengetragenen Daten werden einzeln oder zusammen mit Daten anderer Schulen und mit auf anderen Wegen gewonnenen Daten (z. B. aus Satellitenbildern) direkt per Internet ausgewertet und als Karten oder in Diagrammform visualisiert. Alle lokalen Datensätze sind somit weltweit mit denen der anderen Schulen vergleichbar. Inzwischen beteiligen sich über 24 000 Schulen aus mehr als 100 Ländern an dem Projekt. GLOBE unterstützt internationale Kontakte zwischen Lernenden und bietet dazu im Internet einen Bereich Schulzusammenarbeit an. Dabei werden E-Mail, themenbezogene Chats, gemeinsame Projekte und internationale Schülertreffen genutzt.

- Internationale Website des Projekts: *http://www.globe.gov/de/home*
- Website Europa: *http://www.globe-europe.org*

10.6 Naturwissenschaftliche Software

Das reale naturwissenschaftliche Experiment ist durch keine auch noch so raffinierte Simulation zu ersetzen – und es soll auch nicht ersetzt werden! Es gibt aber Situationen, in denen IKT-Hilfsmittel den naturwissenschaftlichen Unterricht gezielt verbessern können (Prenzel et al., 2003):

1. *Messwerterfassung und Datalogger*
   Die elektronischen Hilfsmittel ermöglichen, Prozesse zu messen, die mit einfachen manuellen Methoden nicht bewerkstelligt werden können, weil entweder die Dauer der Messung zu groß ist, zu viele Messungen durchgeführt werden müssen oder die einzelnen Messungen zu schnell aufeinander folgen müssen. Hier bieten sich elektronische Messsysteme an, die in unterschiedlicher Komplexität und verschiedenen Preisklassen heute von allen Lehrmittelfirmen angeboten werden. Bei der anschließenden Datenauswertung greift man entweder auf spezialisierte Auswertesoftware zurück oder verarbeitet die Daten in einer Tabellenkalkulation weiter.

2. *Lehrsysteme*
   Die Software übernimmt die Rolle der Lehrperson und präsentiert Lerninhalte im auf den Lernenden angepassten Tempo. Qualitativ bessere Lernprogramme erstellen den Lehrweg aufgrund der individuellen Antworten des bzw. der Lernenden und passen ihnen ein ausführliches Antwortsystem an.

3. *Simulationssoftware*
   In interaktiv gestalteten Modellsituationen können die Lernenden durch Verändern von Wirkungsgrößen Vermutungen überprüfen, experimentieren und Zusammenhänge entdecken. Die sofortige Reaktion des Programms auf die Handlungen der Lernenden ermöglicht ein motivierendes Erkunden und fördert eine effiziente Hypothesenbildung.

4. *Experimentierumgebungen*
   Experimente, die in der Schule aus Sicherheits- oder Kostengründen nicht im Bereich des Möglichen liegen, können mit Computerprogrammen im Unterricht nachgestellt werden. Diese Art des Computereinsatzes sollte allerdings sehr kritisch hinterfragt werden und nicht dazu missbraucht werden, leichtfertig Realexperimente zu verdrängen.

5. *Wissenssysteme*
   Ein Wissensbereich wird in multimedial vielfältiger Weise in vernetzter Form dargeboten. Dank der Verknüpfung von Text, Abbildungen, Ton und Videosequenzen soll ein möglichst vielfältiges Lernarrangement erreicht werden, welches von den Lernenden selbstständig erforscht werden kann.

Kriterien zum sinnvollen Einsatz von Simulationen

Anfangsfragen

1. Welches Vorwissen brauchen die Lernenden, um die Simulation verstehen zu können?
2. Kennen die Schülerinnen und Schüler die dem Modell zugrunde liegenden Annahmen?
3. Welche Aspekte der Wirklichkeit vernachlässigt die Simulation?
4. Welche Arbeitsanweisungen müssen gegeben werden?

Beurteilung der Interaktivität und Komplexität

5. Grad der Anpassung der Hilfefunktion an die Lernenden,
6. Abhängigkeit der Rückmeldung vom Antwortverhalten der Lernenden,
7. Auswahlmöglichkeit des Schwierigkeitsgrades mittels Parameter,
8. Speicherung des Lernfortschritts.

(nach Schulmeister, 2002)

Beispiel: Simulationssoftware Bridge Designer

Das Programm «West Point Bridge Designer» ist eine Simulationssoftware, welche die Konstruktion einer Brücke am Computer erlaubt, wobei man auf alle Konstruktionsmerkmale der Brücke zugreifen und diese verändern kann. Es stehen vorgefertigte Brückenmodelle zur Verfügung, oder man kann eine Konstruktion von Grund auf selber erstellen. Bereits während des ganzen Konstruktionsvorgangs kann die Brücke mit einem darüberfahrenden LKW als Last getestet werden.

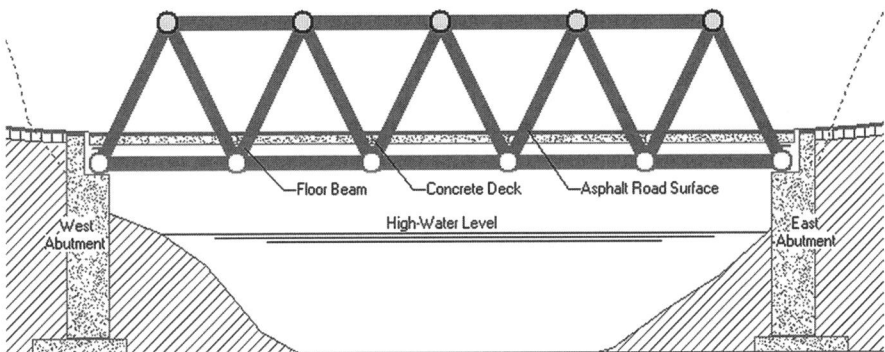

10.7 Tests zur Selbstkontrolle – Anstöße zum Weiterdenken

1. Charakterisieren Sie mit Stichworten drei Hauptunterschiede von Wiki und Blog.
2. Nennen Sie einige unerwünschte Nebenwirkungen beim Einsatz von IKT im Unterricht.
3. Zählen Sie drei Vorteile des Blended Learnings gegenüber reinem Präsenzunterricht auf.
4. Welche Vorteile ergeben sich aus der Verlagerung der genutzten Dienste ins Internet gegenüber einer Speicherung im lokalen Schulnetzwerk?
5. In welchen Unterrichtssituationen eignet sich der Einsatz von synchronen Werkzeugen, in welchen derjenige von asynchronen?
6. Zählen Sie organisatorische Vorgaben auf, die beim selbstgesteuerten Lernen mit Blended-Learning-Tools beachtet werden sollten.
7. Welche Punkte müssen bei einem Back-up beachtet werden?
8. In Kapitel 10.4 sind in der Checkliste zur Qualitätsüberprüfung einer Website Beurteilungskriterien aufgeführt. Welche sind Ihrer Meinung nach die drei wichtigsten?
9. In Kapitel 10.4 wird als Beispiel für kontroverse Websites die Verschwörungstheorie rund um die Mondlandung erläutert. Zählen Sie weitere Themenbereiche auf, die im Internet kontrovers dargestellt werden.
10. Untersuchen Sie das Beispiel GLOBE in Kapitel 10.5 darauf, welche Kommunikationstools eingesetzt werden und wie E-Learning und Präsenzunterricht eingesetzt werden.
11. Laden Sie von der Adresse *http://bridgecontest.usma.edu/* die Gratis-Software «Bridge Designer» aus dem Beispiel in Kapitel 10.6 herunter und installieren Sie das Programm. Beurteilen Sie die Software anhand der Fragen 5–8 der Checkliste «Kriterien zum sinnvollen Einsatz von Simulationen» hinsichtlich der Interaktivität und Komplexität.

Lösungen

1. Beide: Serverbasierter Zugriff von überall her möglich. Wiki: inhaltlich geprägte Struktur, gemeinsame Arbeit an Dokumenten. Blog: Einzelautorin oder allenfalls Autorenkollektiv, chronologische Struktur.

2. Schülerinnen und Schüler mit zu geringen IKT-Basiskenntnissen verlieren den Anschluss, weil sie durch den Einsatz von elektronischen Werkzeugen, die sie nicht richtig beherrschen, häufig überfordert werden. Gefahr, dass weniger Real-experimente durchgeführt werden. Abhängigkeit von der Verfügbarkeit der Geräte. Hoher erster Vorbereitungsaufwand.

3. Siehe Unterkapitel 10.2 (Textboxen auf zweiter Seite).

4. Zeitlich und räumlich unabhängiger Zugriff, der nicht auf das Schulnetzwerk beschränkt ist. Höhere Datensicherheit durch professionellen Dienstleister.

5. Synchron: Entscheidungssituationen im Plenum, nonverbale Reaktionen wichtig. Asynchron: Zusammentragen von Gruppenarbeiten, thematisch zusammenhängender, aber zeitlich nicht koordinierter Unterricht der Lernenden, z. B. Wochenplanarbeit.

6. Genaue Aufgabeninstruktionen, kontinuierliche Begleitung der Gruppenprozesse, Vorgabe von Gruppen- und Moderationsregeln und häufiges Feedback.

7. Automatisierte Regelmäßigkeit des Back-ups, mehrere datumsidentifizierte Versionen aufbewahren, Back-up auf verschiedene Medien speichern (Online, Zweit-PC, externe Harddisk).

8. Die Gewichtung ist subjektiv. Aussagekräftige Kriterien sind: Autoren bzw. Autorinnen bekannt, Informationsquellen der Website offengelegt, es existieren weitere unabhängige Quellen mit gleicher Aussage.

9. Ermordung J. F. Kennedys, Kornkreise, UFO-Sichtungen, Virenfalschmeldungen (Hoaxes).

10. Blended Learning: Website mit Datenbank, E-Mail, themenbezogene Chats, internationale Schülertreffen.

11. Keine Anpassung der Hilfefunktion an die Lernenden, vielfältige statische Rückmeldungen, Auswahlmöglichkeit des Schwierigkeitsgrads durch Einblenden weiterer Hilfetools, Speicherung des Zwischenstands, sofortige Rückmeldung an die Lernenden durch Testmodus.

10.8 Anregungen für die Schulpraxis und zum Weiterstudium

Konkrete, fachdidaktisch reflektierte Unterrichtsbeispiele

- *http://www.zum.de* – Deutsche Zentrale für Unterrichtsmedien.
- *http://www.swisseduc.ch/* – International bekannter Schweizer Unterrichtsmaterialserver mit Schwergewicht auf Sekundarstufe II.
- *http://www.schule.at/* – Materialien unter der Rubrik Thema.

Projekte mit Partnerschulen

- *http://www.etwinning.net/* – Mehrsprachiges Portal zur Vermittlung von kurz- oder längerfristigen internationalen Schulpartnerschaften für jedes Unterrichtsfach.
- *http://www.stella-science.eu/* – Portal für Personen, die Naturwissenschaften unterrichten, ihre Erfahrungen mit anderen teilen, mit anderen zusammenarbeiten sowie ihre Ideen und Gedanken über Lehrmethoden und -ansätze austauschen möchten.

Spezialisierte Online-Lernplattformen für Schulen

- Deutschland: *http://www.lo-net2.de*
- Schweiz: *http://www.educanet2.ch/*
- Österreich: *http://www.edumoodle.at/*

Nützliche kostenlos erhältliche Software und Internet-Online-Dienste

- *http://audacity.sourceforge.net/* – Audacity: Intuitive, leistungsfähige Audiobearbeitungssoftware.
- *http://www.gimp.org/* – GIMP: Leistungsfähige Bildbearbeitungssoftware.
- *https://www.box.com* – Internetbasierte Dateiablage: Online-Dateiablage, bis zu 1 GB gratis.
- *http://www.samanimation.com/* – SAManimation: Einfache Produktion von Trickfilmen in Stop-motion-Technik mit einer Webcam.
- *http://www.wikispaces.com/* – Einfach zu handhabende *Wikis*, für die Schule gratis erweiterte Version.
- *https://www.blogger.com/* – Unkompliziert zu erstellende Blogs.
- *http://bridgecontest.usma.edu/* – West Point Bridge Designer: Brückenbau-Simulation mit interaktiver Testmöglichkeit (englisch).
- *http://www.crayonphysics.com/* – Crayon Physics Deluxe: Simulationsspiel, das die physikalischen Eigenschaften der Schwerkraft bei Bällen, Stöcken und vielen anderen Gegenständen in einer 2D-Oberfläche darstellt und benutzt.

11 Ausserschulische Lernorte nutzen

Pascal Favre und Susanne Metzger

Es gibt zahlreiche außerschulische Lernorte: angefangen bei verschiedensten Plätzen in der freien Natur über Museen und Science Center bis hin zu Firmen, die ihre Türen auch für Schulklassen öffnen. Alle diese Orte bieten die Chance, auf vielfältigste Weise mit allen Sinnen zu lernen. Im folgenden Kapitel werden die verschiedenen Möglichkeiten für den Bereich der Naturwissenschaften vorgestellt und Tipps zur Durchführung gegeben, sodass der Besuch eines außerschulischen Lernortes ein echtes Lernerlebnis und nicht bloß eine willkommene Abwechslung zum Schulzimmer ohne nachhaltige Wirkung wird.

11.1 Außerschulische Lernorte im Überblick

Ein wichtiges Anliegen der Schule ist die Vorbereitung der Lernenden auf die Anforderungen des Lebens und deren Hinführung zu den Zentren gesellschaftlicher Handlungsfelder. Diese lebensweltlichen Bezüge schafft sie paradoxerweise, indem sie als Institution aus dem Leben ausgegliedert bleibt. Im naturwissenschaftlichen Unterricht und im integriert arbeitenden Sachunterricht kann dieses Paradoxon zeitweise aufgelöst werden, wenn an außerschulischen Lernorten explizit Lernsituationen geschaffen werden (GDSU 2013).

Als außerschulischer Lernort kann jeder Ort verstanden werden, welcher zwecks organisierten Lernens außerhalb des Klassenzimmers gezielt aufgesucht wird. Durch die Organisation des Lernens, sie äußert sich beispielsweise in Lehrplanbezügen oder Zielorientierung, unterscheidet sich die Arbeit an außerschulischen Lernorten grundsätzlich von spontanem außerschulischem Lernen in der Freizeit.

Zwei Typen außerschulischer Lernorte lassen sich unterscheiden: Bei der ersten Kategorie handelt es sich um Orte, wo Inhalte pädagogisch-didaktisch und methodisch für aktive Erkundungs- und Lernprozesse bereits stufengerecht aufbereitet und dauerhaft verfügbar sind (Museen, zoologische oder botanische Gärten, Versuchslabors etc.). Hier bieten oft Fachpersonen wie Museums- oder Zoopädagoginnen bestehende Programme an. Die zweite Kategorie umfasst sämtliche anderen Orte, die zu Lernzwecken vorübergehend aufgesucht werden (die schulhausnahe Wiese, der benachbarte Handwerksbetrieb, das städtische Krankenhaus etc.). Diese Kategorie zeichnet sich durch Offenheit in Bezug auf Erschließungsaspekte, Erfahrungs- und Handlungsmöglichkeiten aus.

Im Zentrum des Unterrichts «without walls» (Haubrich, 2006) stehen Phänomene im Originalkontext. Die Authentizität dieser Primärbegegnung macht den Unterricht lebendig, motiviert und lädt zu eigenem Forschen und Entdecken ein. Unter entsprechender Anleitung werden Landschaften, Lebewesen, Produktionsstätten oder Artefakte durch die Lernenden mit Kopf und Herz erschlossen. Es werden aber nicht nur kognitive und affektive Zielbereiche erreicht; auch das instrumentelle (Beobachten, Messen, Zählen, Befragen etc.) und das sozial-kommunikative Lernen (Teamaufträge, Informationsaustausch, gemeinsame Erlebnisse auf Studienfahrten etc.) werden durch die unmittelbare, originale Begegnung gefördert. Daher darf von einem hohen Erinnerungswert und ausgeprägter Nachhaltigkeit ausgegangen werden.

Gezeichnet von Severin Bauer

11.2 Die Arbeit an außerschulischen Lernorten als integraler Bestandteil des Unterrichts

Unterricht wird meist in thematisch ausgerichteten, sich an Fach- und Lernbereichen orientierenden Unterrichtseinheiten geplant und umgesetzt. Für verschiedenste dieser Bereiche liegen originale Bezüge außerhalb des Schulzimmers. Es ist daher unabdingbar, Exkursionen zu außerschulischen Lernorten als integralen Bestandteil von Unterrichtseinheiten zu verstehen und sie entsprechend einzuplanen (Klaes, 2008). Dabei ist zum einen zu beachten, dass eine Exkursion an unterschiedlichen Stellen des Unterrichtsgeschehens stehen kann, zum anderen, dass zeitliche Länge sowie entsprechend Aktionsradius und Ausgestaltung von Exkursionen variabel sind.

Wird eine Exkursion an den Anfang einer Unterrichtseinheit gelegt, schafft sie als Einstiegserlebnis eine gemeinsame Basis innerhalb der Lerngruppe. So können einerseits soziale und affektive Ziele wie beispielsweise das Entwickeln einer Wissensbildungsgemeinschaft verfolgt und andererseits von den Lernenden auf der Basis dieser ersten Orientierung Fragen für den weiterführenden Unterricht aufgeworfen werden. Das Beobachten dieses Prozesses kann der Lehrperson Hinweise zur präkonzeptionellen Herangehensweise und zur Bedürfnislage der Schülerinnen und Schüler liefern. Damit wird es zur wichtigen Grundlage für die weitere diagnostische Planung des Unterrichts. In dieser Unterrichtsphase kann beispielsweise ein Herumstreifen als lose Kontaktform, verbunden mit naturerlebnispädagogischen Aktivitäten an einem außerschulischen Lernort, als Vorbereitung zu weiterem, intensiverem Erkunden innerhalb einer Unterrichtseinheit eingeplant werden.

Die Exkursion innerhalb einer Unterrichtseinheit wird in Abschnitt 11.3 ausführlich dargestellt.

Am Schluss einer Unterrichtseinheit übernimmt eine Exkursion die Funktion einer zusammenfassenden Bestätigung und Wiederholung. Lernkontrollen, zum Beispiel in Form von Arbeit an Stationen, und/oder spielerische Elemente können eingebaut werden.

Selbstverständlich ist es auch möglich, innerhalb einer Unterrichtseinheit einen außerschulischen Lernort mehr als einmal aufzusuchen oder im Rahmen einer Unterrichtseinheit mehrere thematisch passende Exkursionen zu verschiedenen Lernorten durchzuführen.

Allgemeine Ziele einer Exkursion

Unterteilung nach den Bereichen des deutschen Kompetenzmodells für die Naturwissenschaften (Kapitel 1.4)

Exkursion	**Fachwissen**	■ naturwissenschaftliche Phänomene und Prinzipien durch die Anschaulichkeit realer Begegnung erschließen	■ Problembewusstsein entwickeln ■ Bekanntes erkennen und einordnen ■ komplexe/abstrakte Zusammenhänge verstehen ■ neue Zusammenhänge entdecken
	Erkenntnisgewinnung	■ Beobachten, Vergleichen, experimentelle und andere Untersuchungsmethoden nutzen	■ Beobachten ■ Befragen ■ Zählen ■ Messen ■ Kreativität entwickeln ■ ganzheitlich und motivationsgesteuert lernen
	Kommunikation	■ Informationen/Daten gewinnen, auswerten und verarbeiten ■ Ergebnisse darstellen	■ in Bibliotheken, im Internet etc. recherchieren ■ Ergebnisse festhalten ■ Skizzen, Diagramme etc. zeichnen ■ Grafiken erstellen ■ Teamarbeit und Kooperation
	Bewertung	■ Sachverhalte in verschiedenen Kontexten erkennen und bewerten	■ ganzheitlich und motivationsgesteuert lernen ■ Qualifikation für die Bewältigung von Lebenssituationen erwerben

11.3 Besuch eines außerschulischen Lernortes innerhalb einer Unterrichtseinheit

Ist eine Exkursion in einer Einheit eingebunden, geht sie immer über ein einstimmendes Erlebnis hinaus und wird somit didaktisch komplexer. Sie ist zielgerichteter und themengebundener als das freie Herumstreifen. Es empfiehlt sich ein dreiphasiger Aufbau (nach Burk & Claussen, 1980):

(1) Vorbereitung im Schulzimmer

Die Vorbereitungsphase ist für die Lehrperson planungsrelevant. Den Schülerinnen und Schülern dient sie der Einstimmung, der Vororientierung, dem Aufbau von Erwartungen sowie dem Erwerben von Kompetenzen. Sie umfasst im Wesentlichen die Erhebung des Vorwissens, das Formulieren und Sammeln von Fragen zur Sache, die Ausarbeitung und Verteilung von Aufträgen und Aufgaben entlang der formulierten Fragen, das Sammeln von Informationsmaterial sowie das Erwerben von für das Handeln auf der Exkursion unabdingbaren Fertigkeiten.

(2) Durchführung der Exkursion

Während der eigentlichen Erkundung am außerschulischen Lernort tritt die Lehrperson so weit wie möglich zurück. Sie leitet die Lernenden in komplexen Sachzusammenhängen zum detaillierten Aufspüren und zum selbsttätigen Untersuchen mit unterschiedlichsten Zugriffsweisen wie Beobachten, Anfassen, Hinhören, Gespräche führen, Sammeln, Ordnen, Messen, Zeichnen, Malen oder Fotografieren an. Dabei ist darauf zu achten, dass bestehende Angebote am außerschulischen Lernort (Arbeitsblätter, Tafeln, Lernstationen etc.) für ein produktives und entdeckendes Lernen genutzt werden. Manche Lernergebnisse können direkt, d. h. am außerschulischen Lernort, vorgestellt, gedeutet und reflektiert werden.

(3) Auswertung im Schulzimmer

Im Zuge der Auswertung und Vertiefung im Schulzimmer werden die auf der Exkursion gewonnen Erkenntnisse in größere Zusammenhänge eingeordnet. Die gemeinsam erlebte, erfahrene und beobachtete Realität wird neu thematisiert und ihre Aneignung wird weitergeführt. Unterrichtsgespräche machen im Rückblick auf die Vorbereitung Lernfortschritte deutlich. Oft zufälliges subjektives Erleben wird zusammengefügt zu Gemeinschaftsarbeiten wie Gruppenberichten, Wandzeitungen, Ausstellungen etc. Diese Verdichtungen und Strukturierungen machen Ergebnisse sowie Zielsetzungen von Exkursionen anderen (anderen Klassen, Eltern, einer breiteren Öffentlichkeit) vermittelbar.

Ablaufschema einer Exkursion

(verändert nach Haubrich, 2006)

Vorbereitung	▪ Die Lehrperson legt die Lernziele für die Exkursion fest. ▪ Die Lehrperson wählt den außerschulischen Lernort aus. ▪ Die Lehrperson erarbeitet eine Sachanalyse: Wie funktioniert dieses oder jenes? Wie verhält es sich wirklich? ▪ Zusammen mit den Lernenden wird die Exkursion konzipiert: Was wollen wir herausfinden, und wie wollen wir dabei vorgehen? Wer macht was in welchen Teams? Aus der Fülle von Möglichkeiten wird eine interessierende und stufengerechte Auswahl getroffen. ▪ Die Lernenden sammeln Informationsmaterial. ▪ Die Lernenden eignen sich Fertigkeiten an: Bedienen eines Fernglases, Führen eines Interviews, ...
Exkursion	▪ Die Lernenden erkunden und orientieren sich. ▪ Die Lernenden erheben Daten: beobachten, anfassen, hinhören, bestimmen, Gespräche führen, sammeln, ordnen, messen, zeichnen, malen, fotografieren, ... ▪ Die Lernenden bereiten Kurzvorträge vor und referieren. ▪ Die Lernenden modellieren, spielen und gestalten. ▪ Die Lehrperson begleitet und hilft.
Auswertung	▪ Zusammen mit den Lernenden werden die Ergebnisse ausgewertet und gesichert. ▪ Erkenntnisse werden in Zusammenhänge eingeordnet. ▪ Die Lernenden präsentieren einander und anderen die Ergebnisse: Ausstellung, Poster, Quiz, Planspiel, Wandzeitung, ... ▪ Lernende und Lehrperson reflektieren die gesamte Sequenz.

11.4 Zum Stand der Forschung über außerschulische Lernorte

Einen sehr guten Überblick über den aktuellen Stand der Forschung im internationalen Kontext hat Rennie (2007) zusammengestellt. So trägt sie zum Beispiel die verschiedenen Möglichkeiten des außerschulischen Lernens zusammen und erläutert die Bedeutung des Lernens außerhalb der Schule bevor sie konkret auf die verschiedenen Arten von außerschulischen Lernorten eingeht. Eine Zusammenfassung der jüngeren Forschungsschwerpunkte und Ergebnisse im deutschsprachigen Raum findet sich bei Klaes (2008).

Vor allem in Deutschland wurden in jüngerer Zeit viele Untersuchungen zu Einstellungen von Lehrpersonen sowie zum Lernen in Science Centern und Schülerlaboren angestellt. Dabei kam heraus, dass es eine Diskrepanz zwischen den Erwartungen der Lehrpersonen und den Intentionen der Science Center oder Museen gibt: Während Lehrkräfte den Schülerinnen und Schülern eher affektive Erfahrungen ermöglichen möchten, stehen für Mitarbeitende in Science Centern oder Museen eher Lernzuwächse im Vordergrund. Forschungsprojekte im Bereich der tatsächlichen Gestaltung von Exkursionen ergaben, dass kaum Ziele zu erkennen sind, sich die Vorbereitung meist auf Organisatorisches beschränkt und während der Exkursion sehr ähnliche Lernstrategien wie im Schulzimmer angewendet werden. Darüber hinaus wird wenig nachbereitet (Griffin & Symington, 1997). Die Wirkung von Exkursionen ist allerdings trotzdem mehrfach nachgewiesen worden: Die Schülerinnen und Schüler lernen und vergessen das Gelernte kaum, wobei sich eine Mischform aus Konstruktion und Instruktion als am günstigsten herausgestellt hat. Schülerlabore können das Interesse steigern, wobei der Besuch am meisten Wirkung zeigt, wenn er in den Unterricht eingebunden ist. Wurde ein Besuch im Science Center in den Unterricht bzw. eine konkrete Unterrichtseinheit integriert, so konnten größere Wissenszuwächse bei den Lernenden nachgewiesen werden als bei einem vom Unterricht losgelösten Besuch im Science Center. Die an die Exkursion anschließende Nachbearbeitung ist dabei von besonderer Bedeutung. Schülerinnen und Schüler profitierten darüber hinaus mehr, wenn sie das Museum oder Science Center mehrere Male besuchten, sie ihren Aufenthalt (zum Teil) individuell gestalten konnten, sie die Interaktions- und Wahlmöglichkeiten, die gerade ein Science Center bietet, aktiv nutzten und sie während des Besuchs aufgefordert waren, über das Gesehene miteinander zu diskutieren und zu versuchen, sich gegenseitig die Phänomene zu beschreiben und zu erklären.

Allgemeine Hinweise zur Durchführung

Die folgenden Fragen sind für sämtliche Exkursionen zentral. Sie dürfen nicht isoliert gesehen, sondern müssen immer wieder gegeneinander abgewogen werden, um einen problemlosen und nachhaltigen Lernort-Besuch zu erreichen:

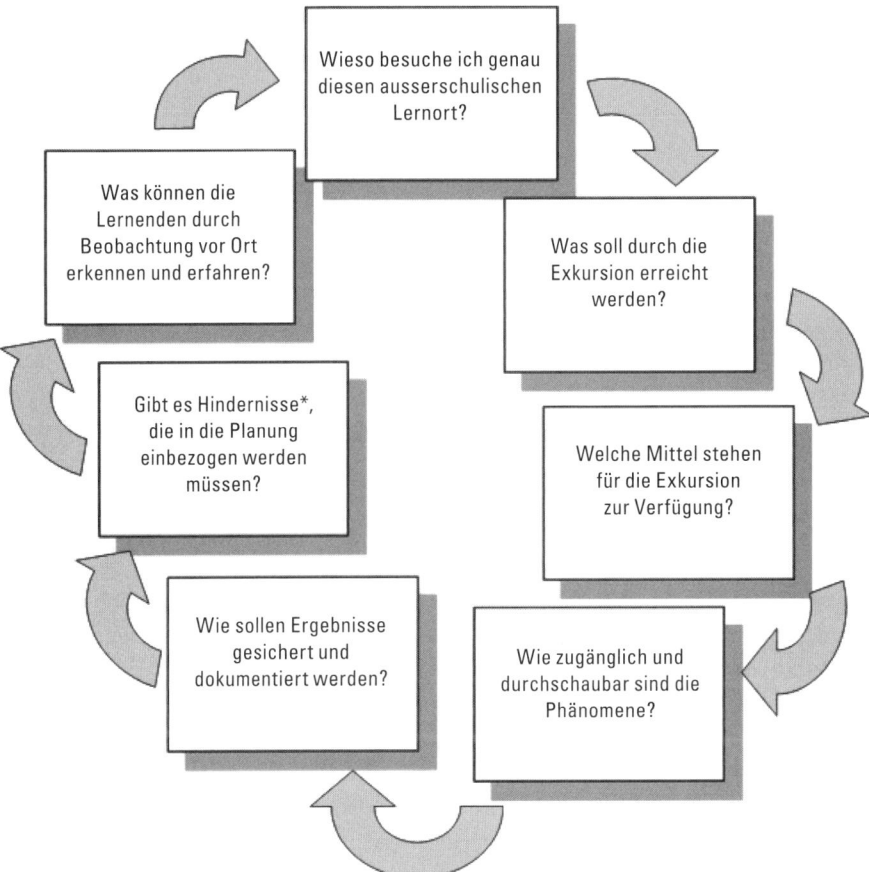

* können im Lernort selbst (Gefahr, Verbote, Schwierigkeiten aller Art), bei der An- und Abreise sowie bei den Schülerinnen und Schülern (Naturferne, Allergien, Angst vor der Reise und unbekanntem Ort) liegen.

11.5 Der Bach – ein Beispiel für den Einbezug außerschulischer Lernorte (3.–8. Klasse)

Das Thema «Fließgewässer bzw. Bach» ist sowohl unter fachlicher als auch methodisch didaktischer Perspektive reichhaltig. Zu Beginn der Unterrichtssequenz weckt eine kurze Exkursion das Interesse der Schülerinnen und Schüler und führt sie hin zu einer fragenden Haltung: Während eines starken Regens wird auf einer abschüssigen Straße in Schulhausnähe die erodierende und akkumulierende Tätigkeit des fließenden Wassers beobachtet. Im Schulzimmer werden Fragen formuliert (Wie geht das? Was passiert da wirklich?) und der Bezug zum Bach hergestellt (Verhält sich das im Großen gleich wie im Kleinen?). Die Lehrperson nutzt den Einblick in das Vorwissen der Kinder für die weitere Planung ihrer Unterrichtseinheit zum Bach, in welcher drei längere Exkursionen an den gleichen Bach vorgesehen sind.

Die erste nimmt die Thematik des fließenden Wassers auf: Die Lernenden erhalten verschiedene Beobachtungs- und Experimentieraufträge. Sie zeichnen in Gruppen einen Übersichtsplan zu ihrem Bachabschnitt, messen Wassertiefen, Fließgeschwindigkeiten, Umfang und Masse von Steinen aus der Bachsohle. Die Ergebnisse werden in Pläne und Tabellen eingetragen, welche die Basis für die Auswertung und Vertiefung im Schulzimmer darstellen.

Die zweite Exkursion thematisiert die Tierwelt im Bach. Für eine sorgfältige Vorbereitung der Lehrperson bieten sich Informationen und Vorlagen von GLOBE[1] an. Im Schulzimmer werden die wichtigsten Bachtiere besprochen, Geräte und Materialien wie Pipette, Kescher, Petrischale werden benannt und ihre Handhabung erprobt. Auf der Schweizer GLOBE-Seite ist es möglich, die von der Klasse erhobenen Daten einzugeben und so einen Beitrag zu einem umfassenden Forschungsprogramm zur Bioindikation der Güte von Fließgewässern zu leisten. Dies trägt zusätzlich zur Motivation bei.

Die dritte Exkursion schließt die Unterrichtseinheit ab. Die Kinder stellen Bachtiere (z. B. Bachflohkrebs, Köcherfliegenlarve, Steinfliegenlarve, Libellenlarve) in Gruppen pantomimisch dar. Anschließend lässt die Klasse Papierschiffchen schwimmen, stellt Vermutungen an und überprüft, wo die Fahrt schnell und wo sie langsam ist. Den Abschluss bilden das genaue Hinhören auf die vielfältigen Wassergeräusche und das Singen eines Bachliedes.

---

1   *www.globe-germany.de bzw. www.globe-swiss.ch*

Schulhöfliches

Der Lehrer nimmt den Bach durch.
Er zeigt ein Bild.
Er führt einen Film vor.
Er zeichnet an die Wandtafel.
Er beschreibt.
Er schildert.
Er erzählt.
Er macht ein Arbeitsblatt.
Er verteilt eine Kopie.
Er gibt eine Hausaufgabe.
Er macht eine Prüfung.
Hinter dem Schulhaus
fließt munter
der Bach
vorbei. Vorbei.

Heinrich Schulmann (zit. in Schüpbach, 2007, S. 42)

11.6 Außerschulische Lernorte im Rahmen einer Technik-Woche (7.–9. Klasse)

Im Rahmen einer fächerverbindenden Technik-Woche setzen sich die Jugendlichen mit der grundlegenden Bedeutung der Technologien für Umwelt, Gesellschaft, Wissenschaft und Wirtschaft auseinander. Durch einen Betriebsbesuch und konkrete praktische Arbeit wird ihnen vermittelt, wie Technik in der Praxis ein- und umgesetzt wird. Zudem lernen sie Menschen kennen, die Technik entwickeln und anwenden. Dies trägt nicht nur zu einem besseren Verständnis der Technik bei, sondern kann auch einen wichtigen Beitrag im Berufswahlprozess leisten.

Die Technik-Woche besteht im Wesentlichen aus drei Teilen: einem Auftrag zur Entwicklung und Vorbereitung der Produktion und des Verkaufs eines einfachen, aber speziellen Produktes für eine bestimmte Zielgruppe (wie z. B. die Herstellung einer LED-Lampe, siehe Abbildungen rechts oben), dem Besuch einer thematisch passenden Firma, die idealerweise auch Lehrlinge ausbildet, sowie dem Besuch eines Science Centers zum detaillierten Erkunden einzelner Phänomene.

Der Besuch eines Betriebes sollte sorgfältig geplant werden: Zunächst muss die geeignete Firma, die bereit ist, eine Schulklasse zu empfangen, gefunden und die Details des Besuchs ausgehandelt werden. Dabei empfiehlt es sich, zum einen eine Führung durch die Firma durch Firmenmitarbeitende, zum anderen ein Gespräch mit Auszubildenden einzuplanen. Anschließend sollten die Schülerinnen und Schüler sowohl mit den Aufgabengebieten der Firma – damit sie im Voraus Fragen formulieren können – als auch mit den nötigen Verhaltensregeln vertraut gemacht werden.

Da Science Center häufig ein sehr großes Angebot an Exponaten und interaktiven Elementen bereithalten, sollte auch dieser Besuch von der Lehrperson gut geplant werden. Bei der Strukturierung des Aufenthaltes in einem Science Center können folgende Fragen hilfreich sein: Gibt es speziell für «mein» Thema Führungen oder Ausstellungsräume, welche dann für alle verpflichtend sein sollten? Wie erkunden wir das Science Center bzw. bestimmte Teile davon: alle gemeinsam oder in Kleingruppen? Welchen konkreten Auftrag gebe ich den Schülerinnen und Schülern? Wie viel Zeit lasse ich ihnen zum freien Herumstöbern? Es hat sich als sinnvoll erwiesen, den Jugendlichen sowohl konkrete Aufträge zu geben als auch freie Zeit am Ende, welche aber schon zu Beginn angekündigt wird, einzuplanen.

Kompetenzen und Hilfestellung

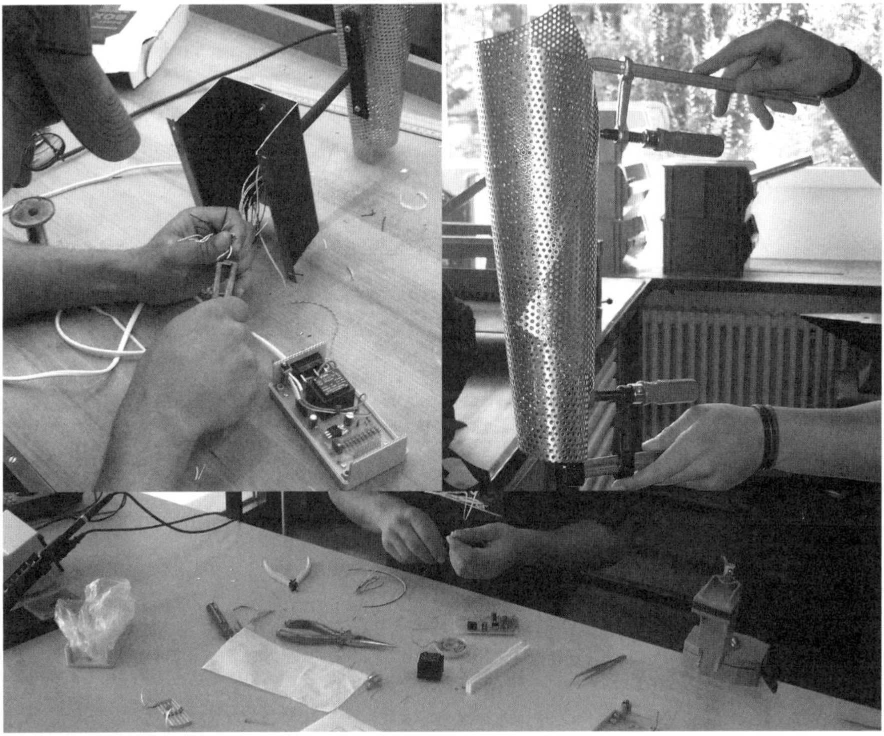

Herstellungsschritte einer von Jugendlichen selbstgefertigten LED-Lampe. (Dabei sind sowohl die Kompetenzen und die Hilfe der Fachlehrpersonen als auch der Räume des Fachbereichs Werken notwendig.)

Besuch bei der Metallbauschule Winterthur (MSW)

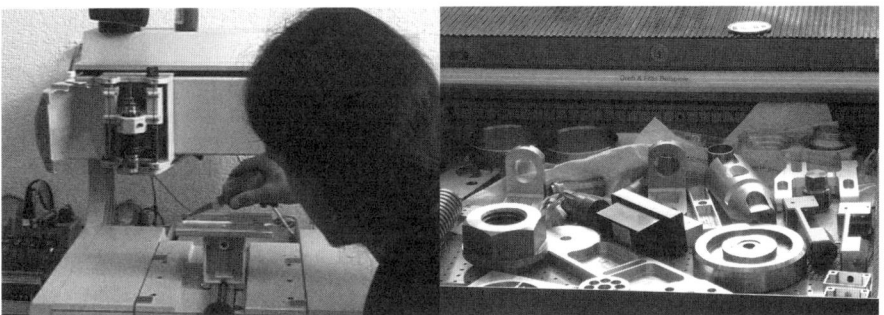

Ein Lehrling an der Gravur-Maschine. (Jede/r Schüler/in bekam ein Thermometer, in das der eigene Name eingraviert war.)

Dreh- und Fräs-Beispiele von Lehrlingen.

11.7 Tests zur Selbstkontrolle – Anstöße zum Weiterdenken

1. Erstellen Sie für Ihre Stufe und Ihre Region eine Liste von acht außerschulischen Lernorten mit vorstrukturierten Angeboten, die für Ihren Unterricht bedeutsam sind. Wählen Sie aus der Liste jene drei aus, welche Sie im nächsten halben Jahr besuchen möchten, und recherchieren Sie dazu folgende Informationen: Inhaltsfelder; Angebote für Schulklassen; Öffnungszeiten; Eintrittsbedingungen; Namen, Telefonnummern und E-Mail-Adressen der für didaktische Fragen zuständigen Personen.

2. Während der naturerlebnispädagogischen Aktivität «Das große Suchen» (Cornell 1989) durchstreifen Kinder suchend eine Landschaft und sammeln Objekte aus einer vorgegebenen Liste («Einen Knochen», «Fünf vom Menschen hinterlassene Abfallstücke», «Etwas Weißes» etc.). Formulieren Sie in groben Zügen einen Unterrichtszusammenhang, in den eine Exkursion eingeplant wird, welche diese Aktivität vorsieht.

3. Sie möchten als Einstieg in die Thematik mit Ihrer Klasse im Wald übernachten. In der Elternschaft regt sich Widerstand gegen dieses Vorhaben. Schreiben Sie einen Elternbrief, in dem Sie Ihre Idee begründen.

4. Erstellen sie zum Thema «Fließgewässer bzw. Bach» eine Concept-Map (Begriffsnetz), welche dessen Reichhaltigkeit illustriert und die Möglichkeiten zum außerschulischen Lehren und Lernen aufzeigt.

5. Listen Sie originale Bezüge für Ihr Fach auf, die außerhalb des Schulzimmers liegen. Beschränken Sie sich dabei auf Themen, die Sie zurzeit im Unterricht erarbeiten.

6. Kennen Sie GLOBE? Recherchieren Sie auf www.globe-germany.de bzw. www.globe-swiss.ch, was hinter den fünf Buchstaben steckt. Diese Aufgabe wird Ihnen viele Anregungen zum naturwissenschaftlichen Unterrichten und zur Arbeit an außerschulischen Lernorten vermitteln.

7. Recherchieren Sie auf den Internetseiten eines Science Centers, das Sie mit Ihrer Schulklasse besuchen könnten. Welche Möglichkeiten werden dort geboten, um einen Besuch sinnvoll in die von Ihnen mit Ihrer Klasse als nächstes geplante physikalisch-technische Unterrichtseinheit zu integrieren?

Lösungen

1. Die geforderte Bearbeitung von drei Angeboten setzt eine Auseinandersetzung mit den Lehrplänen und der eigenen Grobplanung voraus.

2. Die Aktivität ist ein Beispiel dafür, wie ein Erstkontakt zu einem ausserschulischen Lernort geschaffen werden kann. Es ist zentral, nach dieser erlebnisorientierten Phase zu weiter führenden Fragen zu kommen. Eine Ausstellung der gefundenen Stücke könnte z. B. ein nächster Schritt sein.

3. Im Brief verschiedene Argumentationsstränge in Bezug auf den Lernprozess kurz nennen (z. B. Hinweis auf Erlebnis, soziale Aspekte der Lernsituation, einzigartige Möglichkeiten der inhaltlichen Erschliessung u. a.). Zudem darlegen, dass durch eine vorausschauende Planung Gefahren und Risiken minimiert werden. Der Brief soll nicht länger als eine Seite sein.

4. Das Erstellen einer Concept-Map erfordert Übung. Konsultieren Sie, falls Ihnen die Arbeit damit unvertraut ist, entsprechende methodische Literatur (z. B. Nückles, Gurlitt, Pabst, & Renkl, 2004).

5. Beispielthema «Chips»: Kartoffelanbau und -ernte auf dem Bauernhof, Transport über Strasse oder Schiene, Herstellung in der Fabrik, Vertrieb im Laden, Konsumgewohnheiten der Verbrauchenden, etc.

6. Wichtige Erkenntnisse: Kinder lernen bereits auf der Primarschulstufe Aspekte wissenschaftlichen Arbeitens handelnd kennen; Schulklassen rund um den Globus bilden eine eigene «scientific community»; Schülerinnen und Schüler werden mit Projektarbeit vertraut und lernen das Internet als «professionelle» Arbeits- und Kommunikationsplattform kennen.

7. Von den vielen Angeboten in einem Science Center sollte man sich auf einige wenige konzentrieren, die sich sinnvoll in eine Unterrichtseinheit integrieren lassen. Je nachdem, ob der Science-Center-Besuch zu Beginn, während oder im Anschluss an eine Einheit stattfinden soll, wird die Auswahl unterschiedlich ausfallen. In jedem Fall sollte der Besuch im Science Center einen Mehrwert zum Unterricht in der Schule darstellen. Das heisst insbesondere, dass Experimente, die auch in der Schule durchgeführt werden können, im Science Center eine untergeordnete Rolle spielen sollten. Die Aufmerksamkeit der Schülerinnen und Schüler sollte vielmehr auf Exponate und Phänomene gelenkt werden, die sie nur im Science Center erleben können.

11.8 Anregungen für die Schulpraxis und zum Weiterstudium

Science Center

Science Center bieten auf ihren Internetseiten häufig auch Hinweise für den Besuch mit Schulklassen an. Im Folgenden sind einige aufgelistet:

- *Deutschland*
  Deutsches Museum in München – Dynamikum in Pirmasens – phaeno in Wolfsburg – Phänomenta in Flensburg, Lüdenscheid, Peenemünde und Suhl – Spectrum im Deutschen Technikmuseum – Turm der Sinne in Nürnberg – Universum in Bremen
- *Österreich*
  Nationalparkzentrum BIOS in Mallnitz
- *Schweiz*
  Technorama in Winterthur

Exkursionen zu Fließgewässern

Neben den Unterlagen auf den Internetseiten von GLOBE (siehe Abschnitt 11.5) gibt es zu Fließgewässern eine Fülle von Fachliteratur und didaktischen Unterlagen, so etwa:

- *Boschi, L., Bertiller, R. & Coch, T.* (2003). *Die kleinen Fließgewässer. Bedeutung – Gefährdung – Aufwertung.* Zürich: vdf Hochschulverlag.
- *Küng, R.* (2008). *Fließgewässer – ein vielseitiger Lernort in unserer Nähe.* In: *Labudde, P. Naturwissenschaften vernetzen – Horizonte erweitern* (S. 186–194). Seelze: Klett & Kallmeyer.

Außerschulische Lernorte im fächerübergreifenden Unterricht

Gerade bei einem fächerübergreifenden Ansatz (siehe Kapitel 2) bieten sich Exkursionen an. Dies gilt sowohl für rein naturwissenschaftliche Themen als auch für Verbindungen zu ganz anderen Fächern wie zum Beispiel der Technik (siehe Abschnitt 11.6).

Zwei weitere Beispiele (beide in *Labudde, P.* (2008): *Naturwissenschaften vernetzen – Horizonte erweitern.* Seelze: Klett & Kallmeyer):

- *Zeyer, A. & Welzel, M.: Warum nicht mal das Museum nutzen?* (S. 81–91).
- *Metzger, S., Jetzer, A., Burkhard, M. & Tardent, J.: Die Baustelle als naturwissenschaftlicher Lernort* (S. 171–184).

Museumspädagogik allgemein

Eine umfangreiche Literaturliste zur Museumspädagogik und anderen Belangen der Museumsarbeit findet sich auf der Internetseite des (deutschen) Bundesverbands Museumspädagogik e.V.: *http://www.museumspaedagogik.org*

12 Lernen begleiten, begutachten und beurteilen

Marco Adamina

Lernen aus naturwissenschaftlicher Perspektive ist auf den Aufbau und die Entwicklung grundlegender Wissensbereiche, Fähigkeiten und Einstellungen zur eigenständigen und orientierenden Erschließung von Phänomenen und Situationen unserer natürlichen und technischen Umwelt ausgerichtet. Bedeutsam sind dabei Verbindungen zwischen alltagsbezogenen Erfahrungen und sachbezogenen Begegnungen. Lernen wird dabei als aktiver, individuell-konstruktiver, dialogischer und reflexiver Prozess verstanden (vgl. Kapitel 4 und 7). Eine naturwissenschaftliche Grundbildung in diesem Verständnis setzt dabei auch entsprechende Formen der Begleitung, des Begutachtens und Beurteilens von Lernprozessen und Lernergebnissen voraus.

Lehren kann somit verstanden werden als Arrangieren, Anleiten, Begleiten von Lernprozessen und als Begutachten und Beurteilen von Lernprozessen und Lernergebnissen – im Sinne eines Förderzyklus' zur Entwicklung von Vorstellungen und Konzepten und von Fähigkeiten und Fertigkeiten.

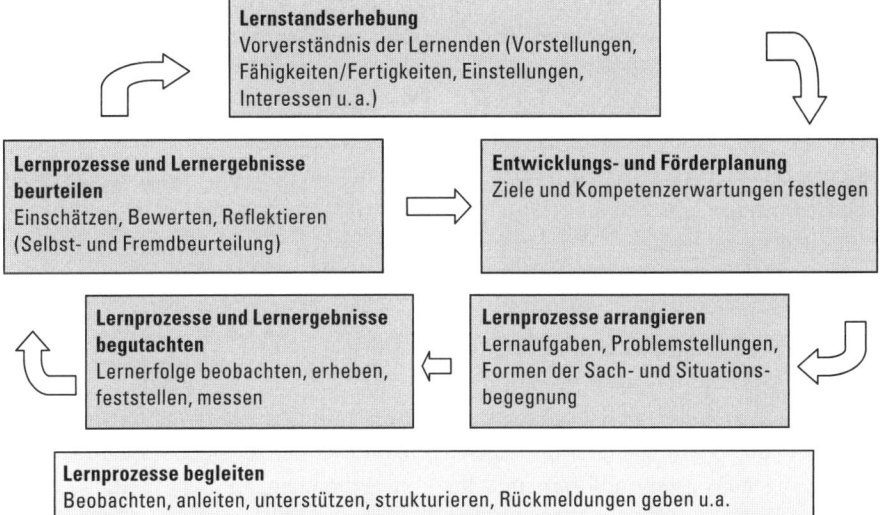

12.1 Lernen und das Lernen begleiten, begutachten, beurteilen

Aus der Darstellung zum Förderzyklus zur Entwicklung von Vorstellungen und Konzepten und von Fähigkeiten und Fertigkeiten geht hervor, dass das Begleiten von
Lernen und das Begutachten und Beurteilen von Lernprozessen und Lernergebnissen,
von Leistungen der Lernenden in einem eng verzahnten Kontext stehen. In diesem
Verständnis steht

■   Begleiten für das Arrangieren und Unterstützen von Lernen;
■   Begutachten für das Beobachten, Erheben, Feststellen und Messen von Lerner-
     folgen;
■   Beurteilen für das Einschätzen und Bewerten von Leistungen und Kompetenzen
     der Lernenden.

Lernfortschritte werden begünstigt, wenn Unterricht an die Lernvoraussetzungen
und an das Vorwissen der Lernenden anknüpft und angepasst wird und darauf aufbauend anspruchsvolle Aufgaben mit einer möglichst guten Passung angelegt werden.
Förderlich ist zudem, wenn Prozesse begleitet und Ergebnisse aufgenommen und fair
begutachtet werden. Leistungsfähigkeit bewusst wahrzunehmen ist als Faktor des
Interesses und für die Motivation entscheidend und ermöglicht, Selbstwirksamkeit zu
erfahren (Weinert, 2001, S. 18). Die Bedeutung der Selbstwirksamkeit für das Lernen
und die Entwicklung von Kompetenzen in fachlichen Kontexten werden auch in der
Auswertung der PISA-Ergebnisse bestätigt.

Beurteilung – insbesondere auch im naturwissenschaftlichen Unterricht – hat oft
einen negativen Beiklang, weil es verbunden wird mit Ängsten vor Prüfungen, Fehlern
und Unvermögen. Oft erfolgt in Beurteilungssituationen auch eine Reduktion auf das
Abfragen von deklarativem Wissen. Tatsächlich zeigen Untersuchungen, dass Testaufgaben im naturwissenschaftlichen Unterricht immer noch stark in dieser Ausrichtung
stehen. Demgegenüber wird hier in Anlehnung an neuere Erkenntnisse postuliert,
dass Begleiten, Begutachten und Beurteilen

■   verstärkt ausgerichtet wird auf die Förderung des eigenständigen Lernens und
     der Lernfreude, von Neugierde und Interessen und Selbstwirksamkeit;
■   zum Einschätzen von Lernerfolgen und zur Orientierung über individuelle Lei-
     stungen (Wissen und Können; Selbst- und Fremdbeurteilung) dient;
■   umfassend auf die Ausrichtung und die Ziele des Unterrichts bezogen wird;
■   und damit konstituierender Teil der Planung von Unterricht ist.

... das Lernen in (thematischen Kontexten), in welchen **Erfahrungsbereiche eingebracht, Bezugspunkte zwischen Alltags- und Sachwelten** geschaffen, **Interessen,** individuelle **Bedeutsamkeiten** aufgenommen, besprochen und verortet werden.

... die **Entwicklung von Fähigkeiten und Fertigkeiten** beim naturwissenschaftlichen Lernen, auf Methoden und Strategien

z. B. auf das Explorieren, Laborieren, Experimentieren, das Erkunden, das Erschließen von Informationen aus verschiedenen Quellen, das Einschätzen, das Entwickeln und Umsetzen, Gestalten von Ideen, Perspektiven

Begleiten, Begutachten und Beurteilen der Lehrenden bezieht sich für die Lernenden auf...

... die **Erweiterung, Vertiefung, den Neu-Aufbau von Vorstellungen, von Konzepten zu Themen von Natur und Technik**

z. B. im Sinne von großen Ideen der Naturwissenschaften (z. B. Systeme, Kreisläufe, Veränderungen) von exemplarischen Phänomenen (z. B. Licht und Schatten) von Bedeutungen von Natur und Technik für die Menschen u.a.

... den **Austausch, den Dialog, das Einbringen von Erfahrungen, Erkenntnissen**

in Gesprächen, bei kooperativen Arbeitsformen, beim Präsentieren von Ergebnissen aus Vorhaben, Projekten

... die **Reflexion zum Lernen und zur persönlichen Beziehung zu Natur und Technik,**

bezogen auf eigene Lernstrategien, auf Lernprozesse, auf Handlungs- und Verhaltensweisen

... die **Selbsteinschätzung, die Selbstwirksamkeit, das Interesse, das Engagement, die Bereitschaften, Einstellungen** beim naturwissenschaftlichen Lernen

Beim Begleiten, Begutachten und Beurteilen geht es um Lernleistungen bezogen auf naturwissenschaftliche und überfachliche Kompetenzen

12.2 Lernen begleiten, adaptive Lehrkompetenz

In der Ausrichtung eines naturwissenschaftlichen Unterrichts im Sinne des kognitiv-konstruierenden Lern- und Lehrverständnisses (Kapitel 4 und 7) übernimmt die Lehrperson verstärkt die Rolle eines Lerncoach.

Die Ausrichtung des Lehrens lässt sich dabei als Wechselspiel zwischen Anleiten und Instruieren einerseits und Beraten und Begleiten andererseits umschreiben. Als anregende Rahmenkonzepte für die Lernbegleitung im naturwissenschaftlichen Unterricht erweisen sich die «Kognitive Meisterlehre» und die «Adaptive Lehrkompetenz». Beiden Konzepten liegt die Ausrichtung zugrunde, dass beim Lernen tieferes Verstehen von Sachen und Situationen und die Förderung des eigenständigen Lernens im Vordergrund steht.

Das Konzept der *«Kognitiven Meisterlehre»* bezieht sich auf die Idee und Erkenntnisse von Vygotsky (1978), wonach Lernen durch eine optimale Passung zwischen dem Vorwissen und -können der Lernenden und den Anforderungen der zu erschließenden Inhalte bzw. der zu bewältigenden Aufgabenstellungen ergibt («zone of proximal development»). Collins, Brown & Neman (1989) haben methodische Schritte für den Unterricht entwickelt, mit welchen in unterschiedlichen Graden und Strukturierungen von Lernarrangements Lernprozesse arrangiert und begleitet werden können:

- Modeling im Sinne von Vorzeigen, Vormachen, wie Aufgaben angegangen und Wissen zu einem Sachverhalt erschlossen werden können. Durch «lautes Denken» gibt die Lehrperson Einblick in ihr Denken und Tun.
- Coaching: Die Lehrperson leitet an, sie unterstützt und sucht dabei die Balance zwischen Hilfen geben und «machen lassen».
- Scaffolding: Die Lehrperson stellt «Lerngerüste» zur Verfügung, indem sie z. B. Lernschritte sequenziert, Leitfragen unterbreitet, Stichworte aufnimmt und vorstrukturiert (siehe rechte Seite).
- Fading: Die Lehrperson nimmt sich zurück und die Lernenden übernehmen zunehmend Verantwortung für ihren Lernprozess.

Adaptive Lehrkompetenz: Beck et al. (2008) beziehen sich auf die Fähigkeiten von Lehrenden, die eigene Lehrtätigkeit «in situ» auf die Lernprozesse und Leistungsausprägungen in Lernarrangements anzupassen, sie allfällig zu verändern. Adaptive Lehrkompetenz ergibt sich dabei aus den vier Dimensionen Sachkompetenz (1), diagnostische Kompetenz (2), Kompetenz zum Arrangement von Lernsituationen und zum Begleiten von Lernprozessen (3) und aus Kompetenzen zur Klassenführung (4).

Lernen begleiten im naturwissenschaftlichen Unterricht – Ausrichtung

(in Anlehnung an Adamina & Müller 2008)

Modelle
Vorzeigen, Einblick geben, laut denken über Ideen, wie ich selber vorgehe, wie ich eine Frage stelle, plane u.a.

Lerngerüste (Scaffolds)
Hilfen, Lerngerüste z. B. zum Sequenzieren von Aufgaben, durch Rückfragen und ordnen, mit Strukturhilfen

**Lernen arrangieren
und begleiten durch…**

Dialog, Austausch
Zuhören, Beobachten, Nachfragen, Rückmeldung geben, Ideen gemeinsam entwickeln (Ko-Konstruieren)

Unterstützung, Ansporn
Anregen zum Selbersuchen, zum Erproben, zum Nachdenken, Ermutigen zum Dranbleiben, Unterstützung geben

Möglichkeiten für Lerngerüste (Scaffolds) im naturwissenschaftlichen Unterricht

(vgl. auch Reiser, 2004; Duit, 2002)

Form	Beschreibung	Beispiele
Anknüpfen, Aufnehmen	Mit Anregungen an Erfahrungsbereiche der Lernenden anschließen, Erfahrungen bewusst machen, aufnehmen, Erfahrungsbereiche verbinden, ordnen	Begegnungen mit Tieren (Verhaltensweisen von Tieren; Gestalt, Bewegung) Bewegungen mit Körperteilen (Arme, Beine, Kopf, Funktion von Gelenken)
Hervorheben, Fokussieren	Lehrende lenken Wahrnehmung und Aufmerksamkeit der Lernenden auf bestimmte Bereiche und Inhalte; verstärken Beiträge der Lernenden	Beim Laborieren, Experimentieren werden Beobachtungen fokussiert, Ergebnisse hervorgehoben; Ideen für Vorhaben, für Lernwege werden verdeutlicht
Sequenzieren, Strukturieren	Lehrende geben Lerngerüste, indem sie Aufgaben in verschiedene Schritte gliedern, helfen strukturieren, indem sie ausgehend von Beiträgen ein Gerüst für die weitere Bearbeitung entwickeln	Ein Verfahren wird Schritt für Schritt eingeübt und auf eine leicht andere Aufgabe übertragen. Als Grundlage für das Verfassen einer Konzeptkarte werden Elemente zusammengetragen
Anregen, Irritieren	Lehrende stellen Rückfragen, regen an, über Vorstellungen nachzudenken, machen auf «Widersprüche» aufmerksam, verändern Situationen, Perspektiven	«Da verstehe ich nicht, was du meinst», «Wie bist du darauf gekommen? » « Da denkt … ja ganz anders». Ein Experiment verändern u. a.

12.3 Prinzipien und Thesen zum Begutachten und Beurteilen

Das Konzept zum Begutachten und Beurteilen von Lernleistungen und die dabei gewählten Formen sollen sich möglichst umfassend auf die Ziele bzw. Kompetenzen beziehen, die für diesen Unterricht als wichtig und bedeutsam festgelegt wurden. Wenn es z. b. darum geht, dass Schülerinnen und Schüler lernen, Fragen zu Phänomenen zu stellen und diesen Fragen nachher nachgehen sollen, oder wenn es darum geht, Entwicklungsvorgänge bei Lebewesen – z. B. vom Ei zum ausgewachsenen Tier, vom Ei zur Raupe und zum Schmetterling – kennenzulernen und diese auf verwandte Arten zu übertragen, so muss dies auch bei den gewählten Beurteilungsformen zum Ausdruck kommen. Es müssen dann in Beurteilungssituationen Aufgaben unterbreitet werden, die sich auf das Fragenstellen, auf die Erschließung von Phänomenen beziehen oder die auf das Übertragen von Erkenntnissen auf andere Arten ausgerichtet sind.

Die Art und Weise, wie Aufgaben in Beurteilungssituationen unterbreitet werden, hat einen großen Einfluss auf das Verhalten der Lernenden. Sie stellen sich rasch und gut auf das ein, was ihnen z. B. in Lernkontrollen unterbreitet wird. Beurteilungssituationen im Unterricht sind ein wichtiger Indikator dafür, worum es in diesem Unterricht geht und von welchem Verständnis der Förderung und Entwicklung von Kompetenzen ausgegangen wird.

Für jede Form des Begutachtens und Beurteilens gibt es eine Reihe von Gütekriterien, die berücksichtigt werden müssen. Das Begutachten und Beurteilen soll der Ausrichtung des Unterrichts angemessen sein, es soll fair, glaubwürdig, umfassend (mit Bezug auf die verschiedenen Kompetenzbereiche) und für die Lernenden transparent und nachvollziehbar sein. Bei allen Formen der Beurteilung von Leistungen müssen subjektive Einflüsse so weit als möglich reduziert werden. Es soll eine möglichst gute Vergleichbarkeit der Ergebnisse angestrebt und damit auch ein möglichst gerechtes Verfahren beim Beurteilen erreicht werden. Deshalb gelten auch – in adaptierter Form – für die Beurteilung im Unterricht Gütekriterien, wie sie für Tests in der Forschung vorgegeben sind:

■   *Objektivität* bei der Durchführung und Auswertung von Tests und Arbeiten, z. B. gleiche Bedingungen für alle, klare Kriterien für die Beurteilung;

■   *Zuverlässigkeit und Genauigkeit*, z. B. keine Zufallsergebnisse, präzise, eindeutige Aufgabenstellungen, angepasste Aufgabenformate (vgl. 12.4);

■   *Gültigkeit*, d. h. übereinstimmend mit den Zielen des Unterrichts.

Das Begutachten und Beurteilen im naturwissenschaftlichen Unterricht soll...

... sich auf die für den Unterricht festgelegten Kompetenzbereiche (Wissen, Können) beziehen und dabei umfassend sein

... vor allem auch Formen umfassen, bei welchen das Anwenden und Übertragen von Vorwissen und Fähigkeiten im Vordergrund stehen

... Produkte *und* Prozesse einschließen, die mit dem Unterricht im Zusammenhang stehen

Postulate für das Begutachten und Beurteilen im naturwissenschaftlichen Unterricht

... Formen der Selbstbeurteilung *und* der Fremdbeurteilung einschließen. Begutachten und Beurteilen sollen dabei selber zum Thema im Unterricht werden

... eine möglichst optimale Passung zwischen den Lernvoraussetzungen und den Leistungserwartungen ermöglichen und Formen der Differenzierung berücksichtigen

... sich sowohl auf individuell ausgerichtete Leistungen der Lernenden (Lernfortschritte) als auch auf kriterienbezogene Leistungen (Ziel-/Kompetenzbezug) beziehen

... den Gütekriterien Objektivität, Zuverlässigkeit, Genauigkeit und Gültigkeit möglichst gut entsprechen. Die Lernenden sind informiert, es ist ihnen klar, was erwartet wird

Passung Ziele bzw. Kompetenzerwartungen mit Beurteilungssituationen

Beispiel Kompetenzerwartung	Beispiel Beurteilungssituation (Aufgabe)
Die Lernenden können zum Erschließen von Phänomenen Fragen stellen und Untersuchungen planen und durchführen.	Wir haben im Unterricht verschiedene Phänomene betrachtet, wie sich Licht ausbreitet und wie Schatten entstehen. **Aufträge:** <ul><li>Schreibe deine Frage auf, welcher du dazu noch nachgehen willst!</li><li>Lege dar, wie du dieser Frage nachgehen und was du dabei untersuchen willst. Erstelle einen Plan, wie du vorgehen willst und was du dazu benötigst.</li></ul> Stelle den Plan mir vor. Nach der Besprechung: <ul><li>Führe die Untersuchung nach deinem Plan aus und stelle deine Ergebnisse im Forscherheft dar.</li></ul>

12.4 Formen des Begutachtens und Beurteilens

Lernleistungen als Lernprozesse und Lernergebnisse im naturwissenschaftlichen Unterricht können unter Berücksichtigung der entsprechenden Prinzipien (vgl. Kap. 4) mit ganz unterschiedlichen Formen erfolgen. Die gewählten Formen sollen es erlauben, dass Lehrende und Lernende Einblick nehmen können, wie und welche Kompetenzen verfügbar sind, wie der Arbeits- und Leistungsstand ausgeprägt ist, wo sich Fortschritte zeigen und in welchen Bereichen nächste Entwicklungsschritte möglich und notwendig sind. Mit Blick auf Aspekte der Selbstwirksamkeit, von Interesse und Motivation (vgl. 12.1) steht das Erkennen von Potenzialen und Entwicklungen und nicht in erster Linie die Suche nach Lücken und Fehlern im Vordergrund. Kompetenzen lassen sich mit verschiedenen Methoden erfassen – die Methode richtet sich nach den Zielen bzw. nach Kompetenzerwartungen, die aus dem Unterrichtsverlauf für die Beurteilungssituation im Vordergrund stehen sollen:

- Vorwissen, Wissen aus der Beschäftigung mit Themen im Unterricht können mit *Testaufgaben* in Form von geschlossenen Einfach-, Alternativ- oder Mehrfachwahlaufgaben (Single Choice, Multiple Choice), Ordnungs-, Zuordnungsaufgaben, Aufgaben mit freier Antwort, Kurztexten, Begriffsnetzen (Concept-Maps) erschlossen und überprüft werden.

- Ergebnisse aus Experimentier- und Erkundungsaufgaben (Kap. 9), aus Informationsrecherchen zu Fragen und Problemstellungen können in Formen wie *Protokoll, Berichte, Skizzen, kommentierte Bildreihen* u. a. aufgenommen und beurteilt werden.

- Ergebnisse aus eigenen Vorhaben der Lernenden, aus Erkundungen, Befragungen u. a. können auch durch *Präsentationen*, durch *Gespräche* erschlossen und beurteilt werden. In diesen Formen besteht die Möglichkeit nachzufragen und so gezielt dialogische Verfahren einzusetzen (Kap. 15).

- Wenn es darum geht, Einblick zu nehmen und zu beurteilen, wie Schülerinnen und Schüler bei Aufträgen und der Bearbeitung von Aufgaben vorgehen, wie sie z. B. Exprimente durchführen, oder im Rahmen einer Erkundung eine Bestandesaufnahme machen, erfordert dies eine *kombinierte Erfassung mit Beobachtung und Ergebnissicherung*, allenfalls auch ergänzt mit einem *Bericht der Lernenden*, wie sie vorgegangen sind.

- Wenn die kontinuierliche, über längere Zeit angelegte Einblicknahme und Beurteilung in Prozesse und Ergebnisse im Vordergrund stehen, eignen sich Formen wie *Lerntagebücher, Portfolios* verbunden mit Standortgesprächen.

Drei grundlegende Fragen für die Anlage und Ausrichtung von Situationen zum Begutachten und Beurteilen im naturwissenschaftlichen Unterricht

Worum geht es?	Woran erkenne ich die Lernleistung, den Lernfortschritt?	Wie gehe ich vor beim Begutachten und Beurteilen?
Es geht z. B. darum, ein Phänomen genau zu beobachten, Abläufe, Veränderungen zeitlich zu ordnen, Vergleiche anzustellen	Wie gut gelingt es den Lernenden, ■ den Auftrag zu verstehen und umzusetzen; ■ Beobachtungen konzentriert vorzunehmen und festzuhalten; ■ Abläufe zu erfassen und zu ordnen	Befragen: Wie gehst du vor? Beobachten, wie vorgegangen wird. Einblick: Aufbau, Struktur, Inhalte des Protokolls, Stimmigkeit Beobachtung – Ergebnisdarstellung, zeitliche Abfolge u. a.

In Anlehnung an die Lehrmittelreihe «Lernwelten Natur–Mensch–Mitwelt», www.nmm.ch

Ausprägungen von Situationen zum Begutachten und Beurteilen

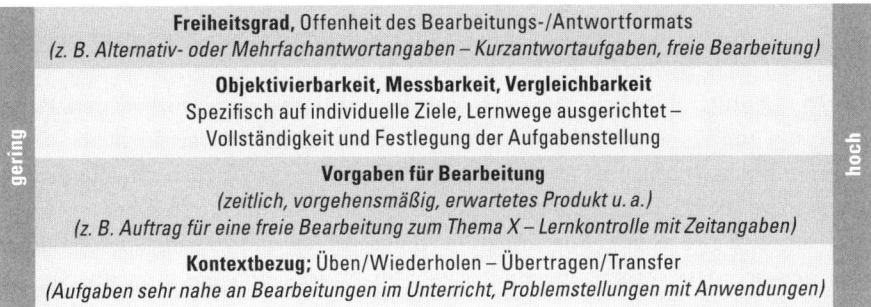

Freiheitsgrad, Offenheit des Bearbeitungs-/Antwortformats
(z. B. Alternativ- oder Mehrfachantwortangaben – Kurzantwortaufgaben, freie Bearbeitung)

Objektivierbarkeit, Messbarkeit, Vergleichbarkeit
Spezifisch auf individuelle Ziele, Lernwege ausgerichtet –
Vollständigkeit und Festlegung der Aufgabenstellung

Vorgaben für Bearbeitung
(zeitlich, vorgehensmäßig, erwartetes Produkt u. a.)
(z. B. Auftrag für eine freie Bearbeitung zum Thema X – Lernkontrolle mit Zeitangaben)

Kontextbezug; Üben/Wiederholen – Übertragen/Transfer
(Aufgaben sehr nahe an Bearbeitungen im Unterricht, Problemstellungen mit Anwendungen)

gering — hoch

Geschlossene Aufgabe	Halboffene Aufgabe	Offene Aufgabe
Schichten (Stockwerke) im Wald. Trage den Buchstaben der Schicht in die leeren Kästchen ein: S Strauchschicht K Krautschicht E Bodenschicht B Baumschicht	Im Wald findet ständig ein Kreislauf statt (Einleitungstext) Umkreise in der Darstellung mit rotem Stift Pflanzenfresser und mit blauem Stift Fleischfresser	Ein Förster sagt: « In diesem Wald gibt es zu viele Füchse und auch zu viele Rehe.» Beschreibe, welche Auswirkungen zu viele Füchse und Rehe in einem Wald haben können. Du kannst dazu auch nochmals die Darstellung der Nahrungskette anschauen. … Was könnte man dagegen tun? …

Aufgaben aus HarmoS Bildungsstandards Naturwissenschaften, harmos.phbern.ch

12.5 Erfassen und Beurteilen unterschiedlicher Lernleistungen

Naturwissenschaftliche Grundbildung, wie sie in den Kapiteln 1 und 2 beschrieben wird, und Entwicklungstendenzen einer neuen Aufgabenkultur im naturwissenschaftlichen Unterricht, wie sie im Nachgang zu den Ergebnissen aus den Schulleistungsstudien von TIMSS und PISA entwickelt wurden (Kapitel 8), weisen darauf hin, dass die Entwicklung fachspezifischer und überfachlicher Kompetenzen auch erweiterte Formen bei der Erfassung und Beurteilung von Lernleistungen bedingen. Die Durchsicht von Lernkontrollen zum naturwissenschaftlichen Lernen und von Arbeitsblättern als Angebote für Lernkontrollen in vielen Lehrmitteln zeigen nach wie vor das Bild, dass viele Aufgabenstellungen auf das Wissen von Fakten ausgerichtet sind und verschiedene Fähigkeitsbereiche in Beurteilungssituationen kaum berücksichtigt werden. Möglicherweise ergibt sich dies aus dem Umstand, dass solche Aufgaben schwieriger zu korrigieren und zu bewerten sind.

In jedem Unterricht werden verschiedene Kompetenzbereiche entwickelt. Beurteilungssituationen sollen dieses Spektrum von Kompetenzbereichen möglichst stimmig repräsentieren. Ausgehend von den grundlegenden Arbeiten von Bloom (1971), revidiert und erweitert von Anderson und Krathwohl (2001) sowie weiterentwickelt für den naturwissenschaftlichen Unterricht, können im Hinblick auf Beurteilungssituationen verschiedene Fähigkeitsbereiche und entsprechende Kompetenzerwartungen mit unterschiedlichen kognitiven Anforderungen beschrieben werden. Dabei geht es u. a. um Wissen und Verstehen, um Anwenden und Übertragen von Vorwissen und Handlungsweisen, um Entwicklung und Mitwirkung (vgl. nebenstehende Tabelle und Abschnitt 8.3). Diese Bereiche stehen in Verbindung miteinander, bedingen sich zum Teil auch gegenseitig. Eine Situation einzuschätzen und zu beurteilen erfordert zum Beispiel, dass vorgängig grundlegende Strukturen und Zusammenhänge zur Situation wahrgenommen, erfasst, verbunden und damit strukturiert werden, um darauf aufbauend Gewichtungen und Einschätzungen vornehmen zu können. Die Bereiche können – entsprechend ausgerichtet und strukturiert – auf allen Schulstufen berücksichtigt werden.

Bei der Entwicklung von Aufgaben in Beurteilungssituationen sind zudem mögliche «Fallen» zu berücksichtigen: z. B. sollen Lösungen nicht erraten werden können, richtige Lösungen nicht suggeriert oder durch Strukturelemente vorgegeben werden, Aufgaben nicht zu leicht und nicht zu schwer gestellt werden, so dass eine Differenzierung möglich wird.

Bereiche von Denk- und Lernleistungen in Beurteilungssituationen

Bereich	Beispiele von Fähigkeiten	Beispiele von Aufgabenstellungen
a) **Wissen von Einzelfakten**	Nennen, bestimmen, zuordnen	■ Wie viele Kronblätter haben die Kreuzblütler? ■ Nenne die Einheit für Kraft und für Leistung.
b) **Wissen zu Begriffen, Prinzipien, Konzepten**	Beschreiben, aufzeigen, definieren, erklären	■ Was passiert, wenn sich noch zwei Kinder mehr auf die rechte Seite der Wippe hinsetzen?
c) **Verstehen von Zusammenhängen oder Verfahren**	Zuweisen, zuordnen, verbinden, gliedern, laborieren, erkunden	■ Beschreibe mithilfe des Bildes, in welcher Beziehung die Tiere zueinander stehen. ■ Lege dar, wie du vorgegangen bist, um diese Erscheinung im Gelände zu erkunden.
d) **Analysieren, strukturieren**	Analysieren, Strukturen herleiten, verbinden, untersuchen, interpretieren	■ Welche Kräfte wirken in dieser Situation auf den Körper ein? ■ Trage die Merkmale zusammen und ordne sie.
e) **Verstehen, durchdringen von Kontexten, modellieren**	Vergleichen, darlegen, erklären, verbinden, vernetzen, modellieren	■ Welche Einflüsse haben Windturbinen auf Menschen und Tiere? ■ Beschreibe deine Vorstellungen in einem Modell mit Sonne, Erde und Mond.
f) **Einschätzen und beurteilen**	Zusammentragen, gewichten, einschätzen, positionieren, argumentieren, bewerten	■ Welche Vor- und Nachteile bringen diese Maßnahmen der Renaturierung des Bachlaufes in dieser Umgebung mit sich?
g) **Anwenden von Begriffen, Konzepten, Methoden in Problemen**	Übertragen und anwenden, transferieren von Vorwissen und Fähigkeiten	■ Was könnte in dieser Situation unternommen werden, damit die Vögel auf ihrem Zug in den Süden weniger gefährdet sind? ■ Wie könnte überprüft werden, ob diese neuen Maßnahmen für die Fische günstig sind?
h) **Entwickeln, gestalten, mitwirken**	Ideen generieren, einbringen, Strategien entwickeln, erproben, Perspektiven entwickeln	■ Tragt eure Ideen für die Umgestaltung dieser Umgebung zusammen und erstellt einen Plan, mit welchen Maßnahmen ihr das umsetzen würdet.
i) **Reflektieren zu Prozessen, Handlungsweisen u. a.**	Nachdenken, erörtern, ein- und abschätzen, abwägen	■ Überlege, welchen Einfluss dein Verhalten in dieser Situation auf Pflanzen und Tiere hat? ■ Wie würdest du ein nächstes Mal diese Aufgabe angehen? Was würdest du anders machen?

Zusammenstellung mit Bezügen zu Adamina & Müller (2008), Lenz (2006), Duit, Häußler & Prenzel (2001)

12.6 Erweiterte Formen des Begutachtens und Beurteilens

Erweiterte Formen des Begutachtens und Beurteilung sind – mit Einbezug von Formen der Selbstbeurteilung – auf längere Lernetappen und auf die Förderung der Selbsteinschätzung und der weiteren Lernplanung ausgerichtet. Bei der Auswertung der PISA-Ergebnisse hat sich gezeigt, dass Aspekte des Selbstkonzeptes und der Selbstwirksamkeit einen großen Einfluss auf das Lernen und das Wissen im Fachbereich haben. Beispiele erweiterter Formen der Beurteilung sind z. B. die Portfolioarbeit und die Lerngespräche.

Ein Portfolio ist eine Sammlung von Arbeiten, z. B. zum natur- und technikbezogenen Lernen. Es repräsentiert individuelle Leistungen und Lernfortschritte, macht Entwicklungen und Erfahrungen sichtbar. Ein Portfolio umfasst sowohl Präsentationsdokumente, Dokumente aus Leistungsmessungen als auch – und insbesondere – «Spuren» aus dem Lernprozess: z. B. Notizen, Skizzen, Fotos aus Erkundungen, Protokolle zu Experimenten, Ideenskizzen zu Vorhaben, Mind-Maps, Strukturskizzen zu Themen. Ein wichtiger Teil der Portfolioarbeit ist die Reflexion über den eigenen Lernprozess und die Lernergebnisse. Portfolios dienen vor allem auch der vermehrten Selbststeuerung des Lernens. Zudem können sie Mitlernenden und Eltern Einblick in eigene Lernergebnisse und -fortschritte geben. (vgl. Brunner et al., 2006)

Portfolio und Standortgespräche ergänzen sich. In Gesprächen zum Lernen werden Teile aus dem Portfolio aufgenommen. Es wird zum Nachdenken über Prozesse und Ergebnisse angeregt, und daraus werden Perspektiven für nächste Entwicklungsschritte entworfen. So ist es möglich, über Kompetenzentwicklungen und -erwartungen im Sinne eines förderorientierten Ansatzes zum Lernen ins Gespräch zu kommen und dabei insbesondere individuelle Komponenten des Lernens aufzunehmen. Standortgespräche können auch mit der Klasse durchgeführt werden. Dabei ist es möglich, den Austausch zwischen den Lernenden anzuregen und aufzunehmen.

Für die Portfolioarbeit und für Standortgespräche ist es wichtig, dass

- Ziele und Vereinbarungen (gemeinsam) festgelegt und überprüft werden,
- vereinbart wird, wofür diese Formen eingesetzt werden,
- Bedingungen für die Bearbeitung besprochen und eingehalten werden,
- die Lernenden sich organisieren und Selbstverantwortung übernehmen lernen.

Beispiele von Elementen zu Portfolios und Standortgesprächen

Portfolio zum Thema «Lebensräume Wiese, Waldrand, Wald» (5. Klasse)

Folgendes muss in deinem Portfolio vorhanden sein:
- Die Zeichnung und das Strukturbild, auf welchen du deine Vorstellungen und dein Vorwissen zu Beginn des Unterrichts zusammengetragen hast.
- Die Fragen, die du dir für die Gespräche mit dem Landwirt und der Försterin überlegt hast, und deine Notizen, die du während der beiden Gespräche gemacht hast.
- Die Protokollblätter «Wiesenpflanzen», «Pflanzen am Waldrand» und «Pflanzen im Wald (Krautschicht)».

- Die Zusammenstellung «Vergleich Wiese, Waldrand, Wald» und die Messergebnisse zu «Licht und Temperatur an den verschiedenen Standorten».
- Die Lernkontrolle und dein Strukturbild zum Thema, das du am Schluss zusammengestellt hast.
- Deinen Rückblick «Das habe ich im Unterricht zum Thema Wiese, Waldrand, Wald vor allem gelernt und erfahren» und «Das nehme ich mir bei Arbeiten zu anderen Themen vor, das möchte ich erreichen».

Zusätzlich kannst du in deinem Portfolio auch noch Folgendes ablegen:

- Fotos, die du auf der Erkundung gemacht hast.
- Unterlagen, die du zusätzlich noch gesammelt hast und die für dich wichtig sind.

Standortgespräch mit Nina am 28. Mai 2009

Unser Standortgespräch in diesem Schuljahr findet am 28. Mai statt.

Du sollst dazu Folgendes vorbereiten und mitbringen:
- Dein Portfolio zum Thema «Lebensräume Wiese, Waldrand, Wald»,

- Dein Forscherheft zu den Themen «Wetter», «Körper und Gesundheit» und «Energie»,
- Deinen Bericht zur Erkundungsarbeit «Vogelzug»

Teile mir vor dem Gespräch noch mindestens zwei Punkte mit, die du mit mir besprechen möchtest.

Ich möchte mit dir noch besprechen, wie du deinen Lernposten in der Kiesgrube gestalten willst und welche Arbeiten du dort vorsiehst.

Am Schluss des Gesprächs werden wir wieder zusammenstellen, was wir gemeinsam abmachen und vorsehen.

12.7 Tests zur Selbstkontrolle – Anstöße zum Weiterdenken

1. Wie haben Sie als Lernerin bzw. Lerner Begleitung, Begutachtung und Beurteilung im naturwissenschaftlichen Unterricht erfahren? Welche Praktiken haben Sie selber als Lehrende zum Begleiten des Lernens und zum Begutachten und Beurteilen im naturwissenschaftlichen Unterricht eingesetzt? Welche «Konturen» weist Ihr bisheriges Beurteilungskonzept auf? Stellen Sie wichtige Bezugspunkte und Reflexionen zusammen, tauschen Sie diese mit Mitstudierenden bzw. mit Lehrenden in Ihrem Kollegium aus.

2. Stellen Sie aufgrund der Lektüre der Abschnitte 12.1 und 12.2 eine Strukturskizze zusammen, in welcher mit Bezug zu ihren Erfahrungs- und Erkenntnisbereichen zentrale Aspekte der Lernbegleitung im naturwissenschaftlichen Unterricht zum Ausdruck kommen. Besprechen Sie diese Skizze mit Mitstudierenden bzw. mit Lehrenden in Ihrem Kollegium.

3. Fassen Sie ausgehend von den Informationen in den Abschnitten 12.3 und 12.4 wesentliche Aspekte und Prinzipien für das Begutachten und Beurteilen von Lernprozessen und -leistungen im naturwissenschaftlichen Unterricht zusammen. Übertragen und konkretisieren Sie diese Grundlagen, indem Sie ein Beurteilungskonzept für eine geplante Unterrichtseinheit erstellen.

4. Wählen Sie eine Aufgabensammlung zu einer thematischen Einheit, einer selber durchgeführten Lernkontrolle o. Ä. aus. Analysieren Sie mithilfe der Zusammenstellung in Abschnitt 12.5 die Ausrichtung und die Ansprüche der unterbreiteten Aufgaben (berücksichtigte Aspekte, Ansprüche, Bezüge zu Lern- und Übungsmöglichkeiten im Unterricht, Passung zu Voraussetzungen bei den Lernenden u. a.). Ziehen Sie daraus Folgerungen für die Konzeption künftiger Beurteilungssituationen.

5. Analysieren Sie die Aufgaben auf der rechten Seite bezüglich Ausrichtung, Bereiche von Leistungen, Aufgabenstellung und erwarteter Ergebnisse.

6. Entwicklungsaufgabe für das eigene Lehren im naturwissenschaftlichen Unterricht: Stellen Sie für eine längere Unterrichtssequenz ein Portfolio zusammen, in welchem Sie Ihre Handlungsweisen beim Begleiten, Begutachten und Beurteilen zusammentragen, überdenken und mögliche Entwicklungsschritte zusammenstellen.

Zur Frage 5: Aufgaben aus einer Lernkontrolle im 6. Schuljahr

1. Die Blüte
Zeichne eine Blüte eines Kreuzblütlers oder eines Hahnenfußes und beschreibe einzelne Teile.

Bei einer jungen Blüte: Wenn eine Biene kommt um den Nektar zu holen, gehen die Staubbeutel hinunter und doppeln der Biene auf den Rücken. Bei einer alten Blüte: Die Staubbeutel sind kaputt und die Narbe ist länger. Die kommt jetzt so auf den Rücken der Biene und nimmt den Blütenstaub auf, der dann am Fruchtknoten geht und der dann wächst.

2. Bestäubung
Beschreibe das Bild «Biene und Blüte» (siehe Arbeitsblatt) mit Stichworten, die auf Typisches bei der Bestäubung hinweisen.

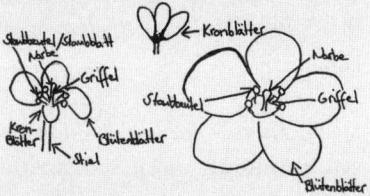

3. Vom Ei zum Imago
Nenne ein Beispiel einer vollständigen (a) und einer unvollständigen (b) Verwandlung. Wodurch unterscheiden sich die beiden Entwicklungen.

a) Schmetterling
b) Libelle
Bei der vollständigen Verwandlung gibt es die Puppe. Bei der unvollständigen Verwandlung gibt es die Puppe nicht.

4. Eigene Frage
Notiere eine Frage zum Thema, die du ganz wichtig findest. Welche Antworten, auch Antwortmöglichkeiten, erwartest du zu deiner Frage?

Meine Frage:
Was macht der Ameisenlöwe?
Meine Antwort:
Der Ameisenlöwe ist wie ein Trichter. So etwa: Er wartet, bis eine Ameise hineinfällt. Dann schnappt er sie.

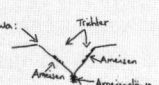

(Mit freundlicher Unterstützung von Luzia Hedinger, Schule Oberburg im Kanton Bern)

Hinweise, Lösungen

2. Erwartete Aspekte in der Strukturskizze: Worum es geht beim Begleiten, Begutachten und Beurteilen? Elemente Förderzyklus, Formen und Instrumente des Begleitens (vgl. 12.1 und 12.2).

3. Postulate siehe 12.3, Gütekriterien, Bezugsnormen; grundlegende Fragen zu Beurteilungssituationen und mögliche Ausprägungen 12.4.

5. vgl. Tabelle Abschnitt 12.5 – Aufgabe 1 → Bereiche b und c; Aufgabe 2: Bereiche d, c; Aufgabe 3 → Bereiche a–c; Aufgabe 4: → Bereiche h, (g), a–c (je nach Aufgabe möglich).

6. Grundlagen und Bezugspunkte siehe insbesondere Abschnitte 12.2 bis 12.4.

12.8 Anregungen für die Schulpraxis und zum Weiterstudium

Hinweise mit Beispielen zum Begleiten, Begutachten und Beurteilen
Im Zusammenhang mit Entwicklungsprojekten und Förderprogrammen zur Entwicklung des mathematisch-naturwissenschaftlichen Unterrichts wurden verschiedene Module und Materialien zur Lernbegleitung und -beurteilung zusammengestellt. Exemplarisch wird auf folgende Unterlagen verwiesen:

■ *Wodzinski, Chr. T. (2010). Lerndiagnose und Leistungsbeurteilung – Perspektiven aus Theorie und Forschung.* PIKO-Brief Nr. 12. *http://www.ipn.uni-kiel.de/projekte/piko/pikobriefe032010.pdf*

■ *Wodzinski, Chr. T. (2010). Methoden der Lerndiagnose und Leistungsbeurteilung.* PIKO-Brief Nr. 13. *http://www.ipn.uni-kiel.de/projekte/piko/pikobriefe032010.pdf*

■ *Schönknecht, G., Hartinger, A. (2006). Lernerfolg begleiten – Lernerfolg beurteilen. Sinus-Transfer Grundschule Naturwissenschaften, Modul G9.* Grundlegende Anforderungen an Lernerfolgsmessungen, Beispiele und Möglichkeiten für die Umsetzung. Kiel, IPN *http://sinus-transfer.uni-bayreuth.de/fileadmin/MaterialienIPN/G9_gesetzt.pdf*

■ *PING (ohne J.). Beurteilung der Lernenden. Unterlagen zur formativen Beurteilung, zur Erfassung von Kompetenzen*

■ *Häußler, P., Bünder, W., Duit, R., Gräber W. & Mayer J. (1998). Naturwissenschaftsdidaktische Forschung – Perspektiven für die Schulpraxis.* Kiel, Institut für die Pädagogik der Naturwissenschaften IPN, Kapitel 2: «Wie lässt sich der Unterrichtserfolg messen»

Hinweise in Lehr- und Lernmaterialien und Aufgabensammlungen
In verschiedenen Lehr- und Lernmaterialien sind Hinweise zum Begutachten und Beurteilen enthalten, und es können ausgehend von Lernaufgaben auch Situationen und Aufgaben zum Begutachten und Beurteilen verwendet werden. In den Lehrmitteln der Reihe «*Lernwelten Natur–Mensch–Mitwelt*» sind in den Hinweisen für Lehrpersonen explizit Situationen zum Begutachten aufgeführt. *www.nmm.ch*

Hinweise zu Aufgabensammlungen finden sich im Abschnitt 8.7.

13 Der Heterogenität begegnen

Peter Labudde und Martina Bruggmann Minnig

«Ich stelle im Experiment unterschiedliches Material zur Verfügung, damit die Lernenden die Möglichkeit haben, dasjenige zu wählen, das ihnen am besten zusagt.»

«Man muss die Lernenden da abholen, wo sie sich gerade befinden, und das ist halt wahnsinnig schwierig bei einer Klasse wie meiner, wo das so weit auseinanderdriftet. Vor allem muss man schauen, dass die Schwächeren, die kein Vorwissen haben, nicht komplett auf der Strecke bleiben.»

«Leider ist es in der Sekundarstufe I so, dass man die Mädchen nur schlecht gewinnt und die Jungs, die besonders interessiert sind, meistens über das Ziel hinausschießen.»

«Physik ist für Mädchen halt ein Fach, das sie mit einer gewissen Skepsis betrachten.»

«Mir gefallen Lernzirkel, weil alle so lange an den Stationen bleiben, wie sie Zeit brauchen. Dadurch, dass es eben Wahlstationen gibt, haben die Schnellen die Möglichkeit, die Pflichtstationen relativ schnell zu machen und danach an den anderen Stationen zu knobeln. Dort geht es jeweils weit über die normale Fragestellung hinaus.»

Der Heterogenität von Schülerinnen und Schülern begegnen meint

- deren Unterschiedlichkeit, z. B. in Bezug auf soziale und kulturelle Herkunft, Geschlecht, Alter, Erstsprache, Interessen, Begabung, Leistungsvermögen usw. wahrnehmen und wertschätzen,
- die sich daraus ergebenden unterschiedlichen Lern- und Bildungsbedürfnisse akzeptieren,
- im Unterricht vielfältige Lernangebote schaffen, um die Lernprozesse aller Lernenden einer Klasse möglichst optimal zu fördern.

13.1 Differenzierung in Schule und Unterricht

Als Lehrkräfte unterrichten wir nicht Klassen, sondern Individuen, die sich in Bezug auf Merkmale wie Alter, Geschlecht, Gesundheit, Religion, Nationalität, Sprache, Interessen, Vorwissen, Begabung, Leistungsvermögen usw. unterscheiden. Diese Unterschiedlichkeit wird auch als *Heterogenität* bezeichnet (vgl. Becker, 2004). Damit wird auf verschiedene Weise umgegangen: zum einen, indem man versucht, Lernende mit gleichen oder ähnlichen Merkmalen zu gruppieren, z. B. in Jahrgangsklassen, Leistungszügen oder Schultypen. Man spricht dann von *äußerer Differenzierung*, da sie sich auf die Ebene des Schulsystems oder der Schule bezieht. Ein anderer Ansatz, der versucht, die Heterogenität Lernender zu nutzen, ist derjenige der *inneren Differenzierung*. Damit sind Maßnahmen auf der Ebene der Klasse bzw. Lerngruppe gemeint, weshalb statt von innerer Differenzierung auch von *Binnendifferenzierung* gesprochen wird. Es geht dabei um die didaktisch-methodische Gestaltung des Unterrichts, was eine Variation sowohl von Methoden und Medien als auch von Lerninhalten und -zielen bedeuten kann. Zusammengefasst meint *Differenzierung* alle organisatorischen, pädagogischen und didaktischen Maßnahmen, um Unterschieden von Lernenden Rechnung zu tragen. Doch warum soll differenziert unterrichtet werden? Gerade Einsteiger/-innen in den Lehrberuf, aber auch Lehrkräfte mit langjähriger Erfahrung befürchten einen Mehraufwand in der Unterrichtsplanung und -durchführung. Dennoch liefern mehrere Disziplinen Argumente für eine Differenzierung in Schule und Unterricht:

- *Entwicklungspsychologie:* Die Entwicklung von Kindern und Jugendlichen verläuft in individuell unterschiedlichem Tempo und nicht in allen Bereichen (z. B. kognitiv, affektiv, motorisch) synchron. So beträgt z. B. die Spanne des Entwicklungsalters sechsjähriger Kinder bei Schuleintritt mehrere Jahre.

- *Lernpsychologie und Didaktik:* Ein konstruktivistischer Ansatz (Kap. 4) versteht Lernen als höchst individuellen, wesentlich durch Vorerfahrungen geprägten Konstruktionsprozess, sodass nicht davon ausgegangen werden kann, dass ein und dasselbe Lernangebot von allen Lernenden einer Klasse gleich verstanden und genutzt wird.

- *Bildungspolitik:* Empirische Befunde zeigen, dass die in den deutschsprachigen Ländern üblichen, stark gegliederten Schulsysteme und homogenen Lerngruppen weder besonders begabten noch leistungsschwachen Lernenden Vorteile verschaffen. Da der besuchte Schultyp über Bildungs- und Zugangschancen und dadurch auch über Lebensperspektiven mit entscheidet, versprechen heterogene Lerngruppen größere Chancengerechtigkeit.

Drei Differenzierungsebenen

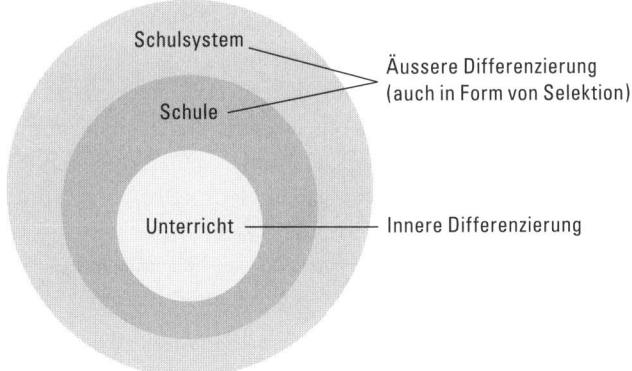

Auch im naturwissenschaftlichen Unterricht begegnen wir Lehrpersonen der Heterogenität der Lernenden. Gewisse Aspekte sind dabei offenkundiger als andere. Die unterschiedlichen Voraussetzungen der Schülerinnen und Schüler eröffnen Gestaltungsspielraum für das Ausprobieren binnendifferenzierender Maßnahmen. Dass diese auch in vermeintlich homogenen Lerngruppen angezeigt sein können, veranschaulicht die folgende Abbildung:

Illustration von Joachim Gottwald, Berlin, «Die Illusion vom Einheitsschüler»; In: Friedrich Verlag GmbH, Naturwissenschaften im Unterricht Physik, 18. Jg, Heft 99/100, S. 4.

13.2 Ziele und Konsequenzen innerer Differenzierung

Ziel binnendifferenzierenden Unterrichtens ist es, möglichst vielen Schülerinnen und Schülern einer Klasse optimale Lernbedingungen zu bieten. Die Herausforderung besteht darin, naturwissenschaftlichen Unterricht so zu gestalten, dass sowohl besonders begabte als auch Kinder und Jugendliche mit Lernschwierigkeiten bestmöglich gefördert werden. Viele Lehrkräfte differenzieren freilich unbewusst, indem sie ihren Unterricht methodisch abwechslungsreich gestalten, unterschiedliche Sinne ansprechen und freiwillig zu lösende Zusatzaufgaben bereitstellen. Man spricht in diesem Fall von *natürlicher Differenzierung*. Für eine gezielte differenzierte Förderung Lernender braucht es jedoch zunächst die Erfassung ihrer Eingangsvoraussetzungen. Eine *Diagnose* kann punktuell, z. B. durch das Erheben von Schülervorstellungen und Vorkenntnissen, oder prozessual (bspw. mittels Analyse von Lerntagebüchern) erfolgen. Für beide Varianten stehen auch empirisch erprobte Instrumente zur Verfügung (vgl. Wodzinski, C.T. & R., 2007).

Die Einteilung des Schulstoffs in einen in je individuellem Tempo zu durchlaufenden *Pflicht- und Wahl(pflicht)teil* mit Aufgaben unterschiedlichen Schwierigkeitsgrades erlaubt die Ausrichtung des Unterrichts auf die Voraussetzungen möglichst vieler Lernender. Wer besondere Interessen, umfangreiche Vorkenntnisse oder spezielle Begabungen hat, vertieft nach der Absolvierung des Pflichtstoffs individuelle Schwerpunkte, baut Stärken aus und erfährt *kognitive Herausforderungen*. Demgegenüber stehen Kindern und Jugendlichen mit geringem Vorwissen, sprachlichen Problemen oder anderen Erschwernissen Unterstützungsangebote zur Verfügung, um die Aufgaben des Pflichtteils (und Elemente des Wahlangebots) zu lösen und *Defizite aufzuarbeiten*. Gelegentlich können dafür auch Lernende der ersten Gruppe als Tutoren und Tutorinnen eingesetzt werden.

Ein derart gestalteter Unterricht hat zur Folge, dass die Lernprozesse der Schülerinnen und Schüler sehr individuell verlaufen und Aufgaben mehrere richtige Lösungen haben können. Die Lehrkraft nimmt nicht mehr die Rolle der Wissensvermittlerin ein, sondern vielmehr diejenige der Lernbegleiterin. Auch die Frage der Beurteilung (Kap. 12) unterschiedlicher Lernziele und Zielerreichungsgrade ist zu klären. Es ist hilfreich und entlastend, wenn solche Themen im Kollegium und von der Schulleitung mitgetragen und diskutiert werden: Eine gemeinsam entwickelte Haltung zum Umgang mit Heterogenität, kooperative Planung sowie Austausch von erprobten Materialien und geeigneten Aufgabenstellungen sind auch in Bezug auf das Belastungserleben und die individuelle Berufszufriedenheit der Lehrkraft bedeutsam.

Innere Differenzierung aus der Sicht von Lehrenden und Lernenden

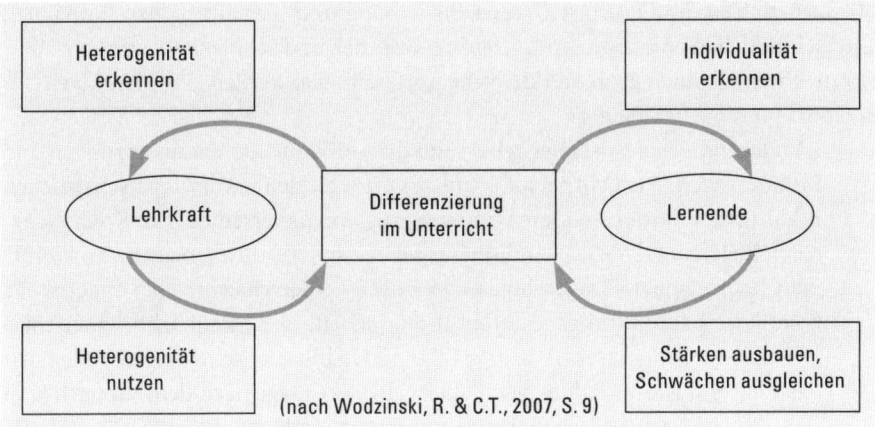

(nach Wodzinski, R. & C.T., 2007, S. 9)

Beispiel «Blut und Blutkreislauf» für das 6.–8. Schuljahr

Die Einführung in die Unterrichtseinheit erfolgt durch die Lehrkraft im Klassenverband. Die Themen «Zusammensetzung des Bluts», «Aufgaben des Bluts im menschlichen Körper» sowie «Der Blutkreislauf» sind Pflichtstoff für alle Lernenden und werden mittels verschiedener Aufgaben, welche nach Umfang, Komplexität und Repräsentationsmodi differenziert sind, erarbeitet. Die Ergebnisse eines formativen Tests erlauben der Lehrkraft eine Einschätzung der individuellen Lernfortschritte.

In den kommenden Lektionen haben die Lernenden Gelegenheit zur je eigenen Schwerpunktsetzung: Themen wie «Blutspenden», «Zecken und andere Blutsauger», «Blutdoping im Spitzensport», «Autsch! Behandlung von Schnitt- und Stichwunden», «Blutkrankheiten», «Blutgruppendiät» u. a. m. werden allein oder zu zweit bearbeitet und sollen in Form eines Posters und einer schriftlichen Zusammenfassung der Klasse präsentiert bzw. abgegeben werden. Mindestkriterien bzgl. Qualität und Quantität sind von der Lehrkraft definiert worden, ebenso stehen Einstiegsmaterialien und Quellenangaben zur Verfügung. Der Schwierigkeitsgrad der Themen orientiert sich an der Lernzieltaxonomie nach Bloom (1976) und wird von der Lehrkraft auf einer Skala von 1–5 angegeben. Diese Information liefert den Lernenden neben ihren individuellen Interessen weitere Anhaltspunkte für die Themenwahl.

13.3 Differenzieren: Wonach? Was? Wie?

Wie lässt sich in der täglichen Unterrichtsplanung und -gestaltung den individuell unterschiedlichen Voraussetzungen der Schülerinnen und Schüler entgegenkommen? Für die Praxis können grob drei Bereiche unterschieden werden (Wodzinski, C.T. & R., 2007; Bönsch, 2002, 2004):

- *Wonach differenzieren?* Hier geht es um die individuellen Voraussetzungen und Kompetenzen. Als Lehrperson kann ich mich an den naturwissenschaftlichen Bildungsstandards orientieren und in Bezug auf die verschiedenen Kompetenzbereiche (Kap. 1.4) bzw. Handlungsaspekt (Kap. 1.5) differenzieren. So könnte man beim Aspekt «Fragen und untersuchen» einerseits einfache, andererseits komplexe Beobachtungen durchführen lassen, d. h. Beobachtungsaufträge geben vom elementaren «Was frisst das Tier?» bis zum schwierigen «Wie frisst das Tier und wie verhält es sich dabei?». Bei der Frage nach dem Wonach lässt sich aber auch nach sprachlichen (Kap. 5) und mathematischen Kompetenzen, nach überfachlichen Kompetenzen wie Teamfähigkeit oder Argumentationsfähigkeit (Kap. 15), nach Interesse (Kap. 1.5), nach Vorwissen oder bevorzugten Lernwegen (Kap. 4) differenzieren.

- *Was differenzieren?* Inhaltlich bietet sich eine (interessengeleitete) thematische Differenzierung an, bspw. im Rahmen von Lernen an Stationen und Wochenplanunterricht oder bei Schülervorträgen. Den im Unterrichtsalltag ergiebigsten Ansatzpunkt für Differenzierung stellen Aufgaben dar (Kap. 8). Das ist keine grundsätzlich neue Idee, denn es ist bei Übungsaufgaben oder schriftlichen Prüfungen Usus, sowohl leichte als auch anspruchsvolle Aufgaben zu formulieren. Um eine Unter- bzw. Überforderung zu vermeiden und Aufgaben auf die individuell unterschiedlichen kognitiven Fähigkeiten abzustimmen, sollten Lernende bei der Aufgabenbearbeitung Wahlmöglichkeiten bzgl. Schwierigkeitsgrad, Hilfsmittel, Lernzeit oder sozialer Kooperation haben. Im weitestgehenden Fall werden individuelle Lernziele definiert.

- *Wie differenzieren?* Hier handelt es sich um die Ebene des methodisch-didaktischen Arrangements, für welches wir Lehrpersonen uns bei der Unterrichtsplanung und -durchführung entscheiden. Dies mag individualisierende Unterrichtsmethoden wie Lernen an Stationen, Fallstudien oder projektartiges Arbeiten betreffen (Kap. 7), aber auch den gezielten Einsatz von Medien (Kap. 10) oder eine dem Individuum angepasste Begleitung, Beratung und Bewertung (Kap. 12).

Das Differenzierungsdreieck: Die Möglichkeiten auf einen Blick

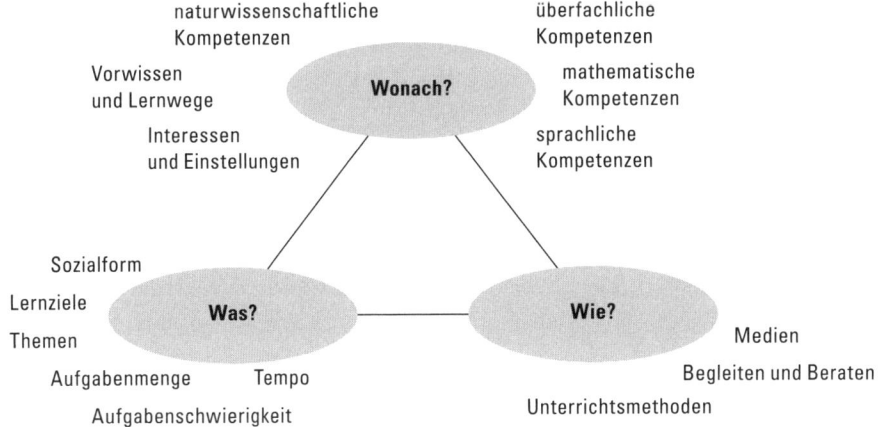

Beispiel «Tierspuren» für das 1.–4. Schuljahr

Kinder erhalten die Gelegenheit, regelmäßig während eines ganzen Jahres einen naturnahen Wald zu erkunden. Unter anderem suchen, sammeln, ordnen und dokumentieren sie Spuren von Kleintieren (z. B. im Holz und Boden) oder von größeren Tieren (z. B. Kot, Spechtlöcher, Wildwechsel). Im Sinne der adaptiven Lehrkompetenz (Kap. 12.2) begleitet die Lehrperson die einzelnen Kinder dabei, fördert und fordert sie entsprechend den individuellen Voraussetzungen. Die Kinder erhalten die Chance, individuelle Wege zu beschreiten und ihre naturwissenschaftlichen und überfachlichen Kompetenzen weiterzuentwickeln.

Beispiel «Hydrostatik» für das 7.–9. Schuljahr

Bei einem Lernzirkel, auch als Lernen an Stationen oder als Werkstatt bezeichnet (Kap. 8), zur Hydrostatik sind einige Aufträge obligatorisch, u. a. Definition des Drucks, Druckeinheiten und Luftdruck. Andere Aufträge gehören hingegen zu einem Wahlpflichtbereich. Letzterer besteht aus einfachen Aufgaben wie «Geschichte des Luftdrucks» oder «Leeren eines Benzintanks» und schwierigen, wie z. B. «die Waage unter der Vakuumglocke» oder «die Senkwaage». Ein derart aufgebauter Lernzirkel bietet die Möglichkeit, sich ein Grundwissen anzueignen, aber auch, sich ein den individuellen Interessen und Fähigkeiten entsprechendes erweitertes Wissen aufzubauen.

13.4 Gendergerechtigkeit: Herausforderungen

Wie können wir als Lehrpersonen im naturwissenschaftlichen Unterricht Mädchen und Jungen gleichermaßen gerecht werden? Aus der Geschlechterperspektive erfährt das Thema Heterogenität eine besondere Brisanz. Wo liegen die Herausforderungen? (Labudde, 1999; Murphy & Whitelegg, 2006)

- *Selbstkonzept:* Mädchen bauen während der Schulzeit weniger Selbstvertrauen auf als Jungen. Das betrifft insbesondere die Phase der Pubertät und hier vor allem die Selbsteinschätzung in Bezug auf physik- und chemiebezogene sowie technische Kompetenzen. Mädchen unterschätzen ihre diesbezüglichen Fähigkeiten systematisch. Bei gleicher Leistung stufen sie sich tiefer als die Jungen ein. Letztere hingegen überschätzen oftmals optimistisch ihre eigenen fachlichen Fähigkeiten.

- *Stereotypisierungen von Schulfächern:* Spätestens während der Pubertät nehmen Kinder und Jugendliche Sprachfächer als weiblich, Physik und Technik als männlich wahr. Wenn Mädchen diese Fächer als männlich einstufen, können Physik und Technik wenig zum Aufbau der eigenen Geschlechtsidentität beitragen. Im Extremfall gilt unter *peers* ein Interesse für diese Fächer sogar als nicht schick(lich).

- *Vorerfahrungen:* Trotz vieler Bemühungen zur Gleichstellung bringen Mädchen und Jungen unterschiedliche Vorerfahrungen in den Unterricht mit. Mädchen haben in der Regel mehr Expertise in Haushalts- und Betreuungstätigkeiten, Jungen mehr in technisch orientierten Aktivitäten.

- *Interessen:* Spätestens ab dem Teenageralter interessieren sich Mädchen im Allgemeinen weniger für Naturwissenschaften als Jungen, wobei es allerdings auf die Inhalte ankommt. So zeigen viele Mädchen ein großes Interesse an Fragen nach dem Aufbau der Materie, an naturwissenschaftlich-medizinischen Inhalten oder an astronomischen Themen.

- *Interaktionen:* Lehrer und auch Lehrerinnen widmen sich im Unterricht quantitativ wie qualitativ mehr den Jungen als den Mädchen. Erstere werden häufiger für gute Leistungen gelobt, Letztere eher für soziales Wohlverhalten.

- *Leistungstests:* In internationalen naturwissenschaftlichen Vergleichstests wie PISA oder bei Abiturprüfungen liegen in den deutschsprachigen Ländern die Ergebnisse der Mädchen im Durchschnitt tiefer als diejenigen der Jungen. Dies betrifft insbesondere die Erklärung naturwissenschaftlicher Phänomene oder quantitative Aufgaben.

- *Berufs- und Studienwahl:* Diese findet nach wie vor stark geschlechterspezifisch statt, z. B. hier Kfz-Mechaniker und Bauingenieure, da Medizinalassistentinnen und Romanistinnen.

Checkliste geschlechtergerechten naturwissenschaftlichen Unterrichts[1]

Selbstkonzept und Stereotypisierungen

1. Ich bemühe mich darum, naturwissenschaftliches Wissen so zu vermitteln, dass nicht der Eindruck entsteht, Naturwissenschaften seien nur etwas für Hochbegabte.
2. Ich achte darauf, wie ich die Leistungen der Lernenden erkläre: Begabung, Anstrengung, Glück bzw. Pech, Schwierigkeit der Aufgabe.
3. Ich suche das Gespräch mit besonders begabten Jungen und vor allem Mädchen, um ihre Berufsperspektiven auszuleuchten.
4. Ich bemühe mich, (auch) den Schülerinnen Identifikationsmöglichkeiten mit Vorbildern in natur-wissenschaftlich-technischen Berufsfeldern zu geben, zum Beispiel auch auf Exkursionen.
5. Ich bemühe mich darum, in Texten, Aufgaben, Darstellungen und Testfragen in quantitativer und qualitativer Hinsicht ein ausgewogenes Geschlechterverhältnis zu wahren und Rollenkli-schees zu vermeiden.
6. Ich signalisiere den Mädchen, dass sie als Frauen nicht unattraktiver sind, wenn sie sich für Chemie, Physik, Informatik und Technik interessieren und gute Leistungen in diesen Fächern erbringen.

Unterrichtsinhalte, Vorerfahrungen und Interesse

7. Ich berücksichtige die individuellen und z. T. geschlechterspezifisch unterschiedlichen Vorer-fahrungen, die Schülerinnen und Schüler in den naturwissenschaftlichen Unterricht mitbringen.
8. Ich gebe den Kindern und Jugendlichen explizit Gelegenheit, ihre Interessen und Fragen in den Unterricht einzubringen.
9. Ich achte darauf, in meinem Unterricht Bezüge zu Menschen, zur Lebenswelt und zu Tages-aktualitäten herzustellen.
10. Ich fördere zunächst das qualitative Verständnis, bevor ich – in der Sekundarstufe I – ein quan-titatives Verständnis erarbeite.

Interaktionen, Vertrauen und Ermunterung (1. Teil)

11. Ich bemühe mich darum, den Schülerinnen gleich viel Aufmerksamkeit zukommen zu lassen wie den Schülern.
12. Ich traue den Mädchen naturwissenschaftliche Kompetenzen gleichermaßen zu wie den Jungen.

(Fortsetzung: siehe übernächste Seite)

---

1   Es handelt sich um eine Überarbeitung der Liste von Herzog, Labudde et al. (1997).

13.5 Wege zu einem geschlechtergerechten Unterricht

Als Lehrpersonen steht uns ein breites Spektrum von Möglichkeiten offen, den naturwissenschaftlichen Unterricht geschlechtergerechter zu gestalten und – unter Berücksichtung der Heterogenität – die einzelnen Individuen gezielt zu fördern. Die Maßnahmen liegen in folgenden Bereichen:

Selbstkonzept	Lernformen und Lernklima
Unterrichtsinhalte	Fragen, Antworten, Rückmelden
Interaktionen	Begleiten, Begutachten, Beurteilen

Bei den aufgeführten Möglichkeiten handelt es sich mehrheitlich um naturwissenschafts- bzw. allgemeindidaktische Maßnahmen auf der Unterrichtsebene. Es wird hier von *reflexiver Koedukation* gesprochen. Man mag einwenden, dass damit wohl die Mädchen gefördert, aber andererseits die Jungen benachteiligt werden könnten. Empirische Untersuchungen widerlegen diesen Einwand (Murphy & Whitelegg, 2006). Oder wie es bereits Wagenschein vor 40 Jahren formulierte: «Wenn man sich nach den Mädchen richtet, ist es auch für die Jungen richtig.» (Wagenschein, 1970, S. 350).

Neben den Möglichkeiten auf der Unterrichtsebene stehen weitere offen:

Monogeschlechtliche Gruppen: Werden Jungen und Mädchen zeitweise getrennt, kann dies Selbstkonzept, Interesse und Leistungen der Mädchen erhöhen. Für das Trennen gibt es verschiedene Möglichkeiten: Bei Gruppenarbeiten oder im Halbklassenunterricht reine Mädchen- und Jungengruppen bilden; sich mit einem Kollegen oder einer Kollegin zusammentun, zwei Parallelklassen übernehmen und mit diesen im Stundenplan zu gleichen Zeiten die gleichen Inhalte unterrichten, dann regelmäßig die Klassenverbände auflösen und eine reine Mädchen- bzw. Knabenklasse bilden.

Identifikationsmöglichkeiten für Mädchen: Es wird darauf geachtet, dass in Bildern und Texten gleich viele Frauen wie Männer auftreten und dass diese nicht in alten Rollenklischees gezeigt werden. Im Unterricht und bei Exkursionen lernen Kinder und Jugendliche Technikerinnen, Ingenieurinnen und Wissenschaftlerinnen aus Vergangenheit und Gegenwart kennen.

Elternarbeit: An Elternabenden wird über die Problematik von Geschlechterstereotypen gesprochen. Wir erinnern Mütter und Väter an ihre Vorbildfunktion in Bezug auf Einstellungen zu Physik und Technik und suchen bewusst das Gespräch mit Eltern, deren Kinder für diese Fächer begabt sind.

Checkliste geschlechtergerechten naturwissenschaftlichen Unterrichts

(Fortsetzung von der vorvorherigen Seite)

Interaktionen, Vertrauen und Ermunterung (2. Teil)

13. Ich achte darauf, Schülerinnen nicht nur für Anstrengung und gutes Benehmen zu loben, sondern auch für ihre naturwissenschaftlich-technische Begabung und Leistung.
14. Ich gebe den Eltern begabter Kinder, insbesondere begabter Mädchen, gezielt positive Rückmeldungen über die Leistungen ihrer Kinder und ermuntere sie, diese bei einer technisch-naturwissenschaftlichen Berufs- oder Studienwahl zu unterstützen.

Lernformen und Lernklima

15. Ich setze regelmäßig individualisierende Unterrichtsformen ein.
16. Ich achte darauf, in meinem Unterricht viele Gespräche zu führen, d.h. meinen Unterricht kommunikativer zu gestalten.
17. Ich führe vermehrt Gruppenarbeit durch und achte darauf, geschlechtshomogene Gruppen zu bilden.
18. Ich bemühe mich, eine kooperative Lernumgebung zu schaffen und möglichst wenige offene Konkurrenzsituationen aufkommen zu lassen.
19. Ich räume dem assoziativen Denken genügend Platz ein.
20. Ich gebe mich nicht nur als Naturwissenschaftslehrerin bzw. -lehrer zu erkennen, sondern auch als Mensch.
21. Ich forciere das Thema Geschlecht nicht, sondern greife das Thema auf, wenn ein manifester Anlass dazu besteht, d.h. ich reagiere situativ.

Fragen, Antworten, Rückmelden

22. Ich bemühe mich darum, vermehrt offene Fragen zu stellen, den Lernenden genügend Zeit zum Nachdenken und Antworten zu geben und auf eine Frage mehrere Antworten zu sammeln.
23. Bei falschen Antworten gebe ich nicht sofort die richtige Lösung, sondern unterstütze, frage nach und ermuntere zur Suche einer neuen Lösung.

Begleiten, Begutachten, Beurteilen

24. Ich bemühe mich um eine aktive Lernbegleitung der einzelnen Kinder bzw. Jugendlichen und gebe immer wieder individuelle Rückmeldungen.
25. Ich achte darauf, Rückmeldungen und Beurteilungen für das ganze Spektrum naturwissenschaftlicher Kompetenzen zu geben, d.h. auch eine entsprechend breite Prüfungskultur zu pflegen.

13.6 Tests zur Selbstkontrolle – Anstöße zum Weiterdenken

1. Notieren Sie mindestens vier unterschiedliche Differenzierungsvarianten, die an Ihrem Wohnort praktiziert werden. Überlegen Sie sich, welches deren pädagogische Intention ist und welche Auswirkungen sie auf einzelne Lernende haben können.

2. Beschreiben Sie zwei Voraussetzungen für die Anwendung binnendifferenzierender Maßnahmen und überlegen Sie sich, ob diese an Ihrer Schule gegeben sind. Falls nicht: Wie lassen sie sich realisieren?

3. Zusammen mit der Schulleitung bereiten Sie einen Informationsabend vor, an dem Sie den Eltern Ihrer Schülerinnen und Schüler erklären, warum Sie in Ihrem Unterricht Maßnahmen innerer Differenzierung anwenden und was das für die Kinder bzw. Jugendlichen bedeutet. Wie argumentieren Sie?

4. In Unterkapitel 13.3 werden zwei Beispiele, «Hydrostatik» und «Tierspuren», skizziert. Wonach, was und wie wird in den Beispielen differenziert? Nennen Sie pro Beispiel drei Punkte.

5. Entwickeln Sie eine eigene Unterrichtssequenz, in welcher Sie gezielt differenzieren. Notieren Sie stichwortartig Schulstufe, Thema, Ziele und dann das Wonach, Was und Wie Ihrer Differenzierungsmaßnahmen.

6. Im vorliegenden Buchkapitel werden Heterogenität und Differenzierung explizit aufgearbeitet, in anderen Kapiteln spielen sie implizit eine Rolle bzw. es werden implizit Maßnahmen zur inneren Differenzierung entwickelt. Nennen Sie aus zwei Buchkapiteln je eine Maßnahme und verorten Sie sie im Diagramm von 13.3.

7. Eine begabte 12-jährige Schülerin, welche in einer naturwissenschaftlichen Prüfung eine sehr gute Note erzielt hat, erklärt Ihnen: «Ich habe viel für die Prüfung gelernt und war deswegen so gut.» Wie reagieren Sie darauf?

8. Frau S. beobachtet in ihrem Unterricht, dass die Schülerinnen Christina und Anna sehr gut mit dem Aufbau ihres Experiments klarkommen, sich aber kommentarlos die Weiterführung des Aufbaus von ihrem Mitschüler Martin in der Bank davor gefallen lassen. Was würden Sie an Frau S.' Stelle tun?

9. Welche der in 13.4 geschilderten Herausforderungen haben Sie als Schüler/-in oder als Lehrperson im Unterricht erlebt? Mit welchen der 25 Maßnahmen aus der Checkliste ließe sich der Herausforderung begegnen?

Hinweise, Lösungen

1. Z. B. Jahrgangsklassen, Leistungszüge, klasseninterne Gruppenbildung, individuelle Vereinbarung von Lernzielen. Ziel ist immer die optimale Förderung Lernender, was entweder mit einer bewusst homogen zusammengesetzten Lerngruppe angestrebt oder aber mittels heterogener Gruppenzusammensetzung zu erreichen versucht wird. Wirklich homogene Gruppen gibt es nicht; sie bieten bzgl. der Leistungsentwicklung keine Vorteile.

2. Nötig und hilfreich sind z. B. geeignete Aufgabenstellungen und Unterrichtsmaterialien, eine positive Einstellung gegenüber Heterogenität sowie Austausch mit Kolleginnen und Kollegen, die ebenfalls differenziert unterrichten.

3. Begründung vgl. 13.1; Konsequenzen vgl. 13.2.

4. Hydrostatik: naturwissenschaftliche Kompetenzen, überfachliche Kompetenzen (im Lernzirkel sich Zeit einteilen, evtl. mit anderen kooperieren), Vorwissen und Lernwege, Unterrichtsmethoden, Lern- und Übungsaufgaben. Tierspuren: naturwissenschaftliche und überfachliche Kompetenzen, Lernaufgaben, Begleiten und Beraten.

5. Vergleiche 13.3.

6. Unter anderem: Kap. 4 «Lernwege», in Abbildung von 13.3 unter «Wonach?» der Bereich «Vorwissen und Lernwege». Kap. 8 «Lernaufgaben», in der Abbildung mehrere Punkte unter «Was?», Kap. 12 «Lernen begleiten», hier Verbindungen zu «Begleiten und Beraten» im «Wie?».

7. Nicht nur die Anstrengung der Schülerin hervorheben, sondern insbesondere auch ihre Begabung (Checkliste Nr. 2, 13), d. h. situativ reagieren (21), evtl. mit den Eltern Kontakt aufnehmen (14).

8. Situativ reagieren (Checkliste 21): Entweder mit den drei zusammen diskutieren oder je separat mit den Mädchen bzw. mit Martin; den Jungen fragen, warum er so gehandelt hat, die Mädchen, warum sie sich das gefallen ließen; den Mädchen eine positive Rückmeldung zum Aufbauen ihres Experiments geben und ihnen Vertrauen signalisieren (11, 12, 13, 18, 24).

9. Vergleiche 13.4 und 13.5.

13.7 Anregungen für die Schulpraxis und zum Weiterstudium

Zur Differenzierung

- *Bönsch, M.* (2002). 1. Grundpartitur: Innere Differenzierung. In: M. *Bönsch* (Hrsg.), *Selbstgesteuertes Lernen in der Schule. Praxisbeispiele aus unterschiedlichen Schulformen* (S. 147–161). Neuwied, Kriftel: Luchterhand. Zum übergeordneten Thema des selbstgesteuerten Lernens werden viele methodisch-didaktische Tipps zur inneren Differenzierung formuliert.

- *Paradies, L., & Linser, H. J. & Pfeiffer-Spiekermann, J.* (2002⁶). *Differenzieren im Unterricht.* Berlin: Cornelsen. Es werden praxiserprobte Instrumente und Methoden innerer Differenzierung für die Sekundarstufe I und II beschrieben.

- *Wodzinski, R., Wodzinski, C. T., & Hepp, R.* (Hrsg.) (2007). *Naturwissenschaften im Unterricht: Physik, 18(99/100).* Das Themenheft «Differenzierung» bietet in knapper Form theoretische Grundlagen und eine Vielzahl von Beispielen aus der Unterrichtspraxis für die Klassenstufen 7–13.

Zur reflexiven Koedukation

- *Kaiser, A.* (2003). *Projekt geschlechtergerechte Grundschule – Berichte aus der Praxis.* Opladen: Leske + Budrich. Es werden die Maßnahmen und die Effekte eines groß angelegten Schulversuches beschrieben. Das Buch gibt einen guten Überblick über das Problemfeld; mehrere Abschnitte beziehen sich auf den Sach- und Computerunterricht.

- *Coradi, M.* (2003). *Keine Lust auf Mathe, Physik, Technik?* Aarau: SGBF. Auf der Basis von Forschungsergebnissen und praxisnahen Erfahrungen zeigt der Trendbericht, wie sich Zugänge zu Mathematik, Naturwissenschaften und Technik attraktiver und geschlechtergerechter gestalten lassen.

- *Labudde, P.* et al. (1999). *Reflexive Koedukation im Physikunterricht.* Das Heft 49 der Zeitschrift «Unterricht Physik» ist ganz dem Thema «Mädchen und Jungen in Physik» gewidmet und enthält zahlreiche Praxisbeispiele.

- *Murphy, P., & Whitelegg, E.* (2006). *Girls in the Physics Classroom. A Review of the Research on the Participation of Girls in Physics.* London: Institute of Physics. Das Autorenteam gibt einen umfassenden Überblick über die fachdidaktischen Forschungsresultate zum Thema Gender.

- *Rhyner, T., & Zumwald, B.* (2008). *Coole Mädchen – starke Jungs. Impulse und Praxistipps für eine geschlechterbewusste Schule.* Bern, Stuttgart, Wien: Haupt. Das Buch liefert interessante Hintergrundinformationen aus der Gender-Forschung und verbindet die Erkenntnisse mit der Schulpraxis.

14 Die «Natur» der Naturwissenschaft hinterfragen

Anni Heitzmann

Ein Naturwissenschaftsunterricht, der auf eine umfassende naturwissenschaftliche Bildung (vgl. auch «scientific literacy», z. B. Gräber et al., 2002, *http://www.pisa2012. tum.de/en/domains/scientific-literacy/*) zielt, möchte Schülerinnen und Schüler zur Auseinandersetzung mit der Welt, in der wir leben, anregen. Beobachtbare Phänomene und Naturgesetze werden untersucht und erklärt, dabei Wissen und Verständnis für Naturvorgänge aufgebaut. Die im Unterricht erworbenen Kompetenzen befähigen, im Zusammenhang mit naturwissenschaftlichen Fragen, die persönlich, in Bezug auf die Gesellschaft oder die Umwelt wichtig sind, adäquate Entscheidungen zu fällen, Verantwortung zu übernehmen und sinnvoll zu handeln. Dem Nachdenken über die «Natur» der Naturwissenschaften, d. h. das «Wesen» der Naturwissenschaften (dem, was Naturwissenschaft ausmacht), kommt dabei eine wichtige Funktion zu.

	Über die Natur der Naturwissenschaften nachdenken, heißt fragen:	
Die Natur als Umwelt des Menschen verstehen	Was charakterisiert die Naturwissenschaften?	Die Natur, den Menschen und sich selbst verstehen
	Was ist naturwissenschaftliches Wissen?	
	Was ist naturwissenschaftliches Arbeiten?	
Verantwortlich handeln können	Wie entsteht naturwissenschaftliche Erkenntnis?	Aussagen über die Natur bewerten können
	Welche Bedeutung haben geschichtliche Strömungen?	
	Was geschieht mit naturwissenschaftlichem Wissen?	

14.1 Was ist Wissenschaft? Was untersucht Naturwissenschaft?

Eine Wissenschaftsdisziplin, z. B. Geschichte oder Biologie, konstituiert und untersucht bestimmte Aspekte der Erfahrungswelt, sie produziert Wissen. Die Wissensproduktion erfolgt mit bestimmten, abgesprochenen Methoden. Wissenschaftliches Wissen ist deshalb nachvollziehbar, reproduzierbar. Das wissenschaftliche Wissen wird in einem eigenen System von Begriffen, Aussagen und Theorien dargestellt. Zeitgenössische Wissenschaft ist gekennzeichnet durch eine Ausdifferenzierung in viele Fachdisziplinen.

Geisteswissenschaften untersuchen kulturelle Errungenschaften und Produkte des Menschen (Gesellschaft, Staat, Recht, Erziehung etc.) und befassen sich mit Deutungen der Welt (Sprache, Religion, Philosophie etc.). Bei den Naturwissenschaften ist die Natur der Forschungsgegenstand. Sie untersuchen mit definierten Methoden Phänomene der belebten und unbelebten Natur. Dabei werden komplexe Naturerscheinungen durch die Wechselwirkungen einfacherer Teilsysteme erklärt (siehe die rechts dargestellten Strukturebenen biologischer Systeme). Übergeordnete Systeme zeigen neue, sogenannte emergente Eigenschaften (Mayr, 1998). «Das Ganze ist also mehr als die Summe seiner Teile.» Emergente Eigenschaften resultieren aus Wechselwirkungen zwischen Komponenten.

Die Naturwissenschaften umfassen die Fachdisziplinen Physik und Chemie als Materienwissenschaften und die Lebenswissenschaft Biologie. Die drei Fachdisziplinen der Naturwissenschaften teilen sich auf in viele Teilbereiche (Teildisziplinen), die ihren Forschungsgegenstand unter unterschiedlichen Perspektiven und mit je eigenen Methoden, Inhalten und Begriffen untersuchen. Ihnen gemeinsam sind aber die Natur als Forschungsgegenstand und die naturwissenschaftliche Methodik. Zum Verstehen müssen oft Erkenntnisse mehrerer Disziplinen beigezogen werden. In den Grenzbereichen zwischen den verschiedenen Naturwissenschaften und auch zu anderen Gebieten wie Mathematik, Geografie und Archäologie sind deshalb immer wieder neue Teildisziplinen entstanden, wie Biochemie, physikalische Chemie, Bioinformatik, Klimatologie oder Kriminalistik.

Die Unterschiede zwischen Teilbereichen der gleichen naturwissenschaftlichen Fachdisziplin sind z. T. größer als zu Teilbereichen anderer Fachdisziplinen. So scheint Molekulargenetik näher bei der organischen Chemie als bei der Verhaltensbiologie zu liegen, obwohl Molekulargenetik und Verhaltensbiologie zur Fachdisziplin Biologie gehören.

Die Einteilung in Disziplinen

Die einzelnen Naturwissenschaftsdisziplinen unterscheiden sich darin, wie sie ihren Weltausschnitt untersuchen, d. h. ihren Untersuchungsgegenstand konstituieren. Dabei unterscheidet sich Biologie von den Materienwissenschaften Physik und Chemie. Es wurde in der Wissenschaftstheorie schon darüber gestritten, ob die Biologie zu den Naturwissenschaften gehört. Dass sie dazugehört, wird unter anderem folgendermaßen begründet:

■ die materielle Zusammensetzung ist in der organischen Welt und den biologischen Systemen die gleiche wie in der anorganischen;

■ kein biologischer Sachverhalt oder Prozess steht im Widerspruch zu physikalischen oder chemischen Vorgängen;

■ komplizierte biologische Vorgänge können durch die Wechselwirkungen einfacher Teilsysteme erklärt werden, z. B. die Grundlagen von Denkvorgängen durch das Fließen elektrischer Ströme in bestimmten Hirnregionen.

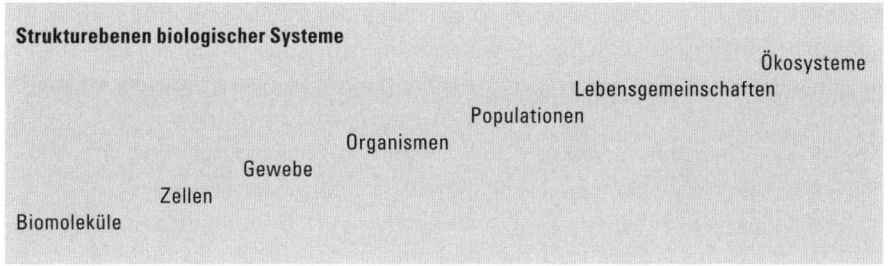

Strukturebenen biologischer Systeme

Ökosysteme
Lebensgemeinschaften
Populationen
Organismen
Gewebe
Zellen
Biomoleküle

Aufgaben

■ Informieren Sie sich über Unterschiede zwischen Naturwissenschaften und Geisteswissenschaften. Formulieren Sie für Ihre Schülerinnen und Schüler eine Erklärung, die den Unterschied aufzeigt.

■ Diskutieren Sie, ob Geografie zu den Naturwissenschaften gehört – gibt es Parallelen zur Biologie?

■ Erstellen Sie eine Übersicht über die wichtigen Teildisziplinen von Physik, Chemie und Biologie. Welchen Weltausschnitt bearbeiten die einzelnen Teildisziplinen? Überlegen Sie, welche Teildisziplinen sich nahe sind und welche nicht. Welches sind Grenzwissenschaften?

■ Erweitern Sie die Strukturebenen nach oben und nach unten. Überlegen Sie, wo die Physik und Chemie einzuordnen wären.

14.2 Was ist naturwissenschaftliches Wissen?

Naturwissenschaften suchen Wissen, das «wahr» ist, dies bedeutet: nach bestimmten Regeln produziertes, gesichertes, verlässliches, von der Wissenschaftsgemeinschaft akzeptiertes Wissen, das die reale Welt beschreibt. Den Sinnen zugängliche Phänomene der Natur oder Technik werden beschrieben (z. B. *Dinge fallen zu Boden*), woraus dann Folgerungen gezogen werden *(z. B. aufgrund der Erdanziehungskraft)*. Je bessere Beobachtungsinstrumente (Mikroskope, Teleskope) zur Verfügung stehen, desto genaueres Wissen über die «Realität» können die Naturwissenschaften gewinnen. Im Gegensatz zu den Beobachtungen sind die *Schlussfolgerungen* nicht sinnlich erfahrbar, sondern konstruiert. Die Fähigkeit, die Welt und die «Wirklichkeit» zu erkennen und zu deuten, ist durch die Wahrnehmung und individuelle geistige Vorstellungen (Konstruktionen von Wirklichkeit) begrenzt, sodass nicht endgültig gesagt werden kann, ob Erfahrungen und Meinungen mit einer möglicherweise absolut existierenden Wirklichkeit übereinstimmen. Aufgrund der Wiederholbarkeit von Beobachtungen und Versuchen, die, unter den gleichen Rahmenbedingungen durchgeführt, die gleichen Ergebnisse zeigen, können Forschende *Gesetzmäßigkeiten* formulieren, sie können Beschreibungen und Aussagen über die Beziehungen von betrachteten Phänomenen und Messgrößen machen. Zu Naturereignissen können *Voraussagen* gemacht werden. *Theorien* beschreiben die Gesetzmäßigkeiten und erklären, unter welchen Bedingungen bestimmte Aussagen und Prognosen gelten. Naturwissenschaftliche Aussagen sind allerdings nicht absolut beweisbar, sondern nur falsifizierbar.

Naturwissenschaftliches Wissen ist demnach erfahrungsbasiert, es wird deshalb als *empirisches Wissen* bezeichnet, das aufgrund von beobachtbaren Vorgängen gewonnen, logisch gefolgert und theoretisch eingebettet wird.

Zum Wissen gehören drei Wissensformen, die miteinander verknüpft sind:

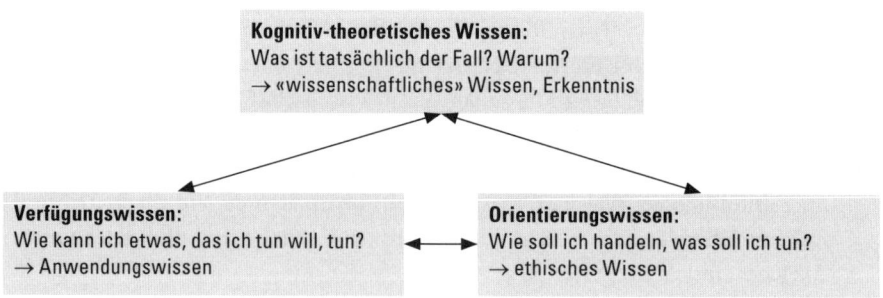

Naturwissenschaftliches Wissen – von der Beobachtung zur Theorie

Beobachtung
Die meisten Leute können ihre Zunge rollen, einige lernen es nie.

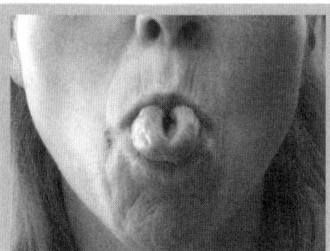

Gesetzmäßigkeit:
Erbgänge zum Zungenrollen. Vorhersage: zungenrollende Eltern haben fast immer zungenrollende Kinder.

Schlussfolgerung bzw. Hypothese
Das Merkmal Zungenrollen ist erblich.

Theorie:
Chromosomentheorie der Vererbung

Aufgaben

- Diskutieren Sie die Bedeutung des Satzes: «Orientierungswissen ohne Verfügungswissen ist leer – Verfügungswissen ohne Orientierungswissen ist blind» an einem Inhalt ihres Naturwissenschaftsunterrichts. Welche Bedeutung hat er für die Didaktik?

- Naturwissenschaftliches Wissen ist zwar beständig, aber vorläufig: Es gilt so lange, bis neue Technologien oder neue Theorien neue Erkenntnisse bringen und es allenfalls ergänzen oder widerlegen (vgl. 14.4).
  Zeigen Sie an je drei Beispielen aus dem Alltag, wie sich die Erkenntnis bzw. das naturwissenschaftliche Verfügungswissen bzw. das Orientierungswissen verändert haben.

- Gehen Sie von je zwei eigenen Beispielen der Beobachtung eines physikalischen, chemischen oder biologischen Phänomens aus und formulieren Sie dazu Schlussfolgerungen, Gesetzmäßigkeiten und Theorien.

Beispiel: Lernaufgabe «Optische Täuschungen» (1.–9. Klasse)

Erstellen Sie für Ihre Schulstufe eine Lernaufgabe mit folgenden Lernzielen (vgl. auch Grygier et al., 2009):
1. Die Bedeutung von optischen Täuschungen im Alltag erkennen.
2. Phänomene beobachten und beschreiben, Schlussfolgerungen und Vermutungen (evtl. Gesetzmäßigkeiten und Theorien) formulieren.
3. Die Zuverlässigkeit der Wahrnehmung diskutieren und allgemein auf naturwissenschaftliches Wissen beziehen.

14.3 Typische Merkmale naturwissenschaftlichen Arbeitens

Untersuchungen von Schülervorstellungen zum Verständnis naturwissenschaftlichen Arbeitens zeigen oft ein Bild, das eher einer Karikatur entspricht. Erwachsene haben ähnlich falsche Vorstellungen: einsam tüftelnde bärtige Wissenschaftler als superintelligente, unmenschliche, «spinnige» Außenseiter, die im Labor experimentieren! Moderne Naturwissenschaftler und Naturwissenschaftlerinnen aber arbeiten oft im Team, am Schreibtisch und in der Öffentlichkeit.

Beobachten und logisches Schlussfolgern, d. h. «Gesetzmäßigkeiten identifizieren» und «Theorien bilden» sind das erkenntnistheoretische Gerüst der naturwissenschaftlichen Arbeit (Eckebrecht & Schneeweiß, 2003). Weitere Kennzeichen naturwissenschaftlichen Vorgehens sind *Vergleichen und Ordnen, Begriffe bilden, Messen und Daten erheben, Fehler- und Zutreffwahrscheinlichkeiten abschätzen, Hypothesen und Voraussagen experimentell überprüfen, verifizieren oder falsifizieren, Modellieren und Mathematisieren, Recherchieren, Kommunizieren, Befunde veröffentlichen* sowie diese *kritisch diskutieren.*

Oft sind Phänomene verdeckt, Problemstellungen nicht direkt beschreibbar, z. B. in der Medizin. Es gilt dann geeignete Verfahren zu finden, um das Phänomen oder die Krankheit beschreiben zu können.

Naturwissenschaftliche Arbeit ist durch eine Vielfalt von Methoden gekennzeichnet, dabei sind verschiedene Wege gangbar, um Problemstellungen zu bearbeiten:

1. *das induktive (hinführende) Vorgehen:* von Einzelfällen wird auf das Allgemeine geschlossen.

2. *das deduktive (ableitende) Vorgehen:* von etwas Allgemeinem, z. B. von einem bereits gefundenen Gesetz aus, wird auf einen Einzelfall, das Besondere, geschlossen.

3. *das hypothetisch-deduktive Vorgehen:* Beobachtung und Beschreibung geschehen auf der Grundlage von «Vor-Stellungen». Naturwissenschaftliches Forschen ist selten ein voraussetzungsloses Beobachten. Am Anfang stehen meist Hypothesen (Vermutungen), die aufgrund von Vorerfahrungen, Intuition oder Spekulation aufgestellt werden. Wissenschaftliche Hypothesen sind so formuliert, dass die Folgerungen (Prognosen) aus ihnen durch Beobachtungen oder Experimente überprüfbar und prinzipiell widerlegbar sind.

Naturwissenschaft betreiben heißt, nach bestimmten, strengen Richtlinien («Methoden») und mit einer klaren Zielsetzung («Erkenntnis») handeln. Naturwissenschaftliches Arbeiten und das Erlernen naturwissenschaftlicher Methoden ist ein Ziel des Unterrichts. Es empfiehlt sich, Protokolle zu Beobachtungen und Experimenten zu strukturieren und schrittweise vorzugehen.

Schritte der hypothetisch-deduktiven Methode im Unterricht

Problemstellung	1. Problemfindung und Problemstellung (z. B. eine Beobachtung, ein Experiment), Formulierung von Hypothesen
Planung	2. Ableiten von empirisch überprüfbaren Folgerungen aus den Hypothesen
	3. Ausarbeiten eines Plans zur Durchführung einer Beobachtung bzw. eines Experiments
Durchführung	4. Bereitstellen von Materialien
	5. Aufbauen der Versuchsanordnung zum Beobachten oder Experimentieren
	6. Durchführen der Beobachtung bzw. des Experiments
	7. Protokollieren der Beobachtungs- bzw. Experimentergebnisse
Auswertung	8. Darstellen der Ergebnisse
	9. Vergleichen der Ergebnisse mit den Folgerungen aus den Hypothesen (Bestätigung oder Widerlegung), Diskussion (analog Peer Reviewing)
	10. Schlussfolgerung in Bezug auf die Problemstellung

Aufgaben

■ Tragen Sie Bilder und Vorstellungen zusammen, die Sie mit einer Tätigkeit in den Naturwissenschaften verbinden (Umfrage, Brainstorming, Zeitungsartikel, Cartoons etc.). Diskutieren Sie die Stimmigkeit dieser Bilder bezüglich des Arbeitsplatzes, der Tätigkeiten, der Geschlechterrollen und der Persönlichkeitsmerkmale sowie der Gründe für das Entstehen von «Vorurteilen».

■ Interviewen Sie verschiedene Naturwissenschaftlerinnen und Naturwissenschaftler zu ihrer Tätigkeit oder vergleichen Sie Stellenausschreibungen für naturwissenschaftliche Berufe in Chemie, Physik und Biologie.

Beispiel 1: Schüleraktivität – Forschen mit der Blackbox (alle Stufen)

Kleben Sie eine Frucht (Banane, Tomate, Nuss, Apfel, Erdbeere etc.) in eine Schuhschachtel. Kleben Sie die Schachtel zu. Mit einer Stricknadel wird nun in die Schachtel sondiert und das Objekt beschrieben. Diskutieren Sie anschließend, welche Faktoren die wissenschaftliche Erkenntnis beeinflussen (planmäßiges Vorgehen, Sinneseindrücke, Instrument etc.).

14.4 Die Bedeutung der Geschichte für die Naturwissenschaften

Die Geschichte der Naturwissenschaften zeigt einen langen Weg, sie ist eng verknüpft mit der allgemeinen Kultur- und Technikentwicklung. Die Tabelle rechts zeigt, wie naturwissenschaftliches Wissen sich in der Geschichte darstellt und abhängig ist von den jeweils herrschenden zeitlichen, politischen und klimatischen Bedingungen.

Für die Didaktik des Naturwissenschaftsunterrichts ist die Geschichte der Naturwissenschaften als fachdidaktischer Zugang sehr wertvoll. Sie zeigt die verbindenden und trennenden Elemente der einzelnen Naturwissenschaftsdisziplinen und weist auf die Relativität dieser Kategorien hin. Aus der geschichtlichen Betrachtung geht auch die Bedeutung der Naturwissenschaften für die anderen Wissenschaften wie angewandte Wissenschaften (Technik, Medizin, Agronomie) und Geisteswissenschaften oder Kunst hervor.

- Geschichte und «Geschichten erzählen» ermöglichen den Schülerinnen und Schülern, die Bedeutung von Ereignissen im Kontext zu konstruieren. Naturwissenschaft wird als Teil und als Leistung der Kulturen verstanden. Es wird gezeigt, dass verschiedene Kulturen je ihren wichtigen Anteil beisteuerten.

- Lebensbilder von wichtigen Naturwissenschaftlerinnen und Naturwissenschaftlern lassen Naturwissenschaften als Aktivität von Menschen verstehen und können als Identifikationsfiguren zum Entdecken animieren, siehe z. B. Tallack (2005) oder Schuh (2006). Der Entmenschlichung von Naturwissenschaften kann so entgegengewirkt werden.

- Historische Beispiele zeigen verschiedene Repräsentationen, Perspektiven und Erkenntniswege auf und wirken Verständnis klärend und motivierend auf das eigene Lernen.

- Die Begriffs- und Konzeptgenese während der kindlichen Entwicklung verläuft zum Teil ähnlich wie die Erkenntnisschritte der historischen Entwicklung. Das Erkennen dieser historischen Schritte fördert das Verständnis aktueller Konzepte und den Konzeptwechsel von Alltagsvorstellungen zu wissenschaftlichem Denken.

- Historische Textquellen und Beispiele historischer Entdeckungen können die Imagination und das Einfühlungsvermögen fördern.

- Der Einbezug von Geschichte ermöglicht, Naturwissenschaften als Prozess zu verstehen. Wissen erscheint nicht als fertiges, sondern als veränderbares Produkt, das dem historischen Wandel unterworfen ist.

Wichtige Schritte für die Entwicklung der Naturwissenschaften in Europa

Paläolithikum: Mythen, Natur mit Geistern und Dämonen, einzelne Naturbeobachtungen	Bis ca. 12 000 AC
Neolithikum: Erfahrungswissen über die Natur: Domestizierung – Selektion (Nutzpflanzen, Nutztiere), Sesshaftigkeit und Nomadengesellschaften	Ab ca. 12 000 AC
Klimatische Begünstigung: Mischwirtschaften (Agrardörfer, Städte), Handwerkliches Können, erste Techniken (Textilien, Töpferei); Bsp. Jericho	ca. 8000 AC
Entwickelte Agrarzivilisationen – Zentralisierung: Städtebildung mit Hochkulturen; z. B. Mesopotamien: entwickelte Techniken (Bewässerung)	ca. 4000 AC
Differenzierung der Gesellschaft (wissenschaftliche Eliten): Astronomie, Astrologie, Metallverarbeitung, Listen von nützlichem Wissen	ca. 3500 AC
Unabhängige griechische Naturphilosophen: Geburtsstunde der Naturwissenschaften, Trennung von Naturkunde und Handwerk, objektive Beobachtungen, Spekulationen über das Universum	700 – 400 AC
Technisierung in der hellenistischen und römischen Zeit: Abkehr vom rein naturwissenschaftlichen Wissen, Militär- und Marinetechnik, Bauwesen	300 AC bis 476 PC
«Wissensrettung» durch die islamische Welt im Orient und Mittelmeerraum: Bewahrung und Verbreitung der Erkenntnisse der griechischen Philosophen und der Hochkulturen, Bibliotheken, Schulen, erste *scientific communities*	ab 600 PC bis 14. Jh.
Mittelalter in Europa: Bevölkerungswachstum, Urbanisierung, handwerkliche Techniken, Scholastik, Klosterschulen – Naturphilosophie wird der Theologie untergeordnet	600 PC bis 13. Jh.
Kirche, Kriege, Klima, Pest: Militärische Revolution – neue Technologien	14./15. Jh.
Rückbesinnung auf die Antike, Renaissance: Übersetzungen, Städtebürgertum, Kolonialismus, Entdeckungen, neue Technologien	15. Jh.
Seefahrer, Entdeckungen: erste wissenschaftliche Revolution, Befruchtung der Naturwissenschaft durch die Technik, Medizin, Akademien	16./17. Jh.
Empirische Naturwissenschaften – Experimente: Galilei, Kepler, Newton – Theorien; Abschied von der Alchemie.	17. Jh.
Industrielle Revolution: Eisenzeitalter (Eisenbahnen, Textilmaschinen) parallel dazu Entwicklung der Naturgeschichte (Beschreiben, Sammeln)	18./19. Jh.
Zweite wissenschaftliche Revolution: das klassische, naturwissenschaftliche Weltbild setzt sich durch (Methoden, Mathematisierung), Entstehung vieler Disziplinen, angewandte Naturwissenschaften	19. Jh.
Moderne Naturwissenschaften: neue Technologien, ein neues Weltbild: Quantenphysik, Farbstoffchemie, Molekularbiologie, Genetischer Code, Frauen in der Wissenschaft.	20./21. Jh.

Aufgabe und Beispiel:

- Ordnen Sie obiger Tabelle Personen und Meilensteine naturwissenschaftlich-technischer Entwicklungen (evtl. auch aus Malerei und Musik) zu.
- Konzipieren Sie eine Erzählung zu einer wichtigen naturwissenschaftlichen Entdeckung für Ihre Stufe.

14.5 Was geschieht mit naturwissenschaftlichem Wissen?

Wie im Zusammenhang mit der Entstehung von Wissen gezeigt wurde (vgl. 14.4), ist die Produktion von naturwissenschaftlichem Wissen zeit- und epochenabhängig. Dies gilt auch für einmal produziertes Wissen. Im Normalfall wird es zunächst in der *scientific community* kritisch begutachtet und in einer Wissenschaftszeitschrift publiziert. Vor der Publikation wird die Veröffentlichung von unabhängigen Fachleuten überprüft. Dieses *Peer Reviewing* ist ein Garant für die Zuverlässigkeit und Richtigkeit. Naturwissenschaftliches Wissen kann auch über andere Medien (Zeitungen, Internet etc.) verbreitet werden, oft enthalten diese Medien aber unvollständige und unrichtige Informationen. Naturwissenschaftliches Verfügungswissen ist ein wichtiges Wissen und bedeutet Macht: Die aus der Erkenntnis resultierende Praxis ist immer ambivalent, es stellt sich deshalb die Frage nach der ethischen Verantwortung der Naturwissenschaften (Mohr, 2008).

Naturwissenschaftliches Wissen an sich ist wertfrei. Gemeint ist, dass die Resultate der Forschung nicht von außerwissenschaftlichen Faktoren, wie religiösen Dogmen oder politischen Haltungen, beeinflusst werden dürfen. Auch dürfen aus Sachaussagen keine moralischen Aussagen werden. Andererseits stellt sich die Frage nach der Verantwortung der Forschenden. Wenn ihre Forschung auf Erkenntnisgewinn abzielt, handeln sie gesinnungsethisch. Das Motiv, nämlich zuverlässiges Wissen zu produzieren, ist für sie handlungsleitend. Sie sind in diesem Sinne als Einzelne nicht verantwortlich für die richtige Anwendung oder den korrekten Gebrauch des Wissens. Es liegt am Kollektiv der Forschenden und an jedem politischen Bürger bzw. jeder Bürgerin, Verantwortung für die Verwendung von Wissen zu übernehmen. Ein Ziel des Naturwissenschaftsunterrichts muss deshalb auch sein, Schülerinnen und Schüler mit ethischen Fragen zur Anwendung von naturwissenschaftlichem Wissen zu konfrontieren und ethische Positionen zu bestimmen. Sie sollen dabei die Diskurswürdigkeit normativer Prinzipien und die Vielfalt normativer Aussagen erkennen, empirische von normativen Aussagen trennen lernen. Dies bedeutet, Prinzipien gegensätzlicher Standpunkte zu erkennen und deren Bewertungsstrategie offenzulegen, z. B. sich bei ethischen Konflikten auf anerkannte Rechte und Pflichten berufen («das Ungeborene hat ein Recht auf ein Leben») oder die Folgen abwägen, die für die Beteiligten entstehen («für die junge Mutter ist die Belastung unzumutbar»).

Unterrichtsformen für die Erarbeitung von ethischen Positionen:

Die offene Gruppendiskussion: Hier können die Schülerinnen und Schüler ihre eigenen Standpunkte thematisieren, argumentieren lernen und unmittelbar erleben, ob ihre Argumente überzeugend sind.

Rollenspiele: Sie ermöglichen einen handlungsorientierten Einstieg in normative Diskussionen und verdeutlichen verschiedene Standpunkte und Argumentationsweisen. Dadurch erleichtern sie die normative Analyse.

Die Podiumsdiskussion ist eine besondere Variante des Rollenspiels, bei der einzelne Schülerinnen und Schüler kontradiktorisch bestimmte Interessen und Meinungen vor der Klasse repräsentieren.

Fallanalysen fordern zur Bestimmung des eigenen Standpunkts heraus. Bei einer Fallanalyse werden schrittweise wichtige Punkte durchgearbeitet:

Schritte der Fallanalyse

- Wahrnehmen der Entscheidungssituation (Fakten)
- Auflisten der Handlungsmöglichkeiten (Argumente)
- Auflisten der Werte (Wertannahmen), Ziele und Motive (diskursive Hierarchisierung der Argumente)
- Analysieren der Ziele, Wertentscheidungen und Handlungsmöglichkeiten (vergleichende Analyse bedeutender Argumente im Hinblick auf die zugrunde liegende Bewertungsstrategie).
- Formulieren eines eigenen, begründeten Standpunkts.

Aufgabe

Friedrich Dürrenmatt hat in seiner Komödie «Die Physiker» thematisiert: «*Der Inhalt der Physik gehe die Physiker an, die Auswirkung die Menschen. Was alle angehe, könnten nur alle lösen*». Diskutieren Sie die Bedeutung dieses Satzes im Hinblick auf die Verwendung von Kernenergie oder ein anderes Konfliktthema von naturwissenschaftlichem Wissen.

Beispiel 1: Rollenspiel Umweltbildung oder Bioethik (1.– 8. Schuljahr)

Wählen Sie für Ihre Stufe ein passendes Beispiel für einen ethischen Konflikt aus der Umwelterziehung oder der Bioethik, z. B. Recycling von Petflaschen, Designerbabies, etc.

Beispiel 2: Fallanalyse (5.– 8. Schuljahr)

Suchen Sie dazu für Ihre Stufe passendes Informationsmaterial zu einem «Fall» (Zeitungsartikel, Fachinformation etc.), bereiten Sie dieses gegebenenfalls auf und lassen Sie anschließend Schülergruppen den Fall bearbeiten.

14.6 Unterrichtsplanung und die Natur der Naturwissenschaften

Bezogen auf den Schulunterricht ist es eine wichtige Frage, wie Schülerinnen und Schüler lernen können, über die Natur der Naturwissenschaft zu reflektieren. Drei unterschiedliche Zugänge können eine Antwort geben:

1. Der implizite Zugang: Naturwissenschaftliche Erkenntnisproduktion wird über das Anwenden naturwissenschaftlicher Methoden (vgl. 14.3) erfahren: «doing science», z. B. forschendes Lernen;

2. Der historische Zugang (vgl. 14.4): Die Entwicklung naturwissenschaftlicher Kenntnis wird geschichtlich analysiert, eingeordnet und «nacherlebt», z. B. historische Experimente, wichtige Meilensteine und Persönlichkeiten, Einordnen und Vergleichen von Gelerntem;

3. Der explizite, reflektive Zugang: Über Prozesse beim Gewinn naturwissenschaftlicher Erkenntnis wird gesprochen und nachgedacht: Was genau wurde erkannt und warum? Konsequenzen der Erkenntnis? Unterschiedliche Interpretationen, alternative Aussagen?

In der fachdidaktischen Literatur werden folgende Unterrichtsansätze als geeignet für die Auseinandersetzung mit der Natur der Naturwissenschaften genannt (Höttecke, 2001).

- *Wissenschaftstheoretische Ansätze* mit der Orientierung an der Wissenschaftsmethodik (Meyling, 1997);

- *Integrierte Unterrichtsansätze* mit starkem Lebens- und Alltagsweltbezug, wie die aus dem englischen Sprachraum stammenden STS bzw. STES-Ansätze (Science-Technology-*Environment*-Society) oder die deutschen Projekte CUNA (Curriculum Naturwissenschaften), PING (Praxis integrierter naturwissenschaftlicher Grundbildung) sowie kontextorientierte Ansätze, wie z. B. Chemie im Kontext;

- Ansätze des *genetischen Lernens* (z. B. genetisches Lernen nach Wagenschein, 1999);

- Der Ansatz «*Naturwissenschaften simulieren*», der sich an Modellmethoden naturwissenschaftlichen Arbeitens orientiert, z. B. offenes Experimentieren nach Reinhold (1996).

All diesen Ansätzen ist gemeinsam, dass sie durch eine typische Phasierung des Unterrichts gekennzeichnet sind: Phasen von wissenschaftlichem Handeln wechseln mit Phasen der Reflexion über die Wissensproduktion und der Reflexion über gemachte Lernprozesse ab.

Unterrichtsplanung und «historisch-genetisches Lernen»

Beispiel 1:

Planen Sie eine Unterrichtseinheit für Ihre Stufe, in der explizit das Reflektieren über die Natur der Naturwissenschaften und historische Perspektiven einbezogen werden. Berücksichtigen Sie dabei das Modell der didaktischen Rekonstruktion (vgl. Kap. 3), in welchem fachliche Strukturen, Schülerperspektiven und didaktische Strukturierung als die Eckpunkte eines wechselseitigen Bezugssystems für die Unterrichtsplanung dargestellt werden. Beim *historisch-genetischen Lernen* sind an diesen Eckpunkten auch die historische Situation und das Nachdenken über die Natur der Naturwissenschaften verankert.

Leitfragen für die Planung eines historisch-genetischen Unterrichts:

■ *Schülervorstellungen:* Welche Vorstellungen haben die Schülerinnen und Schüler zu einem Phänomen oder einem Problem und dessen Entstehungsgeschichte? Wie sind diese Vorstellungen entstanden? Sind historische Bezüge oder Beispiele mögliche Wege, um Schülerinnen und Schüler mit ihren Vorstellung abzuholen und ihnen die Bildung von neuen Konzepten zu ermöglichen?

■ *Fachliche Klärungen:* Gibt es historische Experimente, die im Unterricht nachvollzogen werden könnten? Gibt es historische Quellentexte oder Abbildungen, anhand derer die Erkenntnisprozesse erschlossen werden können? Wie und wozu ist dieses Wissen verwendet worden? Welche fachlich spezifischen, welche überfachlichen Bezüge zeigt das Unterrichtsthema? Welche der naturwissenschaftlichen Methoden lassen sich an diesem Thema besonders gut zeigen, erfahren und reflektieren?

■ *Didaktische Strukturierung:* Können die naturwissenschaftlichen Leistungen bzw. Erkenntnisse als Leistungen von Menschen (Personen) begriffen werden? Wechseln Phasen von wissenschaftlichem Handeln mit Phasen der Konzepterarbeitung und Phasen der Reflexion ab? Ermöglichen die verwendeten Zugänge und Sozialformen sowie die Inhalte des Unterrichtsthemas einen Bezug zu technologischen oder gesellschaftlichen Fragestellungen (Alltags- und Gesellschaftsproblemen)?

Beispiel 2:

Suchen Sie im Internet ein historisches Experiment, mit welchem Sie einen wichtigen Erkenntnisschritt aufzeigen können. Bereiten Sie dieses als Demonstrationsexperiment für Ihre Stufe vor und thematisieren Sie die Bedeutung dieser Erfindung oder erstellen Sie dazu eine Lernaufgabe.

Aufgabe

Diskutieren Sie in Kleingruppen anhand einer aktuellen Forschungsfrage (Stammzellenforschung, Raumfahrt etc.) die Fragen: Warum betreiben Menschen Forschung, und wem nutzt sie? Können die Naturwissenschaften Aussagen machen, wie naturwissenschaftliches Wissen genutzt und angewendet werden soll?

14.7 Tests zur Selbstkontrolle – Anstöße zum Weiterdenken

1. Erklären und beschreiben Sie das Phänomen emergenter Eigenschaften anhand von drei selbst gewählten Beispielen.
2. Erinnern Sie sich an Ihren eigenen Naturwissenschaftsunterricht. Wo haben Sie sich mit der Natur der Naturwissenschaften auseinandergesetzt? Können Sie diese Erinnerung einem der obigen Teilkapitel zuordnen?
3. Würden Sie Technik eher den Geistes- oder den Naturwissenschaften zuordnen? Begründen Sie Ihre Überlegungen.
4. Suchen Sie die Definitionen für *scientific literacy, technical literacy* und *technological literacy*. Sind die Anliegen dieser drei *literacy*-Formen in Ihrem Lehrplan vorhanden? Wo finden Sie entsprechende Formulierungen?
5. Ordnen Sie die folgenden Aussagen der entsprechenden Wissensform zu: a) mich für oder gegen eine Fruchtwasseruntersuchung entscheiden; b) Vogelstimmen kennen; c) Redoxreaktionen erklären können; d) eine Rakete auf dem Mond landen lassen; e) ein Experiment planen; f) das Wetter vorhersagen können; g) erklären, warum ein Heißluftballon schwebt; h) Hunde züchten.
6. Erklären Sie den Unterschied a) zwischen einer wissenschaftlichen Theorie und einer Gesetzmäßigkeit; b) zwischen einer Beobachtung und einer Folgerung.
7. Erstellen Sie ein Protokollformular, das Sie für den experimentellen Unterricht einsetzen können. Welche Kategorien sollte dieses Formular enthalten?
8. Suchen Sie zu einem naturwissenschaftlichen Begriff oder Phänomen Informationen aus verschiedenen Quellen, z. B. verschiedene Quellen im Internet, wissenschaftlichen Fachzeitschriften (Spektrum, Nature), Tageszeitung, populärwissenschaftliche Zeitschrift (Geo, P. M., National Geographic etc.). Wie unterscheiden sich diese? Wodurch wird die naturwissenschaftliche Qualität der Information gewährleistet?
9. Informieren Sie sich über das Höhlengleichnis von Platon. Was hat es mit dem Nachdenken über die Natur der Naturwissenschaften zu tun?
10. Informieren Sie sich über offenes Experimentieren und dessen Vor- und Nachteile als Zugang für die Natur der Naturwissenschaften (z. B. nach Kircher (1995), Reinhold (1996), nach Roth (1997), Open inquiry learning, vgl. auch Kap. 9).

Lösungen

1. Emergente Eigenschaften sind neue Eigenschaften übergeordneter Systeme, bedingt durch Wechselwirkungen von Teilsystemen. Bsp.: Organismus ist mehr als die Summe seiner Zellen. Ein Atom ist mehr als die Summe seiner Elementarteilchen. Das Ökosystem Teich ist mehr als Wasser, Fische und Nährstoffe.

2. Unterschiedliche Antworten sind hier möglich. Oft wird die Natur der Naturwissenschaften nicht oder nur über die Einführung in die Methodik thematisiert.

3. Technik kann als Anwendungswissenschaft der Naturwissenschaften bezeichnet werden. Wenn technische Produkte oder die Folgen von Technik untersucht werden (Technikfolgenabschätzung), werden kulturelle Produkte von Menschen untersucht, was typisch für die Geisteswissenschaften ist.

4. Die Definitionen sind allgemeiner Art und weisen auf die Grundbildung hin. Bei *technical* bzw. *technological literacy* werden die Anwendung und Fertigkeiten sowie systemorientiertes Denken betont. *Technological literacy* umfasst auch ICT-Kenntnisse.

5. a) O; B) K; c) K; d) V; e) K; f) O und V; g) K; h) V; Orientierungswissen = O; Kognitives Wissen = K; Verfügungswissen = V.

6. a) Gesetzmäßigkeiten drücken Regeln, Beziehungen für Beschreibungen und Aussagen aus. Theorien erklären und begründen Gesetzmäßigkeiten.
   b) Beobachtungen sind der Wahrnehmung (Sinne oder erweiterte Sinne mit Instrumenten) zugänglich. Schlussfolgerungen sind geistige Konstruktionen.

7. vgl. Tabelle S. 211: Problemstellung, Hypothese(n)/Vermutung(en), Durchführung (was wird gemacht?), Festhalten der Beobachtungen – Resultate, Aussage/Interpretation der Resultate, Vergleich mit Hypothese (n); Schlussfolgerung (in Bezug auf Problemstellung).

8. Unterschiede (Sprache, Satzlänge, Fremdwörter, Abbildungen, Richtigkeit, Fachbezüge). *Peer Reviewing* durch Fachleute gewährleistet Qualität.

9. Es zeigt die Beschränktheit der jeweiligen Wahrnehmung auf und thematisiert die Frage nach der Wirklichkeit jenseits der Wahrnehmung.

10. Vorteile: forschende Tätigkeit der Lernenden. Nachteil: eigene experimentelle Tätigkeit gilt als Abbild naturwissenschaftlicher Tätigkeit.

14.8 Anregungen für die Schulpraxis und zum Weiterstudium

Zur Bedeutung historischer Personen und Entdeckungen

- *Schuh, B.* (2006). *50 Klassiker. Naturwissenschaftler. Von Aristoteles bis Crick & Watson.* Hildesheim: Gerstenberg. Das Buch stellt wichtige Figuren der Geschichte der Naturwissenschaften vor und bringt deren Erkenntnisse auf den Punkt.
- *Tallack P.* (2005): *Meilensteine der Wissenschaft*, Heidelberg: Spektrum. Die 250 in Text und Bild vorgestellten Meilensteine aus der Historie der wissenschaftlichen Entdeckungen und Ideen vermitteln ein einzigartiges Panorama der Erforschung und Entschlüsselung unseres Universums.

Zu konkreten, fachdidaktisch reflektierten Unterrichtsbeispielen

- *Stäudel, L., Werber, B. & Freiman, T.* (2002). *Lernbox Naturwissenschaften verstehen & anwenden.* Seelze-Velber: Friedrich Verlag. Das Buch zeigt exemplarisch zentrale Methoden naturwissenschaftlichen Arbeitens. Jede Methode wird mit Beispielen, Aufgaben und vertiefenden Fragen illustriert.
- *Grygier, P., Günther, J. & Kircher, E.* (2009). *Über Naturwissenschaften lernen. Vermittlung von Wissenschaftsverständnis in der Grundschule.* 2. Auflage, Baltmannsweiler: Schneider Verlag Hohengehren.
- *Kircher, E., Girwidz, R. & Häußler, P.* (2001). *Physikdidaktik – Eine Einführung in Theorie und Praxis* (2., akt. Aufl.). Heidelberg Berlin: Springer.
- *Meyling, H.* (1997): How to Change Students Conceptions of the Epistemology of Science. In: *Science & Education*, Volume 6, Number 4, 397–416.
- *Reinhold, P.* (1996). Offenes Experimentieren als Lernform. In: *Zur Didaktik der Physik und Chemie*, Tagung 1996, 41–55.
- Hefte aus der Reihe Unterricht Biologie: Heft 2/2013 «*Rund ums Experimentieren*» und Heft 317 (2006) «*offenes Experimentieren*». Seelze: Friedrich Verlag

Zur Natur der Naturwissenschaften

- *Nachtigall, W.* (2008). *Bionik. Lernen von der Natur.* München: C. H. Beck. Am Beispiel der Bionik wird die Verbindung von Natur und Technik aufgezeigt.

15 Argumentieren im Gespräch lehren und lernen

Christina Beinbrech

Ein Beispiel

Kinder eines 4. Schuljahrs, die zu Beginn einer Unterrichtsreihe nach Erklärungen dafür suchen, wie es kommt, dass ein Schiff nicht untergeht.

S1	*Wahrscheinlich liegt das an der Schnelligkeit. Weil, wenn es [das Boot] schnell ist, dann hat – hat das Boot nicht so viel Zeit unterzugehen.*
L	*Ah – es liegt an – können wir fragen: Liegt es an der Geschwindigkeit?*
S2	*Nein.*
L	*Liegt es daran, weil es fährt?*
S2	*Wenn es im Hafen steht, dann wäre es – plupp – weg!*
S1	*Ja, aber da ist auch eine Boje. Das liegt an der Boje.*
S2	*Ja, aber die sind nur locker mit – daran festgemacht.*

In diesem Beispiel steht die *gemeinsame Suche* nach richtigen Erklärungen im Vordergrund. Dabei sind die Kinder *miteinander* im Gespräch. Die Lehrerin weist fachlich unangemessene Ideen der Kinder nicht von vornherein ab, sondern nimmt sie ernst. Letztendlich schafft die Lehrerin die Grundlage dafür, wodurch sich naturwissenschaftliche Theoriebildung auszeichnet: «*it is on the basis of the strength of the arguments (and their supporting data) that scientists judge competing knowledge claims and work out whether to accept or reject them*» (Driver et al., 2000, 297).

15.1 Definition und Begründung

Wissenschaftliches Argumentieren umfasst ein breites Spektrum an Fähigkeiten. Dazu gehören das Formulieren von eigenen Positionen, das Begründen von Positionen anhand von (empirischen) Nachweisen bzw. Evidenzen, das Bewerten von Evidenzen, das Analysieren von Positionen anderer sowie das begründete Widerlegen von Positionen anderer (Driver et al., 2000). Grundlage für diese Fähigkeiten bilden Fähigkeiten des Sprechens und Zuhörens sowie die Bereitschaft, sich auf die Gedanken anderer einzulassen.

Die Qualität eines Argumentationsprozesses in Unterrichtsgesprächen kann darüber bestimmt werden, ob einer Behauptung lediglich eine Gegenbehauptung gegenübersteht (niedriges Argumentationsniveau) oder ein höheres Niveau ereicht. Ein mittleres Argumentationsniveau liegt vor, wenn weitere Elemente wie das Begründen anhand von Evidenz auftreten. Gesprächsphasen mit einer oder mehreren Widerlegungen, in denen begründete Positionen auf der Grundlage von Evidenz verstärkt oder widerlegt werden, beschreiben das höchste Argumentationsniveau (Osborne et al., 2004).

Grundlage für diesen Zielbereich bilden insbesondere zwei Begründungsdimensionen. 1) Wissenschaftstheoretische Annahmen heben hervor, dass Theoriebildung als kommunikativer Prozess einer wissenschaftlichen Gemeinschaft *(science community)* stattfindet. Dabei werden konkurrierende Modelle oder Theorien einander gegenübergestellt und auf der Grundlage (empirischer) Evidenz bewertet und diskutiert. 2) Lerntheoretische und entwicklungspsychologische Erkenntnisse weisen darauf hin, dass der Aufbau von Wissen nicht nur ein individueller Prozess ist, sondern dass Lernen auch durch sozialen Austausch stattfindet. In der Literatur wird hierfür der Begriff der *Ko-Konstruktion* von Wissen verwendet. In sogenannten (sozial-)konstruktivistischen Ansätzen haben diese Erkenntnisse auch Eingang in die Gestaltung von Lehr-Lern-Umgebungen gefunden (Kap. 15.3).

Auch wenn international Konsens darüber besteht, dass wissenschaftliches Argumentieren ein Ziel naturwissenschaftlicher Bildung ist, stellen naturwissenschaftliche Argumentationen in der Unterrichtspraxis bisher eher die Ausnahme dar.

Begründungsdimensionen für wissenschaftliches Argumentieren

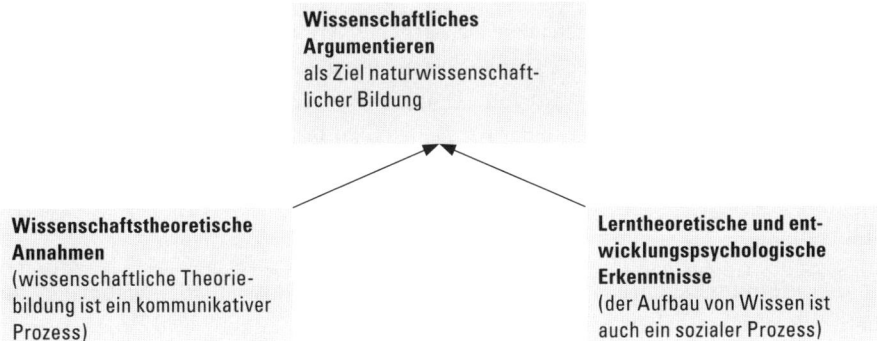

Qualität von Prozessen wissenschaftlichen Argumentierens

Argumentationsniveau	Teilprozesse wissenschaftlichen Argumentierens
hoch	Gegenargumentieren bzw. Debattieren
	Evaluation der Argumente anderer
	Rechtfertigen der Positionen mit Evidenz
	Begründen der Positionen
	Positionieren in Form von Behauptungen und Gegenbehauptungen
niedrig	Voraussetzung: Sprechen und Zuhören

Aufgaben

- Diskutieren Sie mögliche Ursachen, warum wissenschaftliches Argumentieren als Zielbereich in der Unterrichtspraxis nur selten vorkommt.
- Überlegen Sie, welche Probleme für Lehrkräfte bei der Bewertung dieses Zielbereichs entstehen können.

15.2 Argumentieren in den Bildungsstandards

In der internationalen Diskussion über die Ziele naturwissenschaftlicher Bildung besteht Konsens darüber, dass wissenschaftliches Argumentieren und Diskutieren als ein gleichwertiger Zielbereich zu bewerten ist neben Zielen wie dem Aufbau des konzeptuellen Wissens oder Wissen über naturwissenschaftliche Methoden und Verfahren (Kap. 1 und 14). Anhand der für Deutschland und die Schweiz formulierten Bildungsstandards soll dies verdeutlicht werden.

Deutschland

In den Bildungsstandards für den mittleren Schulabschluss (10. Schuljahr) für die naturwissenschaftlichen Fächer (Physik, Biologie und Chemie) sind Prozesse wissenschaftlichen Argumentierens in den Kompetenzbereichen *Kommunikation* und *Bewertung* zu verorten. Für die Fächer Physik und Biologie erfolgt dies explizit im Bereich *Kommunikation*, und nur implizit im Bereich *Bewertung*. Eine andere Schwerpunktsetzung ist für das Fach Chemie zu erkennen. Hier ist zwar das Formulieren von Argumenten dem Bereich *Kommunikation* zugeordnet. Allerdings ist das Bewerten von Argumenten im Kompetenzbereich *Bewertung* zu finden (KMK, 2004).

Schweiz

Auch in den Bildungsstandards Naturwissenschaften (HarmoS) für die 2., 6. und 9. Klassen können Prozesse wissenschaftlichen Argumentierens zwei Handlungsaspekten zugeordnet werden. Explizit geschieht dies bei dem Handlungsaspekt *Einschätzen und Beurteilen*, indem als ein Teilaspekt das «Argumentieren und Positionieren» formuliert wird. Auch beim Teilaspekt «Informationsquellen kritisch sichten» ist ein impliziter Bezug herzustellen, da die dort beschriebenen Kompetenzen für das Bewerten von Begründungen erforderlich sind. Für den Handlungsaspekt *Mitteilen und Austauschen* ist eine Zuordnung unter dem Teilaspekt «beschreiben, präsentieren und begründen» sowie unter dem Teilaspekt «zuhören, mitdenken, reflektieren und hinterfragen» möglich (EDK, 2011; Konsortium HarmoS Naturwissenschaften, 2008).

Bildungsstandards für den Mittleren Schulabschluss (Deutschland)

Anforderungsbereiche im Kompetenzbereich *Kommunikation*

- *Biologie:* Eigene Kenntnisse und Arbeitsergebnisse kommunizieren; eigenständig sach- und adressatengerecht argumentieren und debattieren sowie Lösungsvorschläge begründen.
- *Physik:* Auf Beiträge anderer sachgerecht eingehen; Aussagen sachlich begründen; auf angemessenem Niveau begrenzte Themen diskutieren.
- *Chemie:* Informationen auswerten, reflektieren und für eigene Argumentationen nutzen.

Anforderungsbereiche im Kompetenzbereich *Bewertung*

- *Biologie:* Eigenständig Stellung nehmen.
- *Physik:* Zwischen physikalischen und anderen Komponenten einer Bewertung unterscheiden.
- *Chemie:* Vorgegebene Argumente zur Bewertung eines Sachverhaltes erkennen und wiedergeben; geeignete Argumente zur Bewertung eines Sachverhaltes auswählen und nutzen; Argumente zur Bewertung eines Sachverhaltes aus verschiedenen Perspektiven abwägen und Entscheidungsprozesse reflektieren.

(KMK, 2004)

Bildungsstandards Naturwissenschaften (Schweiz)

Basiskompetenzen im Kompetenzbereich *Mitteilen und Austauschen*

- *2. Schuljahr:* Eigene Assoziationen zum Thema schildern; zur eigenen Präsentation und zu anderen Präsentationen persönlich Stellung nehmen.
- *6. Schuljahr:* Eigene sachbezogene Erfahrungen sowie sachliches Vorwissen und Fragen zum Thema einbringen.

Basiskompetenzen im Kompetenzbereich *Einschätzen und Beurteilen*

- *2. Schuljahr:* Ansatzweise darlegen, was die Kinder zu einer Sache bzw. Situation denken (sich positionieren).
- *6. Schuljahr:* Darlegen, was die Kinder zu einer Sache bzw. Situation denken und dabei mehr als eine Sichtweise einbringen und dazu ansatzweise Argumente anführen (begründen); ansatzweise persönliche Einschätzungen und Positionen wahrnehmen und von anderen unterscheiden; in Informationen ansatzweise feststellen, ob es sich um Sachverhalte (Fakten), gewichtete Sichtweisen, Meinungen u. a. handelt.

(Konsortium HarmoS Naturwissenschaften, 2008)

15.3 Gestaltung von Lehr-Lern-Umgebungen

Bereits in den 1960er-Jahren hat Wagenschein mit seinem Prinzip des genetischen Lehrens herausgestellt, dass sich ein genetisches, auf Verstehen zielendes Lernen am wirksamsten im Gespräch vollzieht. Die Lehrperson sollte dabei *sokratisch* vorgehen, indem sie eine geduldig wartende Haltung einnimmt und dem Denken der Kinder Raum gibt (Kap. 15.4). Ausgangspunkt für ein genetisches Vorgehen sollte eine gelungene Exposition sein, die bei möglichst vielen Schülerinnen und Schülern einen «Denkdruck» auslöst. Für die gemeinsamen Gespräche hebt Wagenschein hervor, dass nicht nur die Lehrperson, sondern auch die Schülerinnen und Schüler Verantwortung dafür übernehmen, dass «*allen* klar ist, *worüber* gedacht und geredet wird» (Wagenschein, 1989, 118; Kap. 7.3). Der allgemeine Aufbau des Unterrichts sollte sich vom konkreten Natur-Phänomen (nicht Labor-Phänomen) hin zur abstrakten Theorie oder Modellvorstellung entwickeln. Dieser Aufbau spiegelt sich auch auf sprachlicher Ebene wider: zunächst ist die Muttersprache als Sprache des Verstehens zu verwenden und erst zum Schluss die Fachsprache, die das Ergebnis besiegelt (Kap. 5). Siegfried Thiel konnte in den 1970er-Jahren zeigen, dass dieser Weg auch in der Grundschule umsetzbar ist (Thiel, 1987).

Ebenso sind Ansätze problemlösenden Lernens geeignet, um Prozesse des Argumentierens in Unterrichtsgesprächen anzuregen. Insbesondere Aebli weist auf die enge Verknüpfung zwischen Sprache, Handeln und Denken hin. Wie Wagenschein hebt Aebli die Bedeutung einer ausführlichen Problemstellung zu Beginn des Unterrichts hervor, die im Sammeln von Vorschlägen für mögliche Problemlösungen mündet. Durch gemeinsames Durchdenken und Begründen der einzelnen Problemlösungsideen kann dann eine Reihenfolge festgelegt werden, in der geeignete Vorschläge handelnd überprüft werden. Auf dem Weg der Problemlösung wechseln sich Prozesse des Begründens, des Stellung-Beziehens und Überprüfens von einzelnen Teilschritten oder -fragen ab. Unterstützungen durch die Lehrperson folgen nach Aebli dem Prinzip der «minimalen Hilfe», indem sich die Lehrperson so weit wie möglich zurückhält. Mit einer «Arbeitsrückschau», in der die Schritte zur Problemlösung reflektiert werden, schließt eine Unterrichtsreihe (Aebli, 1994).

Beispiel einer Lehrperson, die auf das Gelingen einer Exposition oder Problemstellung hin arbeitet:

Auszug einer Einstiegsstunde zur Reihe «Wasserkreislauf: Verdunsten und Kondensation» (4. Schuljahr, der Unterricht ließe sich grundsätzlich im 3. bis 6. Schuljahr durchführen).

Am Tag zuvor wurde eine Wasserschale auf die Heizung, eine andere in den Flur gestellt. Dabei wurden Vermutungen notiert, was mit dem Wasser geschieht.

Das Beispiel ist der Unterrichtsstunde entnommen, in der Erklärungen für das beobachtete Phänomen der Verdunstung gesucht werden.

S1	*Das gelbe [Schälchen], wenn das verdunstet, dann geht das ja hoch, das Wasser, wenn das verdunstet. Und dann entsteht daraus ja auch Regen.*
L	*Junge, Junge. Jetzt spricht aber die Lara schon ganz große Dinge aus. Jetzt müssen wir versuchen, das zu verstehen. Dass wir jetzt nicht nur denken: Aha, das wandert in den Himmel. Sondern, dass wir uns das auch ein bisschen genauer vorstellen können.*
S2	*Ich vermute, dass das, weil es auf der Heizung stand, dass das Wasser gebrutzelt hat, dann ist das weniger geworden – von Minute zu Minute ein bisschen weniger geworden.*
L	*Aber das «Weniger» interessiert uns. Was passiert mit dem Wasser, das nicht mehr auf dem Teller ist? Das kann ja nicht Hokuspokus weg sein. Der Anton hat vorhin was ganz Interessantes dazu gesagt. Vielleicht kannst du es mal mit deinen Worten beschreiben. Wie stellst du dir das vor, was mit dem Wasser passiert? Ich glaube, manche haben noch gar nicht begriffen, was das für ein tolles Phänomen ist: Auf einmal ist das Wasser weg. Und hier hat keiner gezaubert, und hier hat keiner sonst was gemacht. Ich bin auch nicht mit einem Lappen hingegangen und habe es trockengeputzt.*
S3	*Da, hat das – das ist so wie mit der Sonne und dem Bach. So: Wenn da die Sonne scheint, dann vertrocknet das Wasser.*
L	*Das vertrocknet. Das ist aber was anderes als das, was die Lara (S1) gesagt hat. Die hat ja nicht gesagt, das trocknet.*

Aufgaben

■   Wie verhält sich die hier vorgestellte Lehrperson, um bei den Schülern im gemeinsamen Gespräch einen «Denkdruck» zu erzeugen?

■   Diskutieren Sie mögliche Schwierigkeiten, die sich für eine Lehrperson in einer Phase der Exposition ergeben können!

Aktuelle an (sozial-)konstruktivistische Theorien anknüpfende Ansätze für den naturwissenschaftlichen Unterricht in der Sekundarstufe sowie Primarstufe greifen den Gedanken auf, dass Lernen und die Konstruktion von Wissen nicht nur ein individueller, sondern auch ein sozialer Prozess ist (Labudde, 2000; Möller, 2006a; Kap. 4). Damit werden Prozesse des Argumentierens in Gesprächen mit dem Erwerb von Wissen, insbesondere dem Verändern von naturwissenschaftlichen Konzepten der Lernenden (Kap. 4), verknüpft. Ein derartiger Unterricht baut darauf auf, dass Lernenden im Unterricht Gelegenheiten angeboten werden, eigene Vermutungen und Erklärungen zu formulieren und diese im gemeinsamen Gespräch zu diskutieren und zu prüfen. Hierbei kommt Experimentierphasen im Rahmen eines Klassengesprächs oder einer Schülerarbeitsphase die Funktion zu, Evidenzen zu sammeln, um die zuvor aufgestellten Vermutungen und Erklärungen zu untermauern oder zu widerlegen.

Zusammenfassend können für die Gestaltung von Lehr-Lern-Umgebungen folgende Merkmale hervorgehoben werden, die Prozesse des Argumentierens und Diskutierens in Klassengesprächen unterstützen:

Lehrpersonen sollten ihren Schülerinnen und Schülern Gelegenheiten geben zum:

- Aufstellen und Begründen von Behauptungen und Gegenbehauptungen z. B. durch das Formulieren und Begründen von Ideen, Vermutungen, Schlussfolgerungen oder Verallgemeinerungen,
- Sammeln von empirischer Evidenz, die der Rechtfertigung der Behauptungen und Gegenbehauptungen dient (mit konkretem Material im Rahmen von Schülerarbeitsphasen oder Klassengesprächen),
- Evaluieren von empirischer Evidenz,
- Evaluieren von (Gegen-)Behauptungen, indem ein Bezug zwischen Evidenz und Vermutung hergestellt wird,
- Reflektieren der Argumentationsprozesse.

Eine Gesprächsatmosphäre des gemeinsamen Nachdenkens, in der alle Ideen der Schülerinnen und Schüler als wichtig erachtet werden, ist dabei Voraussetzung für ein gelingendes Gespräch.

Beispiel: «Wie kommt es, dass ein Ball springt?»

In dieser Phase des Unterrichts sollen die Vermutungen der Kinder diskutiert und anhand von empirischer Evidenz bestätigt bzw. widerlegt werden.

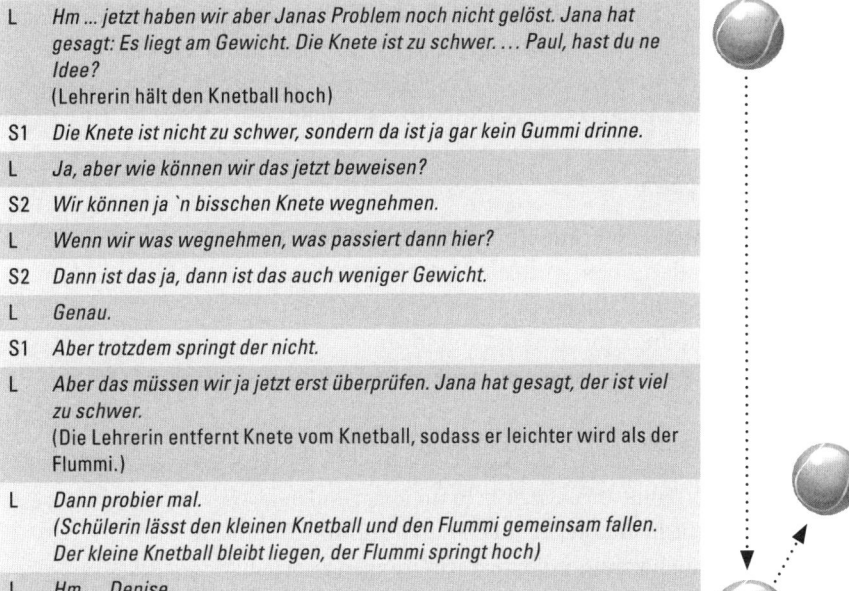

L	Hm ... jetzt haben wir aber Janas Problem noch nicht gelöst. Jana hat gesagt: Es liegt am Gewicht. Die Knete ist zu schwer. ... Paul, hast du ne Idee? (Lehrerin hält den Knetball hoch)
S1	Die Knete ist nicht zu schwer, sondern da ist ja gar kein Gummi drinne.
L	Ja, aber wie können wir das jetzt beweisen?
S2	Wir können ja 'n bisschen Knete wegnehmen.
L	Wenn wir was wegnehmen, was passiert dann hier?
S2	Dann ist das ja, dann ist das auch weniger Gewicht.
L	Genau.
S1	Aber trotzdem springt der nicht.
L	Aber das müssen wir ja jetzt erst überprüfen. Jana hat gesagt, der ist viel zu schwer. (Die Lehrerin entfernt Knete vom Knetball, sodass er leichter wird als der Flummi.)
L	Dann probier mal. (Schülerin lässt den kleinen Knetball und den Flummi gemeinsam fallen. Der kleine Knetball bleibt liegen, der Flummi springt hoch)
L	Hm ... Denise.
S3	Es liegt nicht am Gewicht. Sonst wär der Knetball jetzt gesprungen.

Aufgabe

■ Welche Unterrichtsmerkmale regen in diesem Beispiel Prozesse des Argumentierens an?

■ Überlegen Sie sich weitere Phänomene, die sich besonders eignen würden, um Prozesse des Argumentierens anzuregen.

15.4 Gesprächsimpulse durch die Lehrperson

Ein Unterricht, der berücksichtigt, dass der Aufbau neuer Konzepte auch ein sozialer Prozess ist, geht mit besonderen Anforderungen an die Lehrperson einher. So sollte eine Lehrperson «sokratisch» vorgehen oder sich an dem Prinzip der «minimalen Hilfe» orientieren. Allgemein formuliert, besteht ihre Aufgabe darin, die Auseinandersetzung für den Aufbau neuer Konzepte anzuregen und zu unterstützen, ohne dass sie die neuen Konzepte direkt vorgibt. Im Folgenden sollen verschiedene Gesprächsimpulse vorgestellt werden, die dabei hilfreich sein können.[1]

Grundlegende Impulse

- Ehrliches Interesse an Äußerungen der Kinder zeigen;
- Sprechen und Zuhören mit dem Ziel des gegenseitigen Verstehens als Voraussetzung für gemeinsame Gespräche herausstellen;
- Gesprächsregeln einführen und anwenden;
- Ideen oder Begründungen hervorheben.

Impulse beim Sammeln und Überprüfen von Vermutungen

- Ideen bzw. Vermutungen sammeln und begründen lassen;
- Widersprüche herausstellen (auch durch stumme Impulse);
- das Überprüfen von Ideen bzw. Vermutungen anregen;
- Material zur Verfügung stellen, das als Evidenz dienen kann;
- empirische Evidenz mit Vermutungen in Verbindung bringen lassen.

Strukturierungsmaßnahmen beim Aufbau neuer Konzepte

- evidenzbasierte Schlussfolgerungen herstellen und begründen lassen;
- Schlussfolgerungen und Begründungen gegenüberstellen und bewerten lassen;
- Analogien zu anderen Versuchen oder Situationen herstellen lassen;
- Erkennen von Zusammenhängen und Regeln anregen und formulieren lassen.

Reflektieren und Evaluieren des Argumentationsprozesses

- Zwischenreflexionen anregen;
- Arbeitsrückschau anregen.

---

[1]   Die Impulse auf dieser und der folgenden Seite wurden insbesondere folgenden Quellen entnommen: Jonen & Möller (2005), Simon et al. (2006), Wagenschein (1989).

Formulierungsbeispiele für konkrete Gesprächsimpulse

Grundlegende Impulse
Habe ich dich richtig verstanden, meinst du …?
Was meinst du mit xy, kannst du das vielleicht noch mal sagen?
«Beide-Hände-hoch» bedeutet, dass du direkt zu der Aussage eines anderen Kindes etwas sagen möchtest.

Impulse beim Sammeln und Überprüfen von Vermutungen
Wie kommst du zu dieser Vermutung?
Du sagst, dass alles, was … schwimmt. Wie ist das mit diesem Gegenstand?
Wer ist einverstanden mit dem, was er eben gesagt hat?
Die Lena hat da gerade eine neue Idee. Sie sagt, dass …
Was meint ihr dazu?
Welches Ergebnis hat dich überrascht? Warum?

Strukturierungsmaßnahmen für den Aufbau neuer Konzepte
Versuche es mal so zu formulieren: «Alle Sachen, die …»,
«Wenn es kleiner ist, dann …»
Hast du das schon mal bei einem anderen Versuch beobachtet?
Lars sagt …, Lena sagt … Was stimmt denn nun?
Stimmt das, was Julius gesagt hat, für alle Versuche?

Reflektieren und Evaluieren des Argumentationsprozesses
Worüber sprechen wir jetzt? Was wollten wir eigentlich herausbringen? Sind wir weitergekommen?
Wie sind wir vorgegangen?
Am Anfang haben wir verschiedene Ideen gesammelt.
Was mussten wir tun, um zu wissen, welche der Ideen uns weiterhelfen?
Wie haben wir entschieden, ob eine Begründung gut oder nicht so gut ist?

15.5 Voraussetzungen bei den Schülerinnen und Schülern

Um in Unterrichtsgesprächen selbstständig naturwissenschaftlich argumentieren zu können, sind verschiedene Kompetenzen erforderlich, die Schülerinnen und Schüler erst im Laufe ihrer Schulzeit erwerben. Es handelt sich um Kompetenzen in Bezug auf eine aktive, regelbasierte Teilnahme an Gesprächen. Für das Formulieren und Bewerten von Begründungen und Argumenten sind aber auch Kompetenzen im Bereich des naturwissenschaftlichen Denkens erforderlich.

Gesprächskompetenz

Dies ist mehr als einfach das Einhalten von Gesprächsregeln. Vielmehr zielt Gesprächskompetenz auf soziale und kommunikative Kompetenzen, zu denen das «Miteinander-Sprechen» und «Verstehend-Zuhören» gehören. Gesprächskompetenz stellt eine fächerübergreifende Kompetenz dar, die besonders für das Fach Deutsch ausführlicher als Zielbereich beschrieben wird (z. B. KMK, 2003). In Bezug auf die Teilnahme an naturwissenschaftlichen Argumentationen bedeutet dies Folgendes: Schülerinnen und Schüler müssen lernen, sich konstruktiv an einem Gespräch zu beteiligen. Zum einen gilt es, eigene Positionen (Ideen, Vermutungen, Schlussfolgerungen) zu formulieren und zu begründen. Zum anderen gilt es aber auch, sich auf die Positionen anderer Gesprächsteilnehmer einzulassen, in eigenen Gesprächsbeiträgen Bezug zu den Beiträgen der anderen zu nehmen und zu versuchen, diese zu verstehen.

Naturwissenschaftliches Denken

Für ein sachlich angemessenes Formulieren und Bewerten von Begründungen und Argumenten sind folgende Kompetenzen erforderlich: (1) die systematische Unterscheidung zwischen Theorien und Hypothesen auf der einen Seite und Evidenz auf der anderen Seite; (2) Kenntnisse über Experimentierstrategien (z. B. die Variablenkontrollstrategie) und deren Anwendung, um selbst genannte Evidenzen oder die der anderen zu bewerten. Entwicklungspsychologische Studien weisen darauf hin, dass selbst bei Jugendlichen und Erwachsenen noch Defizite in beiden Bereichen vorliegen (Koerber et al., 2008). Es zeigte sich allerdings auch, dass bereits ab dem Grundschulalter eine Einsicht in die Notwendigkeit der Variablenkontrolle vorzuliegen scheint, wohingegen das spontane Produzieren von kontrollierten Experimenten den Kindern noch schwerfällt.

Beispiel für eine Lernhilfe, wenn die Strategie «Variablenkontrolle» nicht vorausgesetzt werden kann (ab 1. Schuljahr)[2]

Thema der Stunde

Was passiert mit dem Wasser, wenn ich etwas eintauche? – Verdrängung von Wasser

Ziele der Stunde

Anhand von kontrollierten Versuchen das Konzept der Verdrängung aufbauen, Fehlvorstellungen korrigieren.

Versuche, die in Gesprächen als Evidenz verwendet werden können

a)   zum *Verstärken des wissenschaftlichen Konzepts* («je größer ein Körper ist, desto mehr Wasser verdrängt er») und

b)   zum *Widerlegen der Fehlvorstellung* («je schwerer ein Körper ist, desto mehr Wasser verdrängt er»)

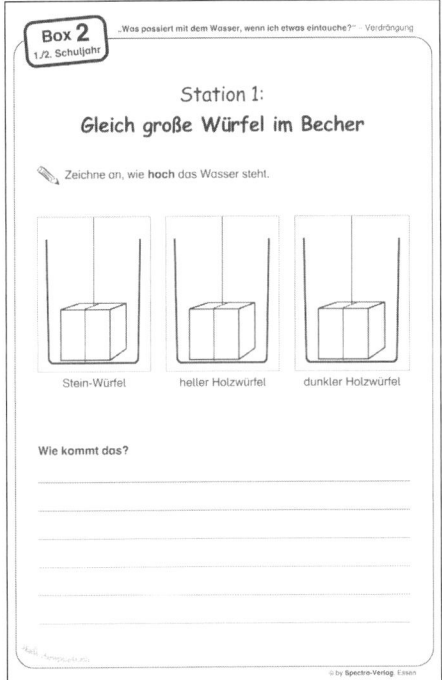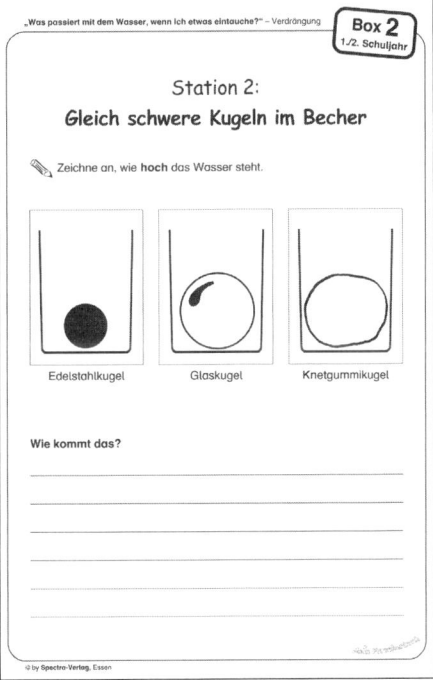

(Abb. aus: Jonen & Möller (2005), S. 59)

---

2   Ausführliche Beschreibung des Unterrichts in Jonen & Möller (2005)

15.6 Tests zur Selbstkontrolle – Anstöße zum Weiterdenken

1. Naturwissenschaftliches Argumentieren ist ein komplexer Prozess.
    a) Nennen Sie verschiedene Teilprozesse, die bei naturwissenschaftlichen Argumentationen zum Tragen kommen.
    b) Wodurch zeichnen sich anspruchsvollere und weniger anspruchsvolle Argumentationen aus?

2. Warum ist naturwissenschaftliches Argumentieren ein Ziel naturwissenschaftlicher Bildung? Erläutern Sie die verschiedenen Begründungsdimensionen.

3. Wie haben Sie in Ihrer eigenen Schulzeit lehrergeleitete Unterrichtsgespräche erlebt?

4. Ordnen Sie Prozesse wissenschaftlichen Argumentierens den Kompetenzbereichen der deutschen und schweizerischen Bildungsstandards zu. Machen Sie deutlich, wo Sie explizite und implizite Bezüge erkennen.

5. Analysieren Sie lehrergeleitete Unterrichtsgespräche (z. B. im Praktikum, an Videoaufnahmen) nach folgendem Kriterium: Welche Unterrichtsmerkmale bzw. Gesprächsimpulse werden von der Lehrperson eingesetzt, um das Argumentieren anzuregen?

6. Welche Voraussetzungen aufseiten der Schülerinnen und Schüler sind für eine qualitativ hochwertige, sachlich angemessene naturwissenschaftliche Argumentation erforderlich? Erläutern Sie die Voraussetzungen und zeigen Sie auf, inwiefern sie für wissenschaftliche Argumentationen wichtig sind.

7. Welche der Voraussetzungen sind für Kinder schwieriger, welche leichter zu erlernen? Überlegen Sie sich eine Reihenfolge.

8. Wie schätzen Sie Ihre eigenen Voraussetzungen ein, um die Ko-Konstruktion von Wissen in Unterrichtsgesprächen anzuregen? (Wo fühlen Sie sich gut vorbereitet, wo sehen Sie Aus- bzw. Fortbildungsbedarf?)

Lösungen

1. a) Formulieren von eigenen Positionen, das Begründen von Positionen anhand von (empirischen) Evidenzen, das Bewerten von Evidenzen, das Analysieren von Positionen anderer, das begründete Widerlegen von Positionen.
   b) Niedriges Argumentationsniveau: Einer Behauptung steht eine Gegenbehauptung gegenüber; höchstes Argumentationsniveau: Gesprächsphasen mit einer oder mehreren Widerlegungen. (Kap. 15.1)

2. Es gibt insbesondere zwei Begründungsdimensionen:
   a) Naturwissenschaftliche Theoriebildung erfolgt durch eine argumentative Auseinandersetzung in der wissenschaftlichen Gemeinschaft (wissenschaftstheoretische Begründung).
   b) Lernen ist auch ein sozialer Prozess, der Aufbau von Wissen eine Ko-Konstruktion der Lernenden (lerntheoretische und entwicklungspsychologische Begründung). (Kap. 15.1)

3. In der Regel werden keine qualitativ hochwertigen Argumentationen stattgefunden haben, sondern vielmehr eine allein auf die Lehrperson gerichtete Suche nach der «richtigen» Antwort.

4. In Deutschland z. B.: *Kommunikation:* eigenständig sach- und adressatengerecht argumentieren (Biol.); in der Schweiz z. B.: *Einschätzen und beurteilen* (6. Schulj.)

5. Viele Lehrpersonen werden nur wenige Impulse geben; bei guten Beispielen hingegen, wird es sich um ein Ineinandergreifen von verschiedenen Unterrichtsmerkmalen und Impulsen handeln, die sich auf das Ziel der konkreten Unterrichtsstunde richten.

6. a) Gesprächskompetenzen: wichtig um den Fokus des Gesprächs auf die inhaltliche Auseinandersetzung zu lenken,
   b) naturwissenschaftliches Denken: zur Bewertung von Behauptungen und Evidenzen. (Kap. 15.5)

7. Leichter: Gesprächsregeln, eigene Ideen mitteilen; schwieriger: z. B. Experimentierstrategien anwenden (Evidenz bewerten).

8. Dies wird individuell sehr unterschiedlich sein (häufig nur wenige Voraussetzungen).

15.7 Anregungen für die Schulpraxis und zum Weiterstudium

Praxisbeispiele

- *Berg, H.C., & Schulze, T.* (1995). *Lehrkunst 2. Lehrbuch der Didaktik.* Neuwied: Luchterhand. – Das Buch beschreibt verschiedene konkrete Beispiele für ein genetisches Vorgehen nach Wagenschein.
- *Klasse(n)kisten für den Sachunterricht.* Ein Projekt des Seminars für Didaktik des Sachunterrichts im Rahmen von KiNT «Kinder lernen Naturwissenschaften und Technik». – Die Klasse(n)kisten enthalten ausführlich beschriebene Unterrichtsreihen inkl. der erforderlichen Materialien und Lehrerhandreichungen. Ein Überblick über die vier bisher veröffentlichten Themen ist unter *http://www.uni-muenster.de/imperia/md/content/didaktik_des_ sachunterrichts/dokumente/flyer_kint.pdf* zu finden.
- *Soostmeyer, M.* (2002). *Genetischer Sachunterricht. Unterrichtsbeispiele und Unterrichtsanalysen zum naturwissenschaftlichen Denken bei Kindern in konstruktivistischer Sicht.* Baltmannsweiler: Schneider-Verlag Hohengehren. – Zahlreiche Unterrichtsbeispiele (mit CD).

Argumentieren als Ziel naturwissenschaftlicher Bildung

- *Beinbrech, C.* (2007). Wissenschaftliches Argumentieren und Begründen im naturwissenschaftsbezogenen Sachunterricht. In: *Möller, K., Hanke, P.* et al. (Hrsg.), *Qualität von Grundschulunterricht entwickeln, erfassen und bewerten* (S. 265–268). Wiesbaden: Verlag für Sozialwissenschaften. – Der Aufsatz gibt einen kurzen Überblick über die aktuelle Diskussion für den Sachunterricht.
- *Erduran, S., & Jiménez-Aleixandre, M. P.* (Hrsg.), *Argumentation in Science Education. Perspectives from Classroom-Based Research.* Springer Verlag. – Das Buch gibt in verschiedenen Aufsätzen einen Überblick über die aktuelle internationale Diskussion.

Naturwissenschaftliches Denken

- *Grygier, P.* (2005). Wissenschaftsverständnis – Schon in der Grundschule? In: *Cech, D. & Giest, H.* (Hrsg.), *Sachunterricht in Praxis und Forschung* (S. 177–189). Bad Heilbrunn: Klinkhardt. – Bericht über eine Studie zur Förderung des Wissenschaftsverständnisses durch Unterricht.

16 Anhang

Literaturverzeichnis

Kapitel 1: Ziele bewusst machen – Kompetenzen fördern

Becker, G., Bremerich-Vos, A., Demmer, M., Maag Merki, K., Priebe, B., Schwippert, K., Stäudel, L. & Tillmann, K.-J. (2005). *Standards: Unterrichten zwischen Kompetenzen, zentralen Prüfungen und Vergleichsarbeiten.* Friedrich Jahresheft XXIII 2005. Seelze: Friedrich Verlag.

EDK (2011). *Grundkompetenzen für die Naturwissenschaften – Nationale Bildungsstandards.* Bern: Schweizerische Konferenz der kantonalen Erziehungsdirektoren.

Grob, U. & Maag Merki, K. (2001). *Überfachliche Kompetenzen. Theoretische Grundlegung und empirische Erprobung eines Indikatorensystems.* Bern: Peter Lang.

Günther, J. & Labudde, P. (2012). *Fächerübergreifend unterrichten – wie und warum.* Unterricht Physik 23/132, 9–13

KMK Kultusministerkonferenz (2005). *Bildungsstandards im Fach Biologie für den Mittleren Schulabschluss.* Neuwied: Luchterhand. (analog für Chemie und Physik). www.kmk.org/schul/home.htm.

Konsortium HarmoS Naturwissenschaften+ (2008). *HarmoS Naturwissenschaften+: Wissenschaftlicher Schlussbericht.* Bern: Schweizerische Konferenz der kantonalen Erziehungsdirektoren.

Kühle, B. & Ackeren, I. van (2012): Wirkungen externer Evaluationsformen für eine evidenzbasierte Schul- und Unterrichtsentwicklung. In: Ratermann, M./Stöbe-Blossey, S. (Hrsg.): *Governance von Schul- und Elementarbildung - Vergleichende Betrachtungen und Ansätze der Vernetzung* (S. 45–62). Wiesbaden: Springer VS Verlag.

Labudde-Dimmler, M. (2010^2). *Erlebnis Wald – Natur entdecken mit Kindern.* Obstalden: Verlag LCH.

Labudde, P. (2003). Fächer übergreifender Unterricht in und mit Physik: Eine zu wenig genutzte Chance. *Physik und Didaktik in Schule und Hochschule, 1(2)*, 48–66. *www.phydid.de* → Jahrgang 2003.

Labudde, P. (2007). *Bildungsstandards am Gymnasium: Korsett oder Katalysator?* Bern: h.e.p. verlag.

Labudde, P. (2008). *Naturwissenschaften vernetzen – Horizonte erweitern: Fächerübergreifender Unterricht konkret.* Seelze: Kallmeyer & Klett.

Labudde, P., Heitzmann, A., Heiniger, P. & Widmer, I. (2005). Dimensionen und Facetten des fächerübergreifenden Unterrichts: ein Modell. *Zeitschrift für Didaktik der Naturwissenschaften* (11), 103–115.

Metzger, S. & Labudde, P. (2007). HarmoS Naturwissenschaften+: Bildungsstandards für die Schweiz. *Praxis der Naturwissenschaften – Physik, 6(56)*, 14–18.

Meyer, H. (2000). *Unterrichts-Methoden II: Praxisband* (11. Aufl.). Frankfurt/M.: Scriptor.

Meyer, H. (2002). *Unterrichts-Methoden I: Theorieband* (12. Aufl.). Frankfurt/M.: Scriptor.

Meyer, H. (2004). *Was ist guter Unterricht?* Berlin: Cornelsen Scriptor.

PISA-Konsortium Deutschland (2007). PISA 2006: *Die Ergebnisse der dritten internationalen Vergleichsstudie.* Münster: Waxmann. www.ipn.uni-kiel.de → Forschung und Projekte → Abgeschlossene Projekte → PISA.

Kapitel 2: Die Naturwissenschaften fächerübergreifend vernetzen

Berg, G., Kremer, M., Langlet, J., Parchmann, I., Philipp, W., Reinhold, P. et al. (2004). Naturwissenschaften besser verstehen, Lernhindernisse vermeiden. Anregungen zum gemeinsamen Nutzen von Begriffen und Sprechweisen in Biologie, Chemie und Physik (Sekundarbereich I). *MNU, 57(4)*, III–XV.

Bünder, W. & Harms, U. (1999). Erläuterung zum Modul 6: Fächergrenzen erfahrbar machen: Fachübergreifendes und fächerverbindendes Arbeiten. *http://sinustransfer.uni-bayreuth.de/fileadmin/MaterialienBT/modul6.zip.*

Fischer, E., Klemm, K., Leutner, D., Sumfleth, E. & Tiemann, R. (2003). Forschergruppe «Naturwissenschaftlicher Unterricht» an der Universität Duisburg-Essen – Rahmenkonzept. *http://www.uni-duisburg-essen.de/nwu-essen/texte/nwu-Rahmenantrag-Auszug.pdf.*

Hansen, K.–H. & Klinger, U. (1998). *Interessenentwicklung und Methodenverständnis im Fach Naturwissenschaft. Ergebnisse der Evaluation des BLK-Modellversuchs PING in Rheinland-Pfalz.* Kiel: IPN.

Kremer, A. & Stäudel, L. (1997). Zum Stand des fächerübergreifendenden naturwissenschaftlichen Unterrichts in der Bundesrepublik Deutschland. Eine vorläufige Bilanz. *Zeitschrift für Didaktik der Naturwissenschaften 3(3)*, 52–66.

Kyburz-Graber, R., Nagel, U., Kunz, P. & et al. (2008). *Grundlagenpapier zur Bildung für Nachhaltige Entwicklung für die Pädagogischen Hochschulen. Arbeitspapier im Projekt «BNE-Modell-Lehrgang Sek 1».* Zürich: ZHSF.

Labudde, P. (2003). Fächer übergreifender Unterricht in und mit Physik: eine zu wenig genutzte Chance. *Physik und Didaktik in Schule und Hochschule, 2(1)*, 48–66.

Labudde, P. (2008). *Naturwissenschaften vernetzen – Horizonte erweitern: Fächerübergreifender Unterricht konkret.* Seelze-Velber: Kallmeyer & Klett.

Mertl, M., Schorn, B. & Wiesner, H. (2006). Die additive Farbmischung im Anfangsunterricht. *Praxis der Naturwissenschaften – Physik in der Schule, 55(2)*, 31–34.

Metzger, S., & Schlutt, S. (2009). Farberlebnisse. Eine fächerverbindende Unterrichtseinheit zwischen Physik und Kunst für die Sekundarstufe I. *Unterricht Physik, 110,* 22–29.

Neumann, S. (2005). *Farberlebnisse im Alltag: Von der Kunst über das Auge zum Regenbogen.* Technische Universität Braunschweig, Braunschweig.

Popp, W. (1997). Die Spezialisierung auf Zusammenhänge als regulatives Prinzip der Didaktik. In: Duncker, L. & Popp, W. (Hrsg.). *Über Fachgrenzen hinaus: Chancen und Schwierigkeiten des fächerübergreifenden Lehrens und Lernens Bd. I – Grundlagen und Begründungen* (S. 149 ff). Heinsberg: Dieck.

Ramseier, E. (1998). Leistungsprofil und Unterricht – Eine Analyse der schweizerischen Leistungen im naturwissenschaftlichen Test von TIMSS. *Bildungsforschung und Bildungspraxis, 20*(1), 8–27.

Stäudel, L. (2007). Modul 6: Fächergrenzen erfahrbar machen: Fachübergreifendes und fächerverbindendes Arbeiten. *http://sinus-transfer.uni-bayreuth.de/ fileadmin/ MaterialienBT/Modul_6_Staeudel.pdf.*

Stöckli, P. (2008). Themenfelder – Lernen in Zusammenhängen. In P. Stöckli (Hrsg.), *Fachdidaktik I* (S. 5–7). Zürich: Selbstdruck.

Weinhold, C. & Pietzner, V. (2009). Licht und Farbe am Beispiel von Mineralien. *Unterricht Physik, 110,* 30–34.

Kapitel 3: Didaktische Rekonstruktion: Fachsystematik und Lernprozesse in der Balance halten

Bleichroth, W. (1991). Elementarisierung, das Kernstück der Unterrichtsvorbereitung. *Naturwissenschaft im Unterricht Physik, 2 (39)*(6), 4–11.

Deci, E. L. & Ryan, R. M. (1993). Die Selbstbestimmungstheorie der Motivation und ihre Bedeutung für die Pädagogik. *Zeitschrift für Pädagogik, 39*(2), 223–238.

Duit, R. (2004). Didaktische Rekonstruktion. PiKo-Brief Nr. 2. IPN Kiel: *http://www. uni-kiel.de/piko/downloads/piko_Brief_02_DidaktischeRekonstruktion.pdf.*

Elster, D. (2007a). In welchen Kontexten sind naturwissenschaftliche Inhalte für Jugendliche interessant? Ergebnisse der ROSE-Erhebung in Österreich und Deutschland. *PLUS LUCIS*(3), 2–8.

Elster, D. (2007b). Interessante und weniger interessante Kontexte für das Lernen von Naturwissenschaften. Erste Ergebnisse der deutschen ROSE-Erhebung. *Der mathematische und naturwissenschaftliche Unterricht, 60*(4), 243–249.

Frey, K. (1975). Rechtfertigung von Bildungsinhalten im elementaren Diskurs: Ein Entwurf für den Bereich der didaktischen Rekonstruktion. In: Künzli, R. (Hrsg.). *Curriculumentwicklung – Begründung und Legitimation* (S. 103–129). München: Kösel.

Häußler, P., Bünder, W., Duit, R., Gräber, W. & Mayer, J. (1998). *Naturwissenschaftsdidaktische Forschung – Perspektiven für die Unterrichtspraxis.* Kiel: IPN.

Heimann, P., Otto, G. & Schulz, W. (1969). *Unterricht, Analyse und Planung.* Hannover: Schroedel.

Hoffmann, L., Häußler, P. & Haft–Peters, S. (1997). *An den Interessen von Jungen und Mädchen orientierter Physikunterricht.* Kiel: IPN.

Hoffmann, L., Häußler, P. & Lehrke, M. (1998). *Die IPN-Interessenstudie Physik.* Kiel: IPN.

Kattmann, U., Duit, R., Gropengießer, H. & Komorek, M. (1997). Das Modell der Didaktischen Rekonstruktion – Ein Rahmen für naturwissenschaftsdidaktische Forschung und Entwicklung. *Zeitschrift für Didaktik der Naturwissenschaften,* 3(3), 3–18.

Klafki, W. (1969). Didaktische Analyse als Kern der Unterrichtsvorbereitung. In: Roth, H. & Blumenthal, A. (Hrsg.). *Didaktische Analyse.* Hannover: Schroedel.

Metzger, S., Jetzer, A., Burkhard, M. & Tardent, J. (2008): Die Baustelle als naturwissenschaftlicher Lernort. In: Labudde, P. (Hrsg.). *Naturwissenschaften vernetzen – Horizonte erweitern* (S. 171–184). Seelze: Klett & Kallmeyer.

Sievers, K. (1999). *Struktur und Veränderung von Physikinteressen bei Jugendlichen.* Kiel: IPN.

Wagenschein, M. (1965). *Die Pädagogische Dimension der Physik.* Braunschweig: Westermann.

Kapitel 4: Lernen von Naturwissenschaften heißt: Konzepte verändern

Adamina, M. & Müller, H. (2008). *Lernwelten: Natur – Mensch – Mitwelt. Grundlagenband zur Reihe der Lern- und Lehrmaterialien zum Fach Natur – Mensch – Mitwelt.* Bern: Schulverlag AG.

Aeschlimann, U. (1999). *Mit Wagenschein zur Lehrkunst.* Marburg/Lahn: Inaugural-Dissertation zur Erlangung der Doktorwürde des Fachbereiches Erziehungswissenschaften der Philipps-Universität Marburg/Lahn.

Carey, S. (1985). *Conceptual change in childhood.* Cambridge: MIT Press.

di Sessa, A. A. (2008). A bird's-eye view of the «pieces» vs. «coherence» controversy (from the «pieces» side of the fence). In S. Vosniadou (Hrsg.). *International Handbook of Research on Conceptual Change* (S. 35–60). New York, NY: Routledge.

Duit, R. & Treagust, D. F. (1998).Learning in science – from behaviourism towards social constructivism and beyond. In: Fraser, B. J. & Tobin, K. G. (Hrsg.). *International handbook of science education* (S. 3–25). London: Kluwer Academic Publishers.

Kleickmann, Thilo (2012). *Kognitiv aktivieren und inhaltlich strukturieren im naturwissenschaftlichen Sachunterricht.* Publikation des Programms Sinus an Grundschulen. IPN, Kiel. (http://sinus-an-grundschlen.de/fileadmin/uploads/ Material_aus_SGS/Handreichung_Kleickmann.pdf).

Köhnlein, W. (1999). Vielperspektivität und Ansatzpunkte naturwissenschaftlichen Denkens. Analyse von Unterrichtsbeispielen unter dem Gesichtspunkt des Verstehens. In: Köhnlein, W., Marquardt-Mau, B. & Schreier, H. (Hrsg.). *Vielperspektivisches Denken im Sachunterricht* (S. 88–124). Bad Heilbrunn: Klinkhardt.

Mayer, R. E. (2004). Should there be a three strikes rule against pure discovery? The case for guided methods of instruction. *American Psychologist, 59*(1), 14–19.

Möller, K. (2006). Naturwissenschaftliches Lernen in der Grundschule: Eine (neue) Herausforderung für die Grundschule? In: Hanke, P. (Hrsg.). *Grundschule in Entwicklung. Herausforderungen und Perspektiven für die Grundschule heute* (S. 107–127). Münster: Waxmann Verlag.

Möller, K. (2007). Naturwissenschaftlicher Sachunterricht. Kindern beim Erlernen von Naturwissenschaften helfen. *Grundschulmagazin, 1(07)*, 8–10.

Pintrich, P. R., Marx, R. W. & Boyle, R. A. (1993). Beyond cold conceptual change: The role of motivational beliefs and classroom contextual factors in the process of conceptual change. *Review of Educational Research, 63(2)*, 167–199.

Posner, G. J., Strike, K. A., Hewson, P. W. & Gertzog, W. A. (1982). Accommodation of a scientific conception: Towards a theory of conceptual change. *Science Education, 66(2)*, 211–227.

Reusser, K. (2001).Co-constructivism in educational theory and practice. In: Smelser, N. J., Baltes, P. & Weinert, F. E. (Hrsg.). *International Encyclopedia of the Social and Behavioral Sciences* (S. 2058–2062). Oxford: Pergamon/Elsevier Science.

Vosniadou, S. & Brewer, W. F. (1992). Mental models of the earth: A study of conceptual change in childhood. *Cognitive Psychology, 24*, 535–585.

Vosniadou, S., Vamvakoussi, X,. & Skopeliti, I. (2008). The framework theory approach to the problem of conceptual change. In S. Vosniadou (Hrsg.). *International handbook of research on conceptual change* (S. 3–34). New York, NY: Routledge.

Vygotsky, L.S. (1978). *Mind in Society.* Cambridge, MA: Harvard UniversityPress.

Wodzinski, R. (2006). *Lernschwierigkeiten erkennen – verständnisvolles Lernen fördern. Publikation des Programms Sinus an Grundschulen.* Kiel: IPN. (http://www.sinus-an-grundschulen.de/fileadmin/uploads/Material_aus_STG/NaWi-Module/N4.pdf).

Kapitel 5: Von der Alltagssprache zur Fachsprache gelangen

Aebli, H. (1994). *Zwölf Grundformen des Lehrens.* (8. Aufl.). Stuttgart: Klett Cotta.

Bruner, J. (2008). *Wie das Kind sprechen lernt.* Bern: Huber.

Chomsky, N. (1996). *Probleme sprachlichen Wissens.* Weinheim: Beltz Athenäum.

Duit, R. & Gräber, W. (1993). *Kognitive Entwicklung und Lernen der Naturwissenschaften* (Tagungsband zum 20. IPN-Symposium). Kiel: IPN.

Eigler, G. (1988). Wissen und Schreiben. *Freiburger Universitätsblätter, 27, Heft 100,* 21–32.

Gräber, W. & Stork, H. (1984). Die Entwicklungspsychologie Jean Piagets als Mahnerin und Helferin des Lehrers im naturwissenschaftlichen Unterricht; *Der mathematische und naturwissenschaftliche Unterricht MNU, 37,* 193–201, 257–269.

Günther, H. (Hrsg.). (2007). *Bausteine zur Sprachförderung.* Weinheim und Basel: Beltz.

Michalak, M. (2009). Sprachregister trainieren. *Deutschunterricht, 1(62. Jg.),* 12–15.

Piaget, J., Aebli, H. & Bernard, L. (1978). *Das Weltbild des Kindes.* München: Klett Cotta.

Schneider, W. & Lichtenberger, U. (Hrsg.). (2012): *Entwicklungspsychologie.* Vormals Oerter & Montada, 7. Aufl., Weinheim: Beltz.

Wendlandt, W. (2011). *Sprachstörungen im Kindesalter.* 6. Aufl., Stuttgart: Thieme Verlag.

Kapitel 6: Modelle verwenden

Grygier, P., Günther, J. & Kircher, E. (2004). *Über Naturwissenschaften lernen. Vermittlung von Naturwissenschaftsverständnis in der Grundschule.* Baltmannsweiler: Schneider Verlag Hohengehren.

Heimann, P. (1976). Didaktik als Theorie und Lehre. In Reich, K. H. T. (Hrsg.). *Paul Heimann – Didaktik als Unterrichtswissenschaft.* (Erstveröffentlichung in: *Die Deutsche Schule,* 54. Jg. 9/1962, S. 409–427 ed., pp. 142–167). Stuttgart: Klett.

Helmke, A. (2006). Was wissen wir über guten Unterricht. *Pädagogik, 2* (Große Serie 2006: Forschung – Schule – Unterricht. Befunde und Konsequenzen), 42–45.

Klafki, W. (1996). *Neue Studien zur Bildungstheorie und Didaktik.* (5. Aufl., 1991 erweiterte und 1994 durchgesehene Aufl.). Weinheim: Beltz.

Klingenberg, L. (1989). *Einführung in die allgemeine Didaktik* (1972/7, 1981 bearb. Aufl.). Berlin: Volk und Wissen.

Leisner-Bodenthin, A. (2006). Zur Entwicklung von Modellkompetenz im Physikunterricht. *Zeitschrift für Didaktik der Naturwissenschaften 12,* 91–109.

Popper, K. (1976). *Logik der Forschung* (6., verbesserte Aufl.). Tübingen: Mohr Siebeck.

Schulz, W. (1997). *Ästhetische Bildung. Beschreibung einer Aufgabe.* Weinheim Basel: Beltz.

Steinbuch, K. (1977). Denken in Modellen. In: Schaefer, G., Trommer, G. & Wenk, K. (Hrsg.). *Denken in Modellen* (S. 11–17). Braunschweig: Westermann.

Terzer, E. & Upmeier zu Belzen, A. (2007). *Naturwissenschaftliche Erkenntnisgewinnung durch Modelle – Modellverständnis als Grundlage für Modellkompetenz.* IDB Münster Berichte des Instituts für Didaktik der Biologie, 16, 33–56.

Wagenschein, M. (1999). *Verstehen lehren. Genetisch-Sokratisch-Exemplarisch* (1968/ erg. Aufl.). Weinheim: Beltz.

Kapitel 7: Zugänge zum naturwissenschaftlichen Lernen öffnen

Aebli, H. (1976, 6). *Psychologische Didaktik. Didaktische Auswertung der Psychologie von Jean Piaget.* Stuttgart: Klett.

Aeschlimann, U. (1999). *Mit Wagenschein zur Lehrkunst. Gestaltung, Erprobung und Interpretation dreier Unterrichtsexempel zu Physik, Chemie und Astronomie nach genetisch-dramaturgischer Methode.* Marburg/Lahn, Universität (Dissertation). (*http://archiv.ub.uni-marburg.de/diss/z2000/0391/pdf/z2000-0391.pdf*).

Berg, H. Chr. (Hrsg.). (2009). *Die Werkdimension im Bildungsprozess. Das Konzept der Lehrkunstdidaktik. Reihe Lehrkunst, Band 1.* Bern: h.e.p. verlag.

Berg, H. Chr. et al. (1997–2004). *Lehrkunstwerkstatt,* Bände 1–6. Neuwied: Luchterhand.

Dewey, J. (1993, Original amerikanisch 1916). *Demokratie und Erziehung. Eine Einleitung in die philosophische Pädagogik.* Hrsg. Oelkers, J. Weinheim und Basel: Beltz.

Dewey, J. & Kilpatrick, W. H. (1935). *Der Projekt-Plan. Grundlegung und Praxis. Pädagogik des Auslandes,* Band VI. Weimar: Böhlau.

Einsiedler, W. (1994). Aufgreifen von Problemen – Gespräche über Probleme – problemorientierter Sachunterricht in der Grundschule. In: Duncker, L. & Popp, W. (Hrsg.). *Kind und Sache.* Weinheim: Juventa.

Gudjons, H. (2001, 6). *Handlungsorientiert lehren und lernen. Projektunterricht und Schüleraktivität.* Bad Heilbrunn: Klinkhardt.

Köhnlein, W. (2012). *Sachunterricht und Bildung.* Bad Heilbrunn: Klinkhardt.

Konsortium HarmoS Naturwissenschaften+ (2008). *HarmoS Naturwissenschaften+ – Kompetenzmodell und Vorschläge für Basisstandards. Wissenschaftlicher Schlussbericht.* Bern, Wissenschaftliches Konsortium HarmoS Naturwissenschaften+.

Möller, K. (2007a). Genetisches Lernen und Conceptual Change. In: Kahlert, J. et al. (Hrsg.). *Handbuch Didaktik des Sachunterrichts* (S. 258–266). Bad Heilbrunn: Klinkhardt.

Möller, K. (2007b). Handlungsorientierung im Sachunterricht. In: Kahlert, J. et al. (Hrsg.). *Handbuch Didaktik des Sachunterrichts* (S. 411–416). Bad Heilbrunn: Klinkhardt.

Möller, K., Baumann, St., Walburga, H. & Nachtigäller, I. (2007). *Luft und Luftdruck. Mit Kindern Luft, Luftdruck, Wetter und Verbrennung erforschen.* KINT (Kinder lernen Naturwissenschaft und Technik) – Klassenkisten für den Sachunterricht. Essen: Spectra Verlag.

Möller, K. (2001). Genetisches Lehren und Lernen – Facetten eines Begriffs. In: Cech, D.; Feige, B.; Kahlert, J.; Löffler, G.; Schreier, H.; Schwier, H.-J. & U. Stoltenberg (Hrsg.). *Die Aktualität der Pädagogik Martin Wagenscheins für den Sachunterricht. Walter Köhnlein zum 65. Geburtstag* (S. 15–30). Bad Heilbrunn: Klinkhardt.

Posner, G. J., Strike K. A., Hewson, P. E. & Gertzog, W. A. (1982). Accomodation of a Scientific Conception. Towards a Theory of Conceptual Change. *Science Education, 66(2)*, 221–227.

Wagenschein, M. (1968). *Verstehen lehren.* Weinheim und Berlin: Beltz.

Kapitel 8: Mit Lernaufgaben grundlegende Kompetenzen fördern

Adamina, M. & Müller, H. (2008). *Lernwelten: Natur – Mensch – Mitwelt* (4 Aufl.). Bern: Schulverlag blmv AG. Für Unterrichtsmaterialien siehe: *www.nmm.ch.*

Adamina, M. & Wyssen, H.-P. (2005). *RaumZeit, Raumreise und Zeitreise.* Bern: Schulverlag.

Demuth, R., Gräsel, C., Parchmann, I. & Ralle, B. (Hrsg.). (2008), *Chemie im Kontext. Von der Innovation zur nachhaltigen Verbreitung eines Unterrichtskonzepts.* Münster: Waxmann.

Duit, R., Groppengießer, H. & Stäudel, L. (Hrsg.). (2007, 2), *Naturwissenschaftliches Arbeiten. Unterricht und Material 5–10.* Seelze: Friedrich.

Duit, R., Fischer, H. & Müller, W. (2002). Vielfalt und Routine. Der Physikunterricht braucht eine andere Aufgabenkultur. *Naturwissenschaften im Unterricht Physik, 13(67)*, 4–7.

Fischer, H. & Draxler, D. (2006). Konstruktion und Bewertung von Physikaufgaben. In: Kircher, E. & Schneider, W. (Hrsg.). *Physikdidaktik. Theorie und Praxis* (S. 639–655). Berlin: Springer.

Halmos, P. (1975). The Teaching of Problem Solving. *The American Mathematical, Vol. 82*, 466–476.

Hammann, M. (2006a). Naturwissenschaftliche Kompetenz: PISA und Scientific Literacy. In: Steffens, U. & Messner, R. (Hrsg.), *PISA macht Schule – Konzeptionen und Praxisbeispiele zur neuen Aufgabenkultur* (S. 127–179). Wiesbaden, Institut für Qualitätsentwicklung, Hessisches Kulturministerium.

Hammann, M. (2006b). Kompetenzförderung und Aufgabenentwicklung. *Der mathematische und naturwissenschaftliche Unterricht, 59(2)*, (S. 85–95).

Konsortium HarmoS Naturwissenschaften+ (2008). *HarmoS Naturwissenschaften+: Kompetenzmodell und Vorschläge für Basisstandards. Wissenschaftlicher Schlussbericht.* Bern: Wissenschaftliches Konsortium HarmoS Naturwissenschaften+.

Leisen, J. (2006). Aufgabenkultur im mathematisch-naturwissenschaftlichen Unterricht. *Der mathematische und naturwissenschaftliche Unterricht, 59(5)*, 260–266.

Reusser, K. (2005). Problemorientiertes Lernen – Tiefenstruktur, Gestaltungsformen, Wirkung. *Beiträge zur Lehrerbildung, 23(2)*, 159–182.

Schecker, H. & Klieme, E. (2001). Mehr denken, weniger rechnen. Konsequenzen aus der internationalen Vergleichsstudie TIMSS für den Physikunterricht. *Physikalische Blätter, 57(7/8)*, 113–117.

Schwengeler, Chr. & Wagner, U. (2002). *Phänomenal, Natur und Technik*. Bern: Schulverlag.

Stäudel, L. (2006a). Die Spinnennetz-Methode. Analyse naturwissenschaftlicher Arbeitsformen im Unterricht. In: Groppengießer, H., Höttecke, D., Nielsen, T. & Stäudel, L. (Hrsg.). *Mit Aufgaben lernen. Unterricht und Material 5–10*. Seelze: Friedrich.

Stäudel, L. (2006b). Von der Testaufgabe zur Lernaufgabe. In: Steffens, U. & Messner, R. (Hrsg.). *PISA macht Schule – Konzeptionen und Praxisbeispiele zur neuen Aufgabenkultur* (S. 181–240). Wiesbaden, Institut für Qualitätsentwicklung, Hessisches Kultusministerium.

Kapitel 9: Beobachten und Experimentieren

Bybee, R., Taylor, J., Gardner, A., Van Scotter, P., Powell, J., Westbrook, A. & Landes, N. (2006). *The BSCS 5E Instructional Model: Origins, Effectiveness and Application. Full Report*. Colorado Springs: BSCS.

EDK (2011). *Grundkompetenzen für die Naturwissenschaften – Nationale Bildungsstandards*. Bern: Schweizerische Konferenz der kantonalen Erziehungsdirektoren.

Hammann, M., Phan, Thi T. H., Ehmer, M. & Bayrhuber, H. (2006). Fehlerfrei Experimentieren. *Der mathematisch und naturwissenschaftliche Unterricht, 59(5)*. 292–299.

Kircher, E., Girwidz, R. & Häussler, P. (2009²). *Physikdidaktik: Theorie und Praxis*. Berlin, Heidelberg: Springer.

KMK, Kultusministerkonferenz (2005). *Bildungsstandards im Fach Physik für den Mittleren Schulabschluss*. Neuwied: Luchterhand. (analog für die Fächer Biologie und Chemie). www.kmk.org/schul/home.htm.

Konsortium HarmoS Naturwissenschaften+ (2008). *HarmoS Naturwissenschaften+: Wissenschaftlicher Schlussbericht*. Bern: Schweizerische Konferenz der kantonalen Erziehungsdirektoren.

Labudde, P. & Stebler, R. (1999). Lern- und Prüfungsaufgaben für den Physikunterricht: Erträge aus dem TIMSS-Experimentiertest. *Unterricht Physik, 10(54)*, 17–22.

Rezba, R. J., Sprague, C. R., McDonnough, J. T. & Matkins, J. J. (2007). *Learning and Assessing Science Process Skills*. 5. Aufl., Dubuque: Kendall/Hunt.

Shields, M. (2006). *Biology Inquiries. Standards-Based Labs, Assessments, and Discussion Lessons*. San Francisco: Jossey-Bass.

Kapitel 10: IKT im naturwissenschaftlichen Unterricht sinnvoll einsetzen

Berlinger, D. & Suter, P. (2002). *Low Budget E-Learning*. Bern: h.e.p. verlag.

Dietrich, R. (2008). Weblogs im schulischen Umfeld. *LOG IN Nr. 152*. Berlin: LOG IN Verlag.

Mandl, H. & Kopp, B. (2006). *Blended Learning: Forschungsfragen und Perspektiven.* (Forschungsbericht Nr. 182). München: Ludwig-Maximilians-Universität, ISSN 1614–6336.

Medienpädagogischer Forschungsverbund Südwest (2012). *KIM-Studie 2012. www. mpfs.de.*

Moser, H. (2005). *Wege aus der Technikfalle. eTeaching und eLearning im Unterricht.* Zürich: Verlag Pestalozzianum.

Prenzel, M., Senkbeil, Ehmke, T. & Bleschke, M. (Hrsg.), (2003). *Leitfaden zum didaktischen Einsatz von Computeranwendungen. Neue Medien im naturwissenschaftlichen Unterricht.* Kiel: IPN.

Reinmann, G. (2005). *Blended Learning in der Lehrerbildung.* Lengerich: Pabst Science Publishers.

Schrackmann, I., Knüsel, D., Moser, T., Mitzlaff, H. & Petko, D. (2008). *Computer und Internet in der Primarschule.* Aarau: Sauerländer.

Schulmeister, R. (2002). Taxonomie der Interaktivität von Multimedia – Ein Beitrag zur aktuellen Metadaten-Diskussion. *Informationstechnik und Technische Informatik 44* (2002). Oldenbourg Verlag.

Kapitel 11: Außerschulische Lernorte nutzen

Burk, K. & Claussen, C. (1980). *Lernorte außerhalb des Klassenzimmers. Beiträge zur Reform der Grundschule. Band 45.* Frankfurt a. M.: Arbeitskreis Grundschule e.V.

GDSU, Gesellschaft für Didaktik des Sachunterrichts (Hrsg., 2013). *Perspektivrahmen Sachunterricht. Vollständig überarbeitete und erweiterte Ausgabe.* Bad Heilbrunn: Julius Klinkhardt.

Griffin, J. & Symington, D. (1997). Moving from Task-Oriented to Learning-Oriented Strategies on School Excursions to Museums. *Science Education, 81*(6), 763–779.

Haubrich, H. (2006). *Geographie unterrichten lernen* (2. Aufl.). München, Düsseldorf, Stuttgart: Oldenburg Schulbuchverlag GmbH.

Klaes, E. (2008). Stand der Forschung zum Lehren und Lernen an außerschulischen Lernorten. In: Höttecke, D. (Hrsg.). *Kompetenzen, Kompetenzmodelle, Kompetenzentwicklung. Gesellschaft für Didaktik der Chemie und Physik. Jahrestagung in Essen 2007.* (S. 263–265). Münster: Lit.

Nückles, M., Gurlitt, J., Pabst, T. & Renkl, A. (2004). *Mind Maps & Concept Maps: Visualisieren, Organisieren, Kommunizieren.* München: Beck.

Rennie, L. J. (2007). Learning Science Outside of School. In: Abell, S. K. & Lederman, N. G. (Hrsg.). *Handbook of Research in Science Education.* Mahwah, New Jersey, London: Lawrence Erlbaum Associates, Publishers.

Schüpbach, J. (2007). *Nachdenken über das Lehren* (3. Aufl.). Bern, Stuttgart, Wien: Haupt.

Kapitel 12: Lernen begleiten, begutachten und beurteilen

Adamina, M. & Müller, H. (2008). *Lernwelten: Natur – Mensch – Mitwelt* (4. Aufl.). Bern: Schulverlag blmv AG. Für Unterrichtsmaterialien siehe: *www.nmm.ch.*

Anderson, L. W. & Krathwohl, D. R. (2001). *A Taxonomy for Learning, Teaching and Assessing: a Revision of Bloom's Taxonomy of Educational Objectives.* New York: Addison, Wesley Longman.

Beck, E., Baer, M., Guldimann, T., Bischoff, S., Brühwiler, Chr., Müller, P., Niedermann, R. Rogalla, M. & Vogt, F. (2008). *Adaptive Lehrkompetenz.* Münster: Waxmann.

Bloom, B. (1971). *Taxonomy of Educational Objectives. The Classification of Education Goals.Handbook 1: Cognitive Domain.* New York: Mc Kay.

Brunner, I., Häcker, T. & Winter, F. (Hrsg.). (2006). *Das Handbuch Portfolioarbeit. Konzepte, Anregungen, Erfahrungen aus Schule und Lehrerbildung.* Seelze: Kallmeyer.

Collins, A., Brown, J. S. & Newman, S. E. (1989). Cognitive apprenticeship.Teaching the craft of reading, writing and mathematics. In: Resnick, L. B. *Knowing, learning and instruction: Essays in honor of Robert Glaser* (S. 257–291). Hillsdale, NJ, Erlbaum.

Duit, R. (2002). Alltagsvorstellungen und Physik lernen. In: Kircher, E. & Werner, B. *Physikdidaktik in der Praxis.* Berlin: Springer, 1–26.

Duit, R., Häußler P. & Prenzel, M. (2001). Schulleistung im Bereich der naturwissenschaftlichen Bildung (S. 169–185). In: Weinert, E. F. (Hrsg.). *Leistungsmessungen in Schulen.* Weinheim: Beltz.

Lenz, T. (2006). Leistungen sichern, kontrollieren und beurteilen. In: Haubrich H. *Geographie unterrichten lernen. Die neue Didaktik der Geographie konkret* (S. 223–250). München, Düsseldorf, Stuttgart: Oldenbourg.

PING (ohne J.). Beurteilung der Lernenden. *http://ping.lernnetz.de/pages/n189_ DE.html* (abgerufen am 26. April 2013).

Reiser, B. (2004). Scaffolding complex learning: The mechanism of structuring and problematizing student word.*The Journal of the Learning Sciences, 13(3),* 273–304.

Weinert, F. E. (2001). Vergleichende Leistungsmessungen in Schulen – eine umstrittene Selbstverständlichkeit. In: ders. (Hrsg.). *Leistungsmessungen in Schulen* (S. 17–31). Weinheim: Beltz.

Vygotsky, L. S. (1978). *Mind and society: The development of higher psychological processes.* Cambridge, MA: Harvard University Press.

Kapitel 13: Der Heterogenität begegnen

Becker, G. (Hrsg.). (2004). *Heterogenität: Unterschiede nutzen – Gemeinsamkeiten stärken.* Seelze: Friedrich.

Bloom B. S. (1976[5]). *Taxonomie von Lernzielen im kognitiven Bereich.* Weinheim: Beltz.

Bönsch, M. (Hrsg.). (2002). *Selbstgesteuertes Lernen in der Schule. Praxisbeispiele aus unterschiedlichen Schulformen.* Neuwied, Kriftel: Luchterhand.

Bönsch, M. (2004). *Differenzierung in Schule und Unterricht. Ansprüche – Formen – Strategien.* München, Düsseldorf, Stuttgart: Oldenbourg.

Coradi, M., Denzler, S., Grossenbacher, S. & Vanhooydonck, S. (2003). *Keine Lust auf Mathe, Physik, Technik?* Aarau: Schweizerische Koordinationsstelle für Bildungsforschung.

Herzog, W., Labudde, P., Neuenschwander, M., Violi, E. & Gerber, C. (1997). *Koedukation im Physikunterricht – Schlussbericht zuhanden des Schweizerischen Nationalfonds.* Universität Bern, Abteilung Pädagogische Psychologie / Abteilung für das Höhere Lehramt.

Kaiser, A. (2003). *Projekt geschlechtergerechte Grundschule – Berichte aus der Praxis.* Opladen: Leske + Budrich.

Labudde, P. (Hrsg.). (1999). Mädchen, Jungen und Physik. *Naturwissenschaften im Unterricht: Physik (49).*

Murphy, P. & Whitelegg, E. (2006). *Girls in the Physics Classroom. A Review of the Research on the Participation of Girls in Physics.* London: Institute of Physics.

Paradies, L., Linser, H. J. & Pfeiffer-Spiekermann, J. (2012⁶). *Differenzieren im Unterricht.* Berlin: Cornelsen.

Rhyner, T. & Zumwald, B. (2008). *Coole Mädchen – starke Jungs. Impulse und Praxistipps für eine geschlechterbewusste Schule.* Bern, Stuttgart, Wien: Haupt.

Wodzinski, C.T. & Wodzinski, R. (2007). Ansätze für Differenzierung im Physikunterricht. *Naturwissenschaften im Unterricht: Physik, 18(99/100),* 10–15.

Wodzinski, R., & Wodzinski, C.T. (2007). Unterschiede zwischen Schülern – Unterschiede im Unterricht? *Naturwissenschaften im Unterricht: Physik, 18(99/100),* 4–9.

Wodzinski, R., Wodzinski, C. T. & Hepp, R. (Hrsg.). (2007). *Naturwissenschaften im Unterricht: Physik, 18* (99/100).

Kapitel 14: Die «Natur» der Naturwissenschaft hinterfragen

Eckebrecht, D., & Schneeweiß, H. (2003). *Naturwissenschaftliche Bildung. Gedanken und Beispiele zur Umsetzung von Scientific Literacy.* Stuttgart Düsseldorf Leipzig: Ernst Klett Verlag.

Gräber, W., Nentwig, P., Koballa, T & Evans, R. (Hrsg.) (2002). *Scientific Literacy.* Opladen: Leske + Budrich.

Grygier, P., Günther, J. & Kircher, E. (2009). *Über Naturwissenschaften lernen. Vermittlung von Naturwissenschaftsverständnis in der Grundschule.* 2. Aufl. Baltmannsweiler: Schneider Verlag Hohengehren.

Höttecke, D. (2001). *Die Natur der Naturwissenschaften historisch verstehen.* Fachdidaktische und wissenschaftshistorische Untersuchungen. Berlin: Logos Verlag.

Kircher, E. (1995). *Studien zur Physikdidaktik. Erkenntnis- und wissenschaftstheoretische Grundlagen.* Bd. 145. Kiel: Institut für Pädagogik der Naturwissenschaften.

Mayr, E. (1998). *Das ist Biologie.* Heidelberg: Spektrum Akademischer Verlag.

Mohr, H. (2008). *Einführung in (natur)-wissenschaftliches Denken.* Berlin und Heidelberg: Springer Verlag.

Reinhold, P. (1996). Offenes Experimentieren als Lernform. In: *Zur Didaktik der Physik und Chemie,* Tagung 1996, 41–55.

Roth, W.-M. (1995). *Authentic School Science: Knowing and Learning in Open-Inquiry Science Laboratories.* Dordrecht: Kluwer Academic Publisher.

Schuh, B. (2006). *50 Klassiker Naturwissenschaftler. Von Aristoteles bis Crick & Watson.* Hildesheim: Gerstenberg.

Tallack P. (2005): *Meilensteine der Wissenschaft.* Heidelberg: Spektrum.

Wagenschein, M. (1999). *Verstehen lernen. Genetisch-Sokratisch-Exemplarisch* (1968/7, durchges. Aufl.). Weinheim: Beltz.

Wagenschein, M. (1970). *Ursprüngliches Verstehen und exaktes Denken, Band 1.* Stuttgart: Klett.

Kapitel 15: Argumentieren im Gespräch lehren und lernen

Aebli, H. (1994). *Zwölf Grundformen des Lehrens.* (8 Aufl.). Stuttgart: Klett.

Driver, R., Newton, P. & Osborne, J. (2000). Establishing the Norms of Scientific Argumentation in Classrooms. *Science Education, (84),* 287–312.

EDK (2010). *Grundkompetenzen für die Naturwissenschaften. Natonale Bildungsstandards.* Bern: Schweizerische Konferenz der kantonalen Erziungsdirektoren.

Jonen, A. & Möller, K. (2005). *Die KiNT-Boxen – Kinder lernen Naturwissenschaft und Technik.* Paket 1: Schwimmen und Sinken. Essen: Spectra-Verlag.

KMK Kultusministerkonferenz (2004). *Bildungsstandards im Fach Biologie für den Mittleren Schulabschluss.* Neuwied: Luchterhand. (Analog für Chemie und Physik) *www.kmk.org/schul/home.htm.*

KMK Kultusministerkonferenz (2003). *Bildungsstandards im Fach Deutsch für den Mittleren Schulabschluss.* Neuwied: Luchterhand.

Koerber, S. et al. (2008). Wissen über Wissenschaft als Teil der frühen naturwissenschaftlichen Bildung. In: Giest, H., Hartinger, A., & Kahlert, J. (Hrsg.). *Kompetenzniveaus im Sachunterricht* (S. 135–153). Bad Heilbrunn: Klinkhardt.

Konsortium HarmoS Naturwissenschaften+ (2008). *HarmoS Naturwissenschaften+: Wissenschaftlicher Schlussbericht.* Bern: Schweizerische Konferenz der kantonalen Erziehungsdirektoren. Siehe auch www.harmos.phbern.ch.

Labudde, P. (2000). *Konstruktivismus im Physikunterricht der Sekundarstufe II.* Bern: Haupt.

Möller, K. (2006a). Naturwissenschaftliches Lernen – eine (neue) Herausforderung für den Sachunterricht? In: Hanke, P. (Hrsg.). *Grundschule in Entwicklung. Herausforderungen und Perspektiven für die Grundschule heute* (S. 107–127). Münster: Waxmann Verlag.

Möller, K. (2006b). Klasse(n)Kisten für den Sachunterricht. Ein Projekt des Seminars für Didaktik des Sachunterrichts im Rahmen von KiNT: Kinder lernen Naturwissenschaft und Technik. Westfälische Wilhelms-Universität Münster. (*http://www.uni-muenster.de/imperia/md/content/didaktik_des_sachunterrichts/dokumente/infoheft_stand_4_2008.pdf*).

Osborne, J., Erduran, S. & Simon, S. (2004). Enhancing the Quality of Argumentation in School Science. *Journal of Research in Science Teaching, 41(10)*, 994–1020.

Simon, S., Erduran, S., & Osborne, J. (2006). Learning to Teach Argumentation: Research and development in the science classroom. *International Journal of Science Education, 28(2–3)*, 235–260.

Thiel, S. (1987). Wie springt ein Ball? *Grundschule*, (1), 18–23.

Wagenschein, M. (1989). *Verstehen lehren*. (8. Aufl.). Weinheim: Beltz.

Osborne, J., Erduran, S. & Simon, S. (2004). Enhancing the Quality of Argumentation in School Science. *Journal of Research in Science Teaching, 41(10)*, 994–1020.

Simon, S., Erduran, S., & Osborne, J. (2006). Learning to Teach Argumentation: Research and development in the science classroom. *International Journal of Science Education, 28(2–3)*, 235–260.

Thiel, S. (1987). Wie springt ein Ball? *Grundschule, (1), 18–23*.

Wagenschein, M. (1989). *Verstehen lehren*. (8. Aufl.). Weinheim: Beltz.Naturwissenschaften und Technik». Thema: Schwimmen und Sinken. Essen: Spectra.

Sachregister

Kursiv gedruckte Wörter verweisen auf eine konkretes Unterrichtsthema oder -beispiel.

Bildnachweis

S. 13 (alle): Franz Gloor, Solothurn.

S. 25: Institut für die Pädagogik der Naturwissenschaften, Universität Kiel.

S. 41 (oben links): George Seurat; (oben rechts): Verena Pietzner, Braunschweig; (Mitte): Sylvia N. Schlutt, Hamburg; (unten): Bernadette Schorn, München.

S. 57 (links): Kornelia Möller; (rechts): Heidrum Saalfeld, Sömmerda.

S. 59: Antoine de Saint Exupéry: Le Petit Prince © Éditions Gallimard, Paris.

S. 61: Anja Hirschmann, Osnabrück.

S. 63 (oben): Anja Hirschmann, Osnabrück; (Mitte und unten): Kornelia Möller.

S. 65: Kornelia Möller.

S. 69: Anja Hirschmann, Osnabrück.

S. 73: Apesa AG, Eugen Brunnschweiler, Urdorf.

S. 75: W. Wendlandt.

S. 87 (oben links und oben rechts): Anni Heitzmann.

S. 87 (unten links): Christoph Heitzmann; (unten rechts): Sabine Baumann, Aarau.

S. 93 (links und Mitte): Anni Heitzmann; (rechts): Haupt Verlag.

S. 111: Marco Adamina.

S. 117: Pestalozzikalender 1942

S. 131: Marco Adamina/Kornelia Möller.

S. 137 (alle): Ursula Frischknecht-Tobler.

S. 139 (beide): Ursula Frischknecht-Tobler.

S. 141: Anna Gruber, Ostermundigen.

S. 143: Peter Labudde, Bern.

S. 157: NASA Johnson Space Center.

S. 161: Martin Lehmann;

S. 165 (alle): Technorama – The Swiss Science Center, Winterthur.

S. 167: Severin Bauer

S. 175: Franz Kovacs, Orth/Donau.

S. 177 (alle): Pädagogische Hochschule Zürich.

S. 189 (links): HarmoS Konsortium Naturwissenschaft+, Bern.

S. 189 (Mitte) H.-P- Wyssen.

S. 195 (alle): Luzia Hedinger, Oberburg.

S. 199 (unten): Joachim Gottwald, Berlin.

S. 215: Anni Heitzmann.

S. 227: Seminar für Didaktik des Sachunterrichts, Westfälische Wilhelms-Universität Münster.

S. 239 (beide): Spectra-Verlag, Essen.

Die Autorinnen und Autoren

Marco Adamina: Fachdidaktiker Natur-Mensch-Mitwelt (Sachunterricht), Geograf, Promotion in Didaktik des Sachunterrichts. Seit 1982 in der Aus- und Weiterbildung von Lehrpersonen der Primarstufe tätig. Forschungstätigkeiten zu Schülervorstellungen, Unterrichtskonzepten von Lehrpersonen und Kompetenzentwicklung von Lernenden; Entwicklungsarbeiten im Bereich Lehrplan und Lehrmittel. Dozent für Fachstudien und Fachdidaktik Natur-Mensch-Mitwelt an der Pädagogischen Hochschule Bern. Lebt in der Region Bern (CH).

Christina Beinbrech: 1. und 2. Staatsexamen für das Lehramt für die Primarstufe (Mathematik, Deutsch, Sachunterricht) in Bielefeld. Seit 1997 Mitarbeiterin an der Universität Münster, Seminar für Didaktik des Sachunterrichts. 2003 Promotion zur Dr. paed. Inhaltlicher Schwerpunkt in Forschung und Lehre: naturwissenschaftlich-technisches Lehren und Lernen in der Primarstufe. Lebt in Münster (D).

Martina Bruggmann Minnig: Erziehungswissenschaftlerin, Gymnasiallehrerin für Pädagogik und Geschichte. Tätigkeiten in der Bildungsverwaltung und an den Pädagogischen Hochschulen in Bern sowie der Fachhochschule Nordwestschweiz (FHNW). Dissertation zum Thema «Innere Differenzierung im Physikunterricht». Lebt in Bern (CH).

Pascal Favre: Erstberuf Primarlehrer. Studium der Botanik, Zoologie und Geografie an der Universität Basel. Promotion in Archäobotanik. Langjährige Tätigkeit als Ausstellungs- und Sammlungskurator sowie stellvertretender Leiter am Kantonsmuseum Baselland. Seit 2005 Dozent an der Pädagogischen Hochschule FHNW. Seit 2008 Leiter der Professur Didaktik des Sachunterrichts und ihre Disziplinen. Lebt in Allschwil (CH).

Ursula Frischknecht-Tobler: Studium der Biologie an der Universität Zürich und «Science Education» mit Schwerpunkt Umweltbildung an der Michigan State University (USA). Zuerst Arbeit als Gymnasiallehrerin und Mutter von drei heute erwachsenen Kindern, dann als Fachdidaktikerin im Bereich «Mensch und Umwelt» in der Aus- und Weiterbildung von Lehrpersonen. Seit mehreren Jahren Dozentin und Wissenschaftliche Mitarbeiterin an der Pädagogischen Hochschule des Kantons St. Gallen. Lebt in der Region Sargans (CH).

Anni Heitzmann-Hofmann: Dr. phil.-nat., Biologin und Gymnasiallehrerin. Mehrjährige Lehrerfahrung auf den Sekundarstufen I und II. Seit 1996 in der Lehrerbildung als Dozentin für Biologie, Fachdidaktik Biologie sowie Umweltbildung tätig. Konzept- und Entwicklungsarbeit in der Lehrerinnen- und Lehrerbildung, Lehrmittelautorin, Mitarbeit an Forschungsprojekten im Bereich Fachdidaktik Biologie, fächerübergreifender Unterricht, Umweltbildung und Technikverständnis. Seit 2008 Professorin für Naturwissenschaftsdidaktik an der PH FHNW. Lebt in Bern (CH).

Peter Labudde: Physik- und Naturwissenschaftsdidaktiker. Promotion in Experimentalphysik, Habilitation in Naturwissenschaftsdidaktik. Mehrere Jahre Lehrer für Physik, Chemie und Mathematik. Seit 1988 in der Aus- und Weiterbildung von Lehrpersonen tätig, zunächst in Bern, seit 2008 in Basel. Forschungsfelder: Lern- und Lehrprozesse, fächerübergreifender Unterricht, Kompetenzmodelle und Bildungsstandards, internationale Vergleichsstudien. Leiter des Zentrums Naturwissenschafts- und Technikdidaktik der Pädagogischen Hochschule FHNW. Lebt in Bern (CH).

Martin Lehmann: Dr. Phil.-nat., Informatikdidaktiker. Seit 1989 Lehrer für Physik, Informatik und Anwendungen der Mathematik an einem Gymnasium in Bern. Seit 2001 in der Aus- und Weiterbildung von Lehrpersonen tätig an der Abteilung Höheres Lehramt der Universität Bern, seit 2005 an der Pädagogischen Hochschule Bern. Präsident des schweizerischen Vereins für Informatik in der Ausbildung. Lebt in Bern (CH).

Susanne Metzger: Physikdidaktikerin, Studium des gymnasialen Lehramtes in Physik, Mathematik und Sport, Promotion in theoretischer Physik. Physikdidaktische Tätigkeiten (Forschung und Lehre) in Mainz, Braunschweig und München. Seit 2006 Dozentin und Leiterin der Forschungsgruppe «MINT-Didaktik & System Schule» an der Pädagogischen Hochschule Zürich. Lebt in Zürich (CH).

Kornelia Möller: Dr. päd., Professorin an der Universität Münster, Leiterin des Seminars für Didaktik des Sachunterrichts. Ausgebildete Gymnasiallehrerin, Habilitation zum naturwissenschaftlich-technischen Sachunterricht. Arbeitsschwerpunkte im Bereich des frühen naturwissenschaftlichen und technischen Lerners: Lernforschung zur konzeptionellen Entwicklung, Instruktionsforschung, Kompetenzdiagnostik, Entwicklung und Evaluation von Unterrichtsmaterialien sowie von Modellen zur Lehreraus- und -weiterbildung. Lebt in der Region Münster (D).

Bitte beachten Sie auch die folgenden Seiten!

Martin Lehner

Allgemeine Didaktik

UTB-Basics. Band 3245
206 Seiten, 30 Abb., 14. Tab., kartoniert
ISBN 978-3-8252-3245-0

Das Buch bietet eine verständlich geschriebene Einführung in die allgemeine Didaktik und richtet sich an alle, die sich professionell mit dem Lehren und Lernen beschäftigen: Lehramtsstudierende sowie Lehrende aus Schule, Hochschule und Erwachsenenbildung. Der umfangreiche Stoff ist übersichtlich aufbereitet und hilft (zukünftigen) Lehrenden, eigene Ideen zum Lehren und Lernen einzuordnen und weiterzuentwickeln. Didaktische Theorien und Modelle, Bildung, Lernen und Professionalisierung bilden die Grundlage der *Allgemeinen Didaktik*. Über Ziele und Inhalte, Methoden und Lernerfolg sowie Planung, Reflexion und Evaluation wird die Verbindung zur didaktischen Praxis hergestellt.

: Haupt Haupt Verlag Bern
verlag@haupt.ch · www.haupt.ch

Jonas Pfister

Fachdidaktik Philosophie

Uni-Taschenbücher (UTB) – mittlere Reihe
256 Seiten, 25 Tabellen, kartoniert
ISBN 978-3-8252-4048-6

«Fachdidaktik Philosophie» richtet sich an angehende Lehrerinnen und Lehrer der Philosophie und Ethik am Gymnasium (Sekundarstufe II). Es enthält drei Teile: Einen Leitfaden für den Unterricht, eine Einführung in die Grundlagen der Fachdidaktik sowie eine Liste von Materialien und Literaturhinweisen. Es eignet sich zum Selbststudium, als Grundlage für den Fachdidaktikkurs und als Nachschlagewerk.

⋮ Haupt **Haupt Verlag** Bern
verlag@haupt.ch · www.haupt.ch

Roland Messmer

Fachdidaktik Sport

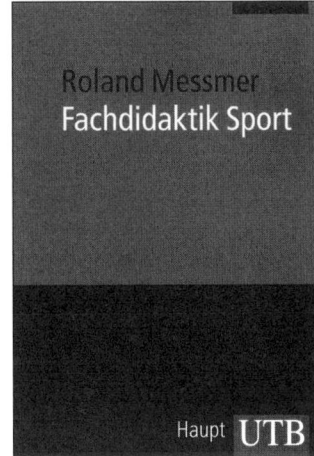

Uni-Taschenbücher (UTB) – mittlere Reihe
240 Seiten, 38 Abb., 5 Tab., kartoniert
ISBN 978-3-8252-3881-0

Modelle, die das fachdidaktische Denken vereinfachen und strukturieren, Unterrichtsgeschichten, die die Praxis veranschaulichen und konkretisieren – «Fachdidaktik Sport» enthält beides: In jedem Kapitel werden bekannte und neue Modelle des Sportunterrichts
durch reale Unterrichtsgeschichten ergänzt und zur Diskussion gestellt. Damit nützt
«Fachdidaktik Sport» sowohl angehenden Sportlehrern im Studium, als auch erfahrenen
Praktikern, sei es als Mehrfachkämpfer auf der Primarstufe oder als Fachlehrperson
auf der Sekundarstufe I und II. Das Lehrbuch unterstützt und ergänzt den Unterricht in
der Ausbildung und dient als Kompendium zu den zahlreichen Übungssammlungen im
Internet oder Buchhandel.

⋮ Haupt **Haupt Verlag** Bern
verlag@haupt.ch · www.haupt.ch

Andreas Wilkens/Herbert Dreiseitl/Jennifer Greene/
Michael Jacobi / Christian Liess / Wolfram Schwenk

Wasser bewegt

Phänomene und Experimente

2009. 205 Seiten, ca. 200 Farbfotos, 30 Grafiken, gebunden
ISBN 978-3-258-07521-1

Dieses Buch will den Geheimnissen des flüssigen Wassers auf die Spur kommen: Was geschieht, wenn Wasser durch eine Verengung fließt? Wie kommt es, dass sich bei einem Brückenpfeiler im strömenden Wasser Wirbel bilden? Und wie entwickeln sich Wasserwirbel? Wie entstehen bei einem Fließgewässer Mäanderschleifen? Auf welche Weise formt das Wasser den Untergrund zu Sandrippeln? Was hat es mit Wellen auf sich – mit jenen an der Oberfläche, aber auch mit Tiefwasser-Wellen? Wie bewegen sich die Wellen und warum wird der darauf schwimmende Gegenstand kaum mitgenommen? Was passiert mit dem Wassertropfen, der auf eine Wasseroberfläche oder auf eine trockene Oberfläche fällt? Alltägliche Beobachtungen mit Wasser werden auf verständliche Weise erklärt. Viele klar beschriebene Experimente, die mit einfachen Hilfsmitteln durchführbar sind, veranschaulichen die zugrunde liegenden Gesetzmäßigkeiten – Wasser wird spürbar und seine Phänomene verstehbar. Abgerundet wird das Buch mit Ideen zu Wasser-Workshops für Gruppen. «Wasser bewegt» macht mit vielen Bildern und Experimenten Lust darauf, die faszinierende Welt des Wassers zu entdecken und zu verstehen.

⁞ Haupt Haupt Verlag Bern·Stuttgart·Wien

verlag@haupt.ch · www.haupt.ch